Éditions PensareDiverso
Collection « Le champ de conscience ».

Intrication quantique et champ de conscience dans la forme vivante.

Bruno Del Medico.

La biologie des champs

Intrication quantique et champ de conscience dans la nouvelle biologie de la vie. Les implications pour la santé et la maladie

Bruno Del Medico Éditeur.
Éditions PensareDiverso
edizioni@delmedico.it
www.giardinoquantico.it

Sommaire .

Introduction .

Qu'est-ce qu'un organisme vivant, au juste ? Une machine biochimique extrêmement complexe, comme nous l'a enseigné la biologie du XXe siècle, ou bien quelque chose de plus : une structure de sens, un système informationnel capable de conserver sa forme, son identité et sa finalité au fil du temps ? La biologie des champs naît de cette question radicale et accompagne le lecteur dans un voyage qui traverse la science, la philosophie et les nouvelles frontières de la pensée biologique.

Au cours des dernières décennies, les avancées de la génétique moléculaire et de la biochimie ont donné lieu à des résultats extraordinaires, mais elles ont également mis en évidence les limites d'un paradigme purement réductionniste. Expliquer la vie comme la somme de réactions chimiques ou comme la simple exécution d'un code génétique ne suffit plus à rendre compte de phénomènes fondamentaux : la forme, la cohérence de l'organisme, l'auto-organisation, la capacité d'adaptation créative et, en dernière analyse, la signification biologique.

Cet ouvrage propose un changement de perspective : considérer les organismes comme des structures informationnelles stabilisées, soutenues par des champs de cohérence qui précèdent et organisent les différentes parties matérielles. Il ne s'agit pas d'une fuite dans le vague ou dans le symbolique, mais d'une tentative rigoureuse d'intégrer des contributions issues de la physique des systèmes complexes, de la biologie théorique, des neurosciences et d'une relecture critique des traditions vitalistes à la lumière des connaissances contemporaines.

De la crise du paradigme biochimique classique au problème non résolu de la forme en biologie évolutive, cet ouvrage montre comment la vie peut être comprise plus efficacement si on la conçoit comme un u un phénomène de cohérence non locale, dans lequel le tout n'est pas le résultat des parties, mais leur condition de possibilité. Dans cette perspective, les champs biologiques ne sont pas des métaphores évocatrices, mais des outils conceptuels permettant de décrire comment l'information prend corps, comment l'énergie se transforme en organisation et comment l'organisme conserve son identité dynamique.

Cette vision a également de profondes implications sur la manière dont nous concevons la santé et la maladie. La santé apparaît comme un état de cohérence globale, tandis que la pathologie se présente comme une fragmentation du champ, une perte d'harmonie informationnelle avant même d'être une défaillance mécanique. Dans le même temps, la vie est réinterprétée comme un processus cognitif diffus : chaque organisme, par le simple fait d'exister, connaît, évalue et répond au monde.

La biologie des champs ouvre un espace de réflexion responsable, dans lequel la science et la métaphysique renouent le dialogue sans se confondre. Une invitation à repenser la vie non seulement comme un fait naturel, mais comme un événement porteur de sens dans l'univers, et le savoir biologique comme une connaissance qui implique, inévitablement, un choix culturel et éthique.

Introduction. Une nouvelle grammaire conceptuelle.

Pourquoi la vie ne peut plus être envisagée comme de la matière en mouvement.

Pendant plus d'un siècle, la biologie a parlé le langage de la physique classique : matière, chocs, réactions, chaînes causales. Un langage puissant, qui a produit des résultats extraordinaires, mais qui montre aujourd'hui des fissures de plus en plus évidentes. Non pas parce que les données manquent – bien au contraire –, mais parce que ces données semblent en dire plus que ce que les catégories traditionnelles sont capables d'entendre. C'est de là que naît cette introduction : de ce sentiment, de moins en moins latent, que la vie ne peut plus être envisagée comme une simple matière en mouvement, comme une somme de réactions chimiques orchestrées par le hasard et filtrées par la nécessité.

Le but de cette introduction n'est pas de démontrer une nouvelle théorie biologique, ni de proposer des expériences alternatives. Sa mission est plus radicale et, en même temps, plus sobre : préparer le terrain conceptuel de l'ouvrage, expliquer pourquoi il est nécessaire de changer de grammaire avant même de changer de modèle. Les pages qui suivent invitent le lecteur à suspendre un instant l'automatisme par lequel nous identifions le vivant au mécanique, afin d'explorer l'idée que la vie est avant tout un phénomène de cohérence, de champ, d'information qui prend corps.

Au cours des dernières décennies, la biologie moléculaire, la théorie des systèmes complexes, l'épigénétique et certaines convergences avec la physique contemporaine ont donné lieu à un paradoxe silencieux : nous en savons toujours plus sur les composants élémentaires du vivant, mais nous avons du mal à expliquer pourquoi l'organisme, dans son ensemble, se comporte comme une unité dotée de stabilité, de plasticité et de sens. Le problème, comme l'observait déjà Ludwig von Bertalanffy, fondateur de la théorie des systèmes, ne réside pas dans les faits mais dans le regard : « *Les systèmes vivants ne sont pas des agrégats de parties, mais des totalités organisées* ». Une phrase qui sonne aujourd'hui moins philosophique et plus opérationnelle qu'elle ne le semblait au milieu du XXe siècle.

C'est là qu'émerge ce que l'on pourrait appeler la crise silencieuse de la biologie moderne. Silencieuse, car elle ne se manifeste pas comme un échec expérimental, mais comme un malaise interprétatif. Des phénomènes tels que la morphogenèse, la régulation globale de l'organisme, l'étonnante robustesse des systèmes vivants face aux perturbations, dépassent la causalité linéaire sans pour autant enfreindre aucune loi naturelle. Comme l'écrivait le biologiste et prix Nobel Albert Szent-Györgyi, « *la vie est une propriété de l'organisation, et non des molécules* ». Une constatation simple, presque évidente, et pourtant profondément déstabilisante pour une biologie habituée à rechercher les causes ultimes dans les éléments constitutifs.

Lorsque les données dépassent les théories, il n'est pas rare que la science réagisse en restreignant son champ de vision, en affinant ses outils, en accumulant davantage de détails. Cet ouvrage choisit une voie différente : il se demande si ce n'est pas le cadre conceptuel qui doit être élargi. L'idée de champ biologique, qui sera développée dans les parties suivantes, ne naît pas comme une métaphore évocatrice, mais comme une tentative de concevoir l'organisme comme une structure informationnelle stabilisée, dans laquelle le tout précède et oriente les parties. En ce sens, la référence à l'information ne doit pas être comprise de manière abstraite ou numérique, mais comme un principe incarné, capable de générer forme, fonction et continuité dans le temps.

Une idée similaire avait été pressentie, dans un autre contexte, par le physicien David Bohm lorsqu'il écrivait que « *dans un ordre implicite, le tout est présent dans chaque partie* ». Transposée au domaine biologique, cette intuition suggère que le vivant n'est pas simplement construit à partir de la base, mais maintenu par le haut, par un ordre de cohérence qui ne coïncide avec aucun composant matériel particulier. Il ne s'agit pas d'abandonner la biochimie, mais d'en reconnaître les limites explicatives lorsqu'elle est utilisée comme ontologie totale.

Du mécanisme au sens : tel est le mouvement que cette introduction entend amorcer. Parler de sens en biologie ne revient pas à introduire des finalismes naïfs, mais à reconnaître que chaque organisme opère constamment des distinctions, entretient des relations, conserve une forme. En ce sens, l'affirmation de Francisco Varela résonne encore aujourd'hui : « *Vivre est un processus de connaissance* ». Une phrase qui ouvre la voie à une biologie capable de dialoguer non seulement avec la physique, mais aussi avec l'épistémologie et la philosophie de la nature, sans perdre en rigueur.

Cette introduction constitue donc un point de départ. Elle n'offre pas de solutions, mais des pistes de réflexion. Elle ne répond pas à toutes les questions, mais explique pourquoi ces questions doivent être reformulées. Dans les chapitres suivants, la crise du paradigme classique, la notion de cohérence, l'idée de champ et les implications pour la santé et la maladie seront explorées plus en profondeur. Ici, le lecteur est simplement invité à envisager une possibilité : que la vie ne soit pas seulement ce qui se passe dans la matière, mais la manière dont la matière est continuellement informée, maintenue ensemble, dotée de sens.

Les mots avec lesquels nous pensons la vie.

Chaque science naît deux fois : une fois dans les laboratoires et une fois dans le langage par lequel elle tente de se raconter. La biologie ne fait pas exception. Depuis ses origines modernes, elle a emprunté des mots, des images et des métaphores à la physique et à l'ingénierie, y trouvant une extraordinaire force explicative. Parler de « mécanismes », d'« engrenages moléculaires », de « programmes génétiques » a permis de rendre le vivant intelligible, de le décomposer, de l'analyser, de le manipuler. Mais aujourd'hui, alors même que la biologie dispose d'une masse de données sans précédent, ces mêmes métaphores commencent à montrer leur côté obscur : plutôt que de clarifier, elles semblent parfois dissimuler.

Il faut mettre l'accent sur un point souvent négligé : le problème ne réside pas seulement dans ce que nous savons de la vie, mais dans la manière dont nous l'exprimons. Le langage scientifique n'est pas un simple vecteur neutre d'informations ; il oriente le regard, suggère des liens de causalité, établit ce qui semble plausible et ce qui est exclu a priori. Comme le rappelait la philosophe des sciences Mary Hesse, « *les métaphores ne sont pas des ornements de la pensée scientifique, mais des outils cognitifs* ». Des outils qui, précisément parce qu'ils sont puissants, peuvent devenir des contraintes invisibles.

La métaphore mécaniste a accompagné la biologie avec une cohérence presque parfaite. À partir du XVIIe siècle, l'organisme a été conçu comme une machine sophistiquée, le corps comme un appareil, la cellule comme une usine chimique. Au XXe siècle, avec l'avènement de la génétique moléculaire, le vocabulaire s'est modernisé sans pour autant changer véritablement de registre : l'ADN est devenu un « code », les gènes des « instructions », l'organisme l'exécution d'un « programme ». En 1961, lorsque François Jacob parlait de « *programme génétique* », l'expression semblait éclairante ; aujourd'hui, plusieurs décennies plus tard, de nombreux biologistes reconnaissent que cette métaphore risque de suggérer un déterminisme linéaire que les données réelles ne confirment pas.

Le problème se pose lorsque le langage commence à précéder l'observation, au lieu de la suivre. Des phénomènes tels que la plasticité phénotypique, la régulation épigénétique ou l'auto-organisation des systèmes vivants peinent à trouver leur place dans un vocabulaire conçu pour décrire des chaînes de commandement et des séquences d'instructions. Le biologiste anglais Denis Noble a fait remarquer, non sans une certaine ironie, que « *les gènes ne sont pas des commandes, mais des ressources* ». Changer un mot, dans ce cas, revient à changer l'image même de l'organisme : non plus un exécutant passif, mais un système dynamique qui intègre des signaux, des contextes et des contraintes globales.

C'est dans cet écart entre le langage et les phénomènes que s'inscrit la proposition de cet ouvrage. Parler de champ, de cohérence, d'information incarnée ne revient pas à introduire des termes vagues ou suggestifs, mais à tenter un recalibrage du discours scientifique. D'ailleurs, l'histoire de la science montre que les moments charnières coïncident souvent avec un profond changement lexical. Lorsque Michael Faraday a introduit le concept de champ en physique, il n'ajoutait pas une entité mystérieuse, mais proposait une nouvelle façon d'exprimer ce que les équations laissaient déjà entrevoir. De même, en biologie, le recours à un langage moins mécaniste vise à rendre dicible ce que les données montrent mais que les anciennes métaphores ne parviennent plus à contenir.

Cette réflexion n'implique ni le rejet de la précision scientifique, ni une fuite vers des langages poétiques ou symboliques. Au contraire, comme le soulignait Niels Bohr, « *nous sommes suspendus dans le langage* », et c'est précisément pour cette raison que nous devons l'utiliser avec rigueur et conscience. Le problème n'est pas d'utiliser des métaphores, mais d'oublier qu'il s'agit de métaphores. Lorsque l'organisme est décrit exclusivement comme une machine, il devient difficile de le concevoir comme une entité dotée d'une histoire, d'une mémoire et d'une stabilité dynamique. Lorsque la vie est réduite à de la matière en mouvement, ce qui échappe, ce n'est pas le détail, mais le sens global.

Ce paragraphe vise donc à offrir au lecteur une clé de lecture : avant d'aborder les thèmes de la crise du paradigme classique, de la cohérence biologique et des champs de la vie, il est nécessaire de s'interroger sur le vocabulaire utilisé pour traiter ces thèmes. Car, comme l'écrivait le linguiste Benjamin Lee Whorf, « *nous analysons la nature selon les lignes tracées par notre langue* ». Repenser la biologie signifie, inévitablement, repenser également les mots avec lesquels nous la racontons.

Des champs physiques aux champs de la vie.

Il existe un signe subtil, mais de plus en plus perceptible, qui traverse de nombreuses disciplines scientifiques contemporaines : le sentiment que les phénomènes les plus intéressants ne se laissent plus décrire comme de simples chaînes de causes et d'effets locaux. En physique, en neurosciences, en écologie et même dans certaines branches de l'économie théorique, des mots tels que « champ », « cohérence », « émergence » et « organisation globale » ont fait leur entrée dans le lexique, non par effet de mode, mais par nécessité. La biologie, en ce sens, n'est pas une exception isolée, mais le dernier maillon d'une transformation plus large de la manière de concevoir la nature.

Le cas le plus connu est celui de la physique du XXe siècle. Lorsque, entre les années 1920 et 1930, la mécanique quantique et l'électrodynamique des champs s'imposent, il devient évident que certaines propriétés n'appartiennent pas aux objets pris isolément, mais au système dans son ensemble. À Göttingen et à Copenhague, lieux qui semblent aujourd'hui presque mythiques dans l'histoire des sciences, on discutait du fait qu'une particule ne pouvait plus être envisagée comme un point isolé, mais comme un nœud dans un réseau de relations. Sans entrer dans les détails techniques, ce qui importe, c'est le changement de perspective : la réalité n'est pas une somme de parties, mais une configuration cohérente.

Un phénomène analogue se produit aujourd'hui dans les neurosciences. À partir des années 1990, avec le développement des techniques de *neuroimagerie*, on a commencé à observer que des fonctions telles que la perception ou la conscience ne correspondent pas à un « centre » unique dans le cerveau, mais à des schémas dynamiques de synchronisation entre des zones éloignées. Le neuroscientifique Francisco Varela parlait de cohérence neuronale pour décrire ces états transitoires mais hautement organisés. Il ne s'agit pas d'un commandement central, mais d'une entente temporaire, semblable (comme il l'a dit lors d'une conférence à Paris en 1998) à un *ensemble de jazz* plutôt qu'à un orchestre classique.

L'écologie offre elle aussi des exemples éclairants. Les écosystèmes sont aujourd'hui étudiés comme des champs d'interactions non linéaires, où la stabilité ne dépend pas de l'immuabilité, mais de la capacité à absorber les perturbations tout en conservant une structure globale. Les travaux de C.S. Holling sur la résilience écologique, menés au Canada et en Scandinavie dans les années 1970, ont montré qu'un système vivant peut changer en permanence sans perdre son identité. Une idée qui trouve un écho profond avec la notion biologique d'organisme en tant que structure informationnelle stabilisée.

Ce bref aperçu comparatif ne vise pas à importer des modèles d'une science à l'autre, ni à forcer des analogies. Il sert plutôt à situer la biologie des champs dans un contexte culturel et scientifique plus large, où des concepts tels que la cohérence et le champ émergent spontanément chaque fois que l'on est confronté à des systèmes complexes et vivants. Le sentiment, partagé par de nombreux chercheurs dans différents domaines, est que le langage réductionniste fonctionne bien pour les composants, mais perd de son efficacité lorsqu'il s'agit de comprendre le comportement de l'ensemble. La biologie semble aujourd'hui se trouver exactement à ce seuil.

Une biologie qui fonctionne mais qui ne comprend pas.

Si l'on observe la biologie contemporaine de l'extérieur, l'idée d'une « crise » peut sembler presque paradoxale. Jamais auparavant nous n'avons disposé d'outils aussi sophistiqués, de bases de données infinies, de technologies capables de lire, de réécrire et de visualiser les processus vitaux avec une précision inimaginable il y a seulement quelques décennies. Et pourtant, au sein même de la communauté scientifique, un sentiment moins triomphaliste se répand : celui d'une discipline qui avance rapidement, mais sans savoir exactement vers quelle conception de la vie elle se précipite.

C'est une crise silencieuse, car elle n'entraîne ni ruptures spectaculaires, ni conflits ouverts entre les écoles de pensée. Il n'y a pas d'expérience qui « ne fonctionne pas », ni d'anomalie retentissante qui oblige à réécrire les manuels du jour au lendemain. Le malaise se manifeste ailleurs : dans la manière dont les résultats sont interprétés, classés, présentés. Comme le faisait déjà remarquer dans les années 1990 l'historienne des sciences Evelyn Fox Keller, le problème n'est pas le manque d'explications, mais l'excès d'explications partielles qui ne s'assemblent pas pour former une vision d'ensemble.

Une anecdote qui a longtemps circulé dans les couloirs du « *Laboratory of Molecular* Biology » de Cambridge raconte que Sydney Brenner, l'un des pères de la biologie moléculaire, aimait répéter avec une pointe de provocation : « *Nous savons tout sur les gènes, mais nous ne savons toujours pas ce qu'est un organisme* ». Cette phrase, attribuée à une conversation informelle du début des années 2000, n'était pas un aveu d'ignorance, mais un diagnostic lucide. La biologie excelle dans l'analyse des composants, mais peine à expliquer comment ces composants deviennent une forme vivante stable, capable de se maintenir, de s'adapter et de se reconnaître en tant qu'unité.

Le nœud interprétatif se manifeste chaque fois que l'on tente de relier différents niveaux de description. Les cartes génomiques, les réseaux de régulation, les flux métaboliques fournissent des informations extrêmement détaillées, mais le passage de « comment fonctionne une partie » à « pourquoi l'organisme est ainsi et non autrement » reste problématique. Non pas parce que les données manquent, mais parce que le cadre conceptuel dominant tend à traiter l'organisme comme le résultat émergent de processus locaux, sans s'interroger sur la stabilité globale de la forme.

Cet écart est également manifeste dans la formation scientifique. Dans de nombreuses universités européennes et nord-américaines, dont Heidelberg et Stanford, on discute depuis des années de la difficulté qu'ont les étudiants à relier la biologie moléculaire, la physiologie et la morphologie. Les disciplines coexistent, mais parlent des langages légèrement différents. Il en résulte un savoir fragmenté, hautement compétent sur le plan technique, mais hésitant lorsqu'il s'agit d'articuler une notion unifiée de la vie.

La crise ne concerne donc pas la validité des expériences, mais l'horizon interprétatif dans lequel elles s'inscrivent. Continuer à accumuler des données sans revoir les catégories conceptuelles risque de produire ce que le philosophe des sciences Thomas Kuhn aurait appelé une « *science normale* » de plus en plus efficace et de moins en moins interrogative. En ce sens, la biologie moderne ressemble à une bibliothèque infinie où les livres s'accumulent, mais où le catalogue conceptuel reste figé.

Parler de crise interprétative ne signifie pas invoquer un changement de méthode ou une rébellion contre la rigueur expérimentale. Cela signifie reconnaître que la question « qu'est-ce qu'un organisme ? » ne peut être résolue uniquement en améliorant la résolution des instruments. Elle exige une refonte des cadres théoriques, une attention accrue aux principes d'organisation, de continuité et de stabilité informationnelle qui assurent la cohésion du vivant. C'est à ce seuil, discret mais décisif, que se situe la proposition d'une biologie des champs.

Voir n'est jamais neutre : ce sont les images qui déterminent ce qu'est la vie.

Chaque époque scientifique considère la vie à travers les images qu'elle sait produire. Il ne s'agit pas d'un détail esthétique, mais d'un choix épistémologique profond. Lorsque, dans la seconde moitié du XIXe siècle, Rudolf Virchow affirmait à Berlin que « *omnis cellula e* cellula » (*chaque cellule naît d'une autre cellule*), il ne se contentait pas d'énoncer un principe biologique : il consacrait une vision du vivant façonnée par l'image au microscope optique, celle de la cellule comme unité discrète, délimitée et autosuffisante.

Depuis lors, la biologie n'a cessé d'affiner ses outils visuels – microscopie électronique, fluorescence, imagerie moléculaire – sans toutefois s'interroger suffisamment sur ce que ces images suggèrent implicitement. Les cartes métaboliques, les séquences génétiques visualisées sous forme de codes linéaires, les diagrammes en cascade des voies de signalisation cellulaire racontent une histoire précise : celle d'une vie décomposable, localisable, régie par des causes ponctuelles. Et pourtant, comme le faisait déjà remarquer dans les années 1970 le biophysicien anglais Brian Goodwin, en observant les processus de morphogenèse embryonnaire, « *les images expliquent moins qu'elles ne le promettent* ». Elles nous montrent le « où », rarement le « comment » et presque jamais le « pourquoi ».

Un cas emblématique est la célèbre « double hélice » de l'ADN, rendue iconique par le modèle de Watson et Crick en 1953 à Cambridge. Une image extrêmement puissante, capable d'orienter des décennies de recherche, mais aussi de consolider l'idée que l'information biologique réside dans une structure statique, lisible comme un texte. En revanche, on a accordé beaucoup moins de place visuelle aux phénomènes de régulation épigénétique, aux champs électriques cellulaires étudiés par Lionel Jaffe à Berkeley, ou aux motifs dynamiques observés dans les années 1990 dans les laboratoires de développement embryonnaire de Kyoto et de Tübingen. Non pas parce qu'ils étaient moins réels, mais parce qu'ils étaient plus difficiles à « photographier ». Comme le rappelait le philosophe des sciences Ian Hacking, les images scientifiques ne se contentent pas de représenter le monde : elles contribuent à établir ce qui compte comme réel. En biologie, cela a signifié privilégier ce qui est isolable et colorable, au détriment de ce qui est relationnel, diffus, cohérent. C'est sur cet angle mort, silencieux mais décisif, que s'ouvre la perspective des champs biologiques : non pas contre les images, mais au-delà de leur pouvoir de simplification.

Des laboratoires sans horizon : la fragmentation des connaissances biologiques.

Il existe un aspect de la crise de la biologie contemporaine dont on parle peu, peut-être parce qu'il touche des points sensibles qui dépassent le cadre du laboratoire : sa dimension sociale et institutionnelle. La biologie d'aujourd'hui ne souffre ni d'un manque de données, ni d'une pénurie de technologies. Au contraire, elle produit des informations en quantités vertigineuses. Et pourtant, comme l'observait déjà dans les années 1990 le sociologue des sciences Bruno Latour lors de ses recherches sur le travail quotidien dans les laboratoires, la connaissance ne naît jamais dans l'abstrait : elle s'inscrit toujours dans des réseaux de financements, de carrières, de revues, d'appels à projets et d'indicateurs de productivité. Dans ce contexte, l'hyperspécialisation n'est pas seulement un choix épistémique, mais une stratégie de survie. Étudier une seule protéine, une voie métabolique circonscrite, un récepteur isolé est souvent plus « finançable » que de s'interroger sur le fonctionnement global d'un organisme.

Un biologiste moléculaire rencontré il y a des années dans un centre de recherche européen – appelons-le M. – racontait avec une pointe d'ironie que dans son département, « *tout le monde sait tout sur presque rien* ». Cette boutade met le doigt sur un point essentiel : la division de l' u travail scientifique, poussée par des systèmes d'évaluation quantitatifs, tend à fragmenter le vivant en problèmes de plus en plus petits, parfaitement analysables, mais de moins en moins rattachables à un cadre unitaire. Ce n'est pas un hasard si des concepts tels que « champ », « cohérence » ou « organisation globale » sont souvent perçus comme vagues ou suspects : non pas parce qu'ils sont dénués de fondement, mais parce qu'ils trouvent difficilement leur place dans les formulaires de *demande de subvention* ou dans les critères d'une revue à fort *facteur d'impact*.

Dès 1962, Thomas Kuhn, dans son ouvrage « *La structure des révolutions scientifiques* », observait que les paradigmes ne changent pas seulement sous l'effet d'une accumulation d'anomalies, mais lorsqu'il devient possible d'imaginer une autre manière de faire de la science. Aujourd'hui, en biologie, de nombreuses anomalies sont sous les yeux de tous : régulations non locales, synchronisations à distance, résiliences systémiques difficilement explicables en termes purement biochimiques. Ce qui manque, ce ne sont pas les observations, mais les espaces institutionnels et culturels permettant de les intégrer. À cela s'ajoute un effet paradoxal : plus une discipline devient puissante sur le plan technique, plus elle tend à défendre ses propres catégories d'interprétation, car de celles-ci dépendent les financements, les réputations, des écoles de recherche entières. Comme le faisait remarquer le prix Nobel Peter Medawar lors d'une conférence à Londres en 1974, « *la science peut devenir conservatrice précisément lorsqu'elle semble la plus avancée* ».

Dans ce contexte, parler des organismes comme de structures informationnelles stabilisées ne revient pas à proposer une hérésie, mais à tenter une recomposition. Il ne s'agit pas de nier la valeur des analyses moléculaires, mais de reconnaître qu'elles décrivent des fragments d'un processus plus vaste, qui nécessite un langage capable de traverser différents niveaux. La biologie des champs naît également en réponse à une question implicitement sociologique : comment redonner une unité de sens à une science qui, de par son organisation, risque de perdre la vision d'ensemble alors même qu'elle accumule des détails sans précédent.

Prédire n'est pas comprendre : le paradoxe de la biologie contemporaine.

L'un des traits les plus surprenants – et les moins discutés – de la biologie contemporaine est l'écart croissant entre ce que nous savons faire et ce que nous savons comprendre. Nous sommes devenus extraordinairement habiles à prévoir et à manipuler les processus biologiques : nous anticipons l'expression d'un gène, nous modifions une protéine, nous bloquons une cascade inflammatoire, nous orientons une cellule souche vers un destin plutôt qu'un autre. Et pourtant, si l'on s'arrête un instant, la question la plus simple reste souvent sans réponse : qu'est-ce que, dans son ensemble, l'organisme que nous contrôlons ? Cette tension n'est pas nouvelle. Dès 1917, à Vienne, Ludwig von Bertalanffy notait dans ses carnets que « *la capacité de prévision ne coïncide pas avec la compréhension de l'organisation* ». Un siècle plus tard, l'écart entre les deux semble s'être creusé.

Un exemple emblématique nous vient de l'histoire récente de la pharmacologie. Dans les années 2000, dans divers centres de recherche situés entre Boston et Bâle, on a perfectionné la capacité à concevoir des médicaments hautement sélectifs, capables de cibler une seule cible moléculaire avec une précision quasi chirurgicale. Les prévisions expérimentales se vérifiaient : le récepteur était inhibé, le signal bloqué. Et pourtant, lors des essais cliniques, les effets systémiques inattendus se multipliaient. Comme le racontait un chercheur impliqué dans l'un de ces programmes, « *tout était sous contrôle, sauf l'organisme* ». La prédiction locale ne se traduisait pas par une compréhension globale. Le problème n'était pas technique, mais conceptuel : l'organisme réagissait comme une unité cohérente, et non comme une somme de parties indépendantes.

Cet écart renvoie à une distinction classique, chère à la tradition philosophique allemande, entre Erklären et Verstehen : expliquer un mécanisme n'équivaut pas à en comprendre le sens. En biologie, l'explication causale a produit des résultats extraordinaires, mais elle tend à perdre de vue la dimension organisationn , celle qui donne un sens aux interactions locales. Norbert Wiener, fondateur de la cybernétique, rappelait en 1950 qu'« *un système peut être prévisible et pourtant incompréhensible, si nous ignorons le principe qui l'organise* ». C'est précisément là que la perspective des champs biologiques introduit une rupture : elle ne nie pas la prévision, mais la relativise, en l'inscrivant dans un cadre où le comportement des parties n'acquiert de sens qu'en référence à une totalité informée.

La biologie des champs suggère que comprendre un organisme ne signifie pas seulement anticiper ses réponses, mais saisir sa logique interne de stabilisation, les règles implicites qui maintiennent la forme, la fonction et l'identité au fil du temps. Comme l'observait le neurophysiologiste Kurt Goldstein, travaillant avec des patients atteints de lésions cérébrales à Francfort dans les années 1930, l'organisme ne « réagit » pas simplement aux stimuli : il se réorganise lui-même. Prévoir un résultat expérimental isolé peut être utile ; comprendre l'organisation qui rend ce résultat possible est une autre entreprise, plus lente et moins immédiatement exploitable, mais décisive si l'on veut véritablement parler de la vie comme d'un phénomène doté de sens.

Des données rebelles : ce que font les organismes et que les théories n'expliquent pas.

Il y a un moment, dans l'histoire de chaque science, où les données commencent à se rebeller. Non pas parce qu'elles sont erronées, mais parce qu'elles ne sont plus à leur place. Elles continuent de s'accumuler, elles sont reproductibles, solides, souvent même spectaculaires, et pourtant elles ne s'inscrivent pas dans les cadres théoriques disponibles. En biologie, ce moment n'est ni soudain ni annoncé : il est silencieux, progressif, presque gênant. Les phénomènes observés fonctionnent, mais ne « collent » pas. C'est comme assister à un concert où chaque musicien joue correctement, et pourtant l'harmonie d'ensemble échappe à toute partition connue.

Un exemple classique nous vient de la morphogenèse, l'étude de la façon dont un organisme prend forme. En 1952, dans un bureau de l'université de Manchester, Alan Turing – le même mathématicien qui avait contribué à déchiffrer Enigma – publiait un article surprenant dans les « *Philosophical Transactions of the Royal Society* ». Il démontrait que de simples réactions chimiques, associées à des processus de diffusion, pouvaient générer des motifs complexes : des rayures, des taches, des symétries. Le modèle fonctionnait, et il est encore utilisé aujourd'hui. Mais déjà à l'époque, il était clair qu'expliquer comment une forme émergeait ne revenait pas à expliquer pourquoi cette forme restait stable, reconnaissable, capable de se régénérer en cas de dommage. Les données révélaient une régularité qui dépassait la chaîne locale de cause à effet.

Le cas de la régénération est encore plus déconcertant. Quiconque a observé un planaire – un petit ver plat de 1 , étudié depuis le XIXe siècle – sait qu'il peut reconstituer un organisme entier à partir d'un fragment minuscule. Coupé en plusieurs parties, il ne produit pas un amas aléatoire de cellules, mais de nouveaux individus complets, avec la tête et la queue à la bonne place. Au cours d'expériences menées entre les années 1920 et 1930 par Thomas Hunt Morgan à Woods Hole, dans le Massachusetts, le phénomène était déjà bien documenté. Le problème n'était pas empirique : il était théorique. Aucune chaîne linéaire d'instructions locales ne semblait suffisante pour expliquer comment les cellules « savaient » où se placer. Les données indiquaient une régie globale, mais le langage disponible ne parlait que de réactions ponctuelles.

Des phénomènes analogues apparaissent dans la biologie cellulaire contemporaine. Le « *quorum sensing* », observé pour la première fois dans les années 1970 chez des bactéries marines étudiées à Honolulu, montre comment des populations unicellulaires modifient leur comportement collectif en fonction de leur densité, n'activant des gènes que lorsqu'un seuil critique est atteint. Aucune cellule, prise isolément, ne contient la cause du changement. C'est le système dans son ensemble qui produit un nouvel état. La causalité n'est plus linéaire, mais distribuée : non pas « A cause de B », mais « une configuration rend un événement possible ».

Même la génétique, longtemps considérée comme le bastion de l'explication déterministe, s'est retrouvée confrontée à un excès de données. Barbara McClintock, travaillant sur le maïs dans les années 40 et 50 à Cold Spring Harbor, a observé que le génome n'est pas un texte statique, mais un système dynamique capable de se réorganiser en réponse au stress et au contexte. Elle parlait de « génome sensible », une expression qui lui valut des décennies d'incompréhension avant le prix Nobel de 1983. Les données étaient là, mais les théories n'étaient pas prêtes à les accueillir.

Ces exemples, différents par leur échelle et leur contexte, convergent vers un point crucial : le vivant manifeste des propriétés émergentes qui ne se laissent pas réduire à des enchaînements linéaires de causes. La biologie des champs naît précisément dans cet espace d'excès, où les faits exigent une grammaire différente. Non pas pour abandonner la rigueur, mais pour reconnaître que l'organisme fonctionne comme une structure informationnelle stabilisée, capable de maintenir sa cohérence à travers les flux, les perturbations et les changements. Au fond, les données ne trahissent pas la science : elles signalent qu'il est temps d'élargir son langage.

L'émergence sans mystère.

Pour de nombreux biologistes, prononcer le mot « émergence » a longtemps été un geste ambigu, presque une capitulation élégante. Comme si dire qu'une propriété « émerge » signifiait admettre que nous ne savons pas vraiment expliquer comment et pourquoi cela se produit. Pourtant, en observant attentivement l'histoire récente des sciences de la vie, il apparaît de plus en plus clairement que l'émergence n'est pas un trou noir de la connaissance, mais l'un de ses outils les plus raffinés. Elle n'efface pas l'explication : elle la fait passer à un autre niveau.

Une anecdote souvent racontée dans les couloirs du Santa Fe Institute, au Nouveau-Mexique, aide à clarifier ce point. Au début des années 1990, lors d'un séminaire informel, un jeune chercheur a montré comment des modèles computationnels très simples pouvaient générer des comportements collectifs imprévisibles. À la fin de la présentation, un physicien plus âgé fit remarquer : « *Nous n'avons pas perdu la causalité, nous l'avons répartie.* » Cette phrase résumait déjà l'essence même de l'émergence : non pas l'absence de causes, mais leur organisation en configurations qui produisent de la nouveauté.

En biologie, l'émergence devient nécessaire lorsque les propriétés observées n'appartiennent à aucune des parties prises isolément. La conscience d'un organisme, sa capacité à s'adapter de manière créative, la stabilité d'une forme dans le temps ne peuvent être localisées dans une molécule, un gène ou une cellule. Ce sont des propriétés du système dans son ensemble. Ludwig von Bertalanffy, fondateur de la théorie des systèmes, l'écrivait déjà en 1968 dans son ouvrage « *General System Theory* » : « *Le tout est plus que la somme des parties, non pas par magie, mais par organisation* ». Une phrase d' qui, plusieurs décennies plus tard, semble moins philosophique et plus opérationnelle.

Un exemple particulièrement instructif nous vient de la biologie du développement. Dans les années 1980, dans les laboratoires de l'EMBL à Heidelberg, certains chercheurs ont observé que des embryons soumis à des perturbations importantes parvenaient néanmoins à atteindre une structure finale correcte. Non pas parce que chaque erreur était corrigée localement, mais parce que l'organisme semblait « tendre » vers une forme globale. Parler d'émergence, dans ce cas, ne signifiait pas introduire un principe occulte, mais reconnaître que l'explication résidait dans la dynamique collective, et non dans les étapes individuelles.

Le malentendu naît souvent d'une comparaison implicite avec l'idéal mécaniste classique, dans lequel expliquer équivaut à décomposer. Mais la science contemporaine, de la thermodynamique des systèmes loin de l'équilibre à la théorie des réseaux, a montré que comprendre peut aussi signifier suivre la naissance de motifs, de contraintes et de régularités qui n'étaient inscrits nulle part de manière isolée. Les tourbillons étudiés par Ilya Prigogine dans les années 1970, ou les structures dissipatives observées dans des systèmes chimiques réels, n'étaient pas « mystérieux » : ils étaient émergents, et c'est précisément pour cette raison qu'ils étaient intelligibles à un nouveau niveau.

Dans cette perspective, l'émergence devient une clé fondamentale pour concevoir l'organisme comme une structure informationnelle stabilisée. Non pas une machine complexe, mais un processus qui génère et maintient un sens biologique. Loin de représenter un recul par rapport à l'explication, l'émergence marque une avancée : elle accepte que la vie ne se laisse pas épuiser par une seule échelle descriptive et que la véritable compréhension naît dans le passage entre les niveaux. Le mystère, si tant est qu'il y en ait un, n'est pas que l'ordre émerge, mais que pendant si longtemps, nous avons cru pouvoir l'expliquer sans en tenir compte.

Entre attentes et seuils : la biologie et le temps qui ne s'écoule pas de manière linéaire.

Il existe un postulat tacite qui sous-tend une grande partie de la biologie moderne : l'idée que le temps s'écoule de manière uniforme, réversible et neutre. Un temps de laboratoire, rythmé par des chronomètres et des graphiques cartésiens, où une cause précède un effet avec une régularité quasi ferroviaire. Et pourtant, quiconque a véritablement observé un organisme vivant — une plante qui « décide » quand fleurir, un système immunitaire qui réagit trop tard ou trop tôt, une cicatrice qui reste comme une trace — sait que le temps biologique est tout autre. Il est irrégulier, stratifié, souvent asymétrique. En un mot : non linéaire.

Dans les années 1950, le biologiste britannique Conrad Hal Waddington, travaillant à Édimbourg, a introduit l'image du paysage épigénétique : une petite balle qui roule sur une surface faite de vallées et de crêtes, où le parcours dépend non seulement de l'impulsion initiale, mais aussi du chemin déjà parcouru. Ce n'était pas seulement une métaphore élégante : c'était une façon de dire qu'en biologie, le passé reste opérationnel. Les cellules « se souviennent » de ce qui s'est passé, et cette mémoire influence ce qui pourra se produire. Le temps, ici, n'est pas une variable externe : il est incorporé dans la forme.

Un exemple moins théorique nous vient de l'observation clinique. Dans les années 1990, dans certains services d'oncologie européens, on a remarqué que des tumeurs apparemment similaires, traitées selon des protocoles identiques, présentaient des réponses radicalement différentes. Ce n'était pas seulement une question génétique. Avec le temps, il est apparu que ce qui comptait, c'étaient les retards, les seuils franchis ou non, les séquences temporelles des traitements. Un médicament administré « trop tôt » pouvait être inefficace, celui administré « trop tard » pouvait avoir des effets dévastateurs. Le système biologique ne réagissait pas de manière proportionnelle, mais par à-coups, par discontinuités, par points de non-retour.

Cela introduit une autre caractéristique décisive de la temporalité vivante : l'irréversibilité. Un organisme ne revient jamais exactement à son état antérieur. Même lorsqu'il guérit, reste différent. Comme l'écrivait le physiologiste français Henri Atlan à la fin des années 70, « *l'ordre biologique se construit en consommant des possibilités* ». Chaque choix temporel ouvre certaines voies et en ferme d'autres. La vie n'est pas une bande que l'on peut rembobiner, mais une histoire qui s'écrit au fur et à mesure qu'elle se déroule.

Il n'est donc pas surprenant que de nombreux modèles linéaires aient du mal à décrire des phénomènes tels que la latence, l'adaptation lente ou les réponses retardées. Pensons au système endocrinien : un signal peut être émis maintenant et ne produire des effets significatifs que plusieurs jours, voire plusieurs mois plus tard. Ou encore au microbiote intestinal, étudié de manière intensive depuis 2010, où des changements minimes et initialement invisibles peuvent, avec le temps, réorganiser des équilibres physiologiques entiers. Ici, le temps agit comme un amplificateur silencieux, et non comme une simple coordonnée.

Cette temporalité complexe nous oblige à repenser l'organisme comme une structure informationnelle stabilisée dans le temps. Stabilisée, mais pas figée. L'information biologique n'est pas un message instantané : c'est un processus qui s'accumule, se transforme, et parfois se réactive. À l'instar de certains quartiers historiques de villes comme Lisbonne ou Naples, où des couches de différentes époques coexistent dans un même espace, des temps différents coexistent également au sein des organismes : évolutifs, ontogénétiques, physiologiques. Comprendre la vie, c'est apprendre à les lire ensemble, sans les réduire à une seule ligne temporelle.

Quand l'expérience réussit, mais que la théorie reste muette.

Dans les laboratoires du monde entier, on assiste de plus en plus souvent à une scène curieuse, presque embarrassante. L'expérience a réussi, les données sont fiables, reproductibles, publiables dans des revues de premier plan. Et pourtant, au moment d'expliquer pourquoi ce phénomène se produit, les propos deviennent prudents, les interprétations divergent, les conclusions restent en suspens. C'est comme si la biologie contemporaine était devenue extraordinairement douée pour produire des réponses correctes à des questions mal posées.

Un cas emblématique nous vient de *l'université Tufts*, dans le laboratoire de Michael Levin, où l'on étudie depuis plus d'une décennie les schémas bioélectriques dans le développement des organismes. En modifiant des gradients électriques infimes dans les cellules d'embryons de grenouille (*Xenopus laevis*), l'équipe a obtenu des résultats qui semblent tout droit sortis d'un récit de science-fiction : des yeux qui se forment à des emplacements anormaux, des membres qui se régénèrent là où ils ne devraient pas, des tissus qui « savent » ce qu'ils vont devenir même lorsque le contexte génétique a été perturbé. Les expériences sont solides, reproduites, filmées. Mais qu'est-ce qui guide réellement la forme ? Un gène ? Un signal local ? Ou quelque chose qui ressemble davantage à un champ d'information distribué, capable de tout coordonner ?

Un autre exemple, moins connu du grand public mais très débattu parmi les spécialistes, concerne ce qu'on appelle la « robustesse biologique ». Dans de nombreuses expériences de biologie du développement, menées en Allemagne et au Japon au début des années 2000, on a observé que des embryons soumis à des perturbations importantes — variations de température, ablation de cellules, altérations chimiques — parvenaient néanmoins à développer des formes étonnamment normales. Les modèles classiques évoquent des compensations moléculaires locales. Mais lorsque ces compensations sont trop nombreuses, trop coordonnées et trop fiables, l'idée d'une simple somme d'ajustements commence à s'effriter.

Il y a ensuite le cas, désormais célèbre, de la photosynthèse. En 2007, une équipe dirigée par Graham Fleming a publié dans *Nature* des données expérimentales montrant des signes de cohérence quantique dans les complexes photosynthétiques d'algues et de bactéries. Les résultats étaient clairs : l'énergie ne « sautait » pas au hasard d'une molécule à l'autre, mais semblait explorer simultanément plusieurs voies, comme si le système savait à l'avance laquelle était la plus efficace. La communauté scientifique a réagi avec intérêt, mais aussi avec un certain malaise. Le phénomène était réel ; son interprétation, beaucoup moins. S'agissait-il d'un artefact ? D'un cas limite ? Ou d'un indice montrant que les systèmes vivants utilisent des principes organisationnels que la biologie classique n'a jamais vraiment intégrés ?

En médecine aussi, le scénario se répète. Dans les transplantations de microbiote fécal, pratiquées avec un succès croissant pour certaines pathologies intestinales, les résultats cliniques peuvent être excellents. Pourtant, deux patients traités selon des protocoles quasi identiques peuvent présenter des résultats radicalement différents. Les bactéries transférées sont les mêmes, les conditions sont contrôlées, les données sont précises. Ce qui manque, c'est une théorie capable d'expliquer comment un écosystème vivant complexe se réorganise en tant que tout, et pourquoi cette réorganisation suit des trajectoires imprévisibles à partir de ses composants individuels.

Dans tous ces cas, le problème ne réside pas dans le manque de fiabilité de l'expérience. Au contraire : c'est son succès excessif. Les données dépassent les catégories conceptuelles disponibles. Comme le faisait déjà remarquer en 1968 le physicien et philosophe des sciences Peter Medawar, « *les faits ne parlent pas d'eux-mêmes s'il n'existe pas de langage adéquat pour les écouter* ». La biologie des champs naît précisément dans cet espace d'écart : là où l'organisme n'apparaît plus comme une machine complexe, mais comme une structure informationnelle stabilisée, capable de conserver sa forme, sa fonction et son sens même lorsque ses différentes parties sont altérées.

Quand on contrôle le résultat mais qu'on perd le sens.

L'un des triomphes les plus célébrés de la biologie contemporaine est sa capacité à produire des effets. Nous désactivons un gène et une protéine disparaît. Nous activons un récepteur et une cellule change de comportement. Nous insérons une séquence et obtenons un résultat mesurable, souvent reproductible avec une précision impressionnante. Mais entre l'effet obtenu et la forme comprise s'ouvre un fossé que la rhétorique du progrès scientifique tend à minimiser.

Un exemple éloquent nous vient du monde des organoïdes, ces minuscules structures tridimensionnelles cultivées en laboratoire à partir de cellules souches. En 2009, dans les laboratoires de l'« *Hubrecht* Institute » d'Utrecht, l'équipe dirigée par Hans Clevers a réussi à faire croître de petits « intestins » fonctionnels in vitro. Le résultat était extraordinaire : des cellules isolées qui, sans schéma explicite, s'organisaient spontanément en une structure dotée de cryptes, de villosités et d'une différenciation fonctionnelle. La prédiction expérimentale se vérifiait. Mais face à la question cruciale — d'où vient la forme ? —, les réponses restaient vagues. Il n'y avait ni gène architecte, ni séquence d'instructions linéaires. Il s'agissait plutôt d'une dynamique collective qui semblait précéder et guider les événements moléculaires individuels.

Il en va de même avec les techniques d'édition génétique. CRISPR-Cas9, développée à partir de 2012 grâce aux travaux de Jennifer Doudna et d'Emmanuelle Charpentier, permet des interventions d'une précision chirurgicale. Nous pouvons prédire l'effet d'une mutation avec une très grande probabilité. Et pourtant, dans de nombreux cas, l'organisme réagit de manière inattendue : des circuits alternatifs s'activent, des fonctions émergent ailleurs, la forme globale se réorganise. Comme le faisait déjà remarquer dans les années 1970 le biologiste anglais Brian Goodwin, intervenir sur un élément ne revient pas à comprendre la logique qui lie le tout. C'est la différence entre savoir comment obtenir un résultat et savoir pourquoi ce résultat est possible.

L'histoire de la biologie du développement est parsemée de ces courts-circuits interprétatifs. Dans les années 1950, à Woods Hole, Conrad Waddington a introduit le concept de « paysage épigénétique » pour expliquer pourquoi des cellules génétiquement identiques pouvaient suivre des destins différents. C'était une métaphore puissante, mais aussi un aveu implicite : les mécanismes connus ne suffisaient pas. Aujourd'hui, nous disposons d'outils infiniment plus sophistiqués, mais la question reste étonnamment similaire. La forme n'est pas la simple conséquence d'une chaîne causale ; c'est une propriété globale qui émerge de relations réparties dans l'espace et dans le temps.

Cette distinction entre effet et forme n'est pas seulement théorique. En médecine régénérative, par exemple, on peut stimuler la prolifération cellulaire ou l'expression de facteurs de croissance, ce qui permet d'obtenir des résultats temporaires.

Mais reconstruire une structure fonctionnelle — un tissu, un organe, un équilibre physiologique — exige davantage : un principe d'organisation qui coordonne les processus locaux en une totalité cohérente. C'est là que la notion de champ biologique commence à s'imposer, non pas comme une fuite dans le vague, mais comme une tentative de nommer ce que l'expérience montre sans parvenir à l'expliquer.

Comme l'a écrit le philosophe des sciences Georges Canguilhem, la vie n'est pas définie par ses composants, mais par la normativité qui les organise. Prévoir un effet, c'est évoluer au sein d'une norme déjà donnée. Comprendre la forme, c'est s'interroger sur la manière dont cette norme est continuellement générée, maintenue et, parfois, transformée. C'est un passage subtil mais décisif : de la biologie en tant qu'ingénierie du résultat à la biologie en tant que science du sens.

Des chiffres inquiétants : ce que les données biologiques ne disent pas à elles seules.

Il fut un temps où les données scientifiques étaient accueillies comme une réponse. Un point d'ancrage, une confirmation, parfois une victoire. En biologie contemporaine, cette attitude survit davantage par habitude que par véritable conviction. Les données sont aujourd'hui abondantes, voire presque redondantes, mais elles clôturent rarement un débat. Au contraire, elles l'ouvrent. Et souvent, elles l'ouvrent dans des directions imprévues.

On le perçoit clairement dans les grands centres de recherche qui produisent des atlas biologiques mondiaux. En 2016, lorsque le projet « *Human Cell* Atlas » a été présenté à Londres, l'objectif déclaré était de « cartographier toutes les cellules du corps de l' e humain ». Une promesse ambitieuse, soutenue par des technologies de séquençage unicellulaire de plus en plus sophistiquées. Mais après seulement quelques années, les chercheurs impliqués — à Cambridge, Stanford et à l'EMBL de Heidelberg — se sont retrouvés face à un paradoxe : plus ils classaient de cellules, plus les catégories devenaient instables. Des types cellulaires qui se confondaient les uns avec les autres, des états intermédiaires, des transitions continues. Les données n'apportaient pas de réponse définitive à la question « qu'est-ce qu'une cellule ? », mais soulevaient une question plus profonde : comment une identité biologique se maintient-elle dans un changement constant ?

Ce glissement est crucial. En biologie des champs, la donnée n'est pas la pierre angulaire de la connaissance, mais un signal. Elle indique qu'il existe un ordre, sans toutefois l'épuiser. Comme ce fut le cas pour Claude Bernard dans le Paris du milieu du XIXe siècle : en étudiant le « *milieu* intérieur », il s'aperçut que la stabilité des organismes ne découlait pas de l'absence de variations, mais de leur régulation continue. Ses expériences fournissaient des mesures précises, mais ce qui comptait vraiment, c'était la question qui en découlait : quel principe maintient cette instabilité apparente ?

Aujourd'hui encore, de nombreuses données biologiques fonctionnent de la même manière. Prenons les oscillations métaboliques observées chez les levures, étudiées depuis les années 1990 dans les laboratoires de Göteborg. Les graphiques montrent des cycles réguliers, des fluctuations synchronisées, des comportements collectifs entre les cellules. Tout cela est mesurable, reproductible. Mais la signification ne réside pas dans les chiffres. La donnée demande à être interprétée comme la trace d'une coordination invisible, d'une dynamique d'ensemble qui ne se réduit pas à la somme des processus individuels.

En ce sens, la donnée biologique ressemble davantage à une question philosophique qu'à une réponse d'ingénierie. Elle ne dit pas simplement « *cela se* produit », mais suggère « *comment est-il possible que cela se produise* ? ». Une différence subtile, mais décisive. Comme le rappelait le physicien et philosophe

Erwin Schrödinger dans ses conférences à Dublin en 1943, les faits de la vie ne sont pas étranges parce qu'ils enfreignent les lois connues, mais parce qu'ils les utilisent de manière à la t organisée. La donnée, alors, n'est pas la fin de l'enquête : c'est le début d'une réflexion sur l'organisation.

Changer de regard sur les données, c'est aussi accepter une certaine dose d'inachèvement. Dans les couloirs de *l'Institut Max Planck* de Dresde, où l'on étudie les processus d'auto-organisation tissulaire, on entend parfois de jeunes chercheurs dire que « *les données sont magnifiques, mais nous ne savons pas encore ce qu'elles nous demandent* ». C'est une phrase révélatrice. Elle témoigne d'une science qui ne prétend plus dominer le phénomène, mais l'écouter.

Dans cette perspective, la biologie des champs ne propose pas d'abandonner les données, mais de leur redonner de la profondeur. Les considérer non pas comme des réponses qui clôturent, mais comme des interrogations qui orientent. Chaque mesure devient alors une fenêtre sur un ordre plus vaste, chaque anomalie un indice, chaque régularité une question déguisée. C'est peut-être là que la biologie cesse d'être seulement une science de la vie et commence à devenir une science du sens de la vie.

Au-delà de l'engrenage : parce que les organismes ne sont pas des machines bien assemblées.

Depuis plus d'un siècle, la biologie parle le langage du mécanisme. Un langage puissant, précis, capable de produire des résultats extraordinaires : des médicaments ciblés, des techniques d'imagerie sophistiquées, des interventions génétiques impensables il y a encore quelques décennies. Et pourtant, sous cette surface de réussite, une fissure silencieuse s'est ouverte. Les organismes continuent d'être décrits comme des dispositifs qui fonctionnent, mais de plus en plus rarement comme des systèmes porteurs de sens.

Le passage du mécanisme au sens ne résulte pas d'une rébellion théorique soudaine, mais d'une saturation. Lorsque chaque processus vital est expliqué comme une chaîne de causes efficaces, une question élémentaire reste sans réponse : pourquoi précisément cette organisation et non une autre ? Pourquoi une forme stable, une fonction coordonnée, une réponse contextuelle qui semble « avoir un sens » par rapport à la situation ? Le langage mécanique explique comment quelque chose se produit, mais passe sous silence la raison pour laquelle cette chose a une cohérence pour l'organisme.

Un épisode souvent évoqué dans les laboratoires de biologie des systèmes du MIT concerne les premières simulations informatiques de réseaux génétiques, au début des années 2000. Les modèles fonctionnaient : ils produisaient des oscillations, des états stables, des transitions. Mais, comme l'a raconté Stuart Kauffman lors d'un séminaire informel en 2002, « *nous ne savions pas dire si le système faisait quelque chose ou s'il se contentait simplement d'exister* ». C'était un aveu important : le comportement était correct, mais pas la signification. Il manquait une sémantique biologique.

C'est là qu'intervient la perspective du champ. Parler de champ ne signifie pas évoquer des métaphores vagues, mais reconnaître que l'organisation biologique précède et oriente les événements individuels. Comme dans un champ magnétique, où la limaille de fer rend visible une structure invisible, de même, dans les systèmes vivants, les processus moléculaires « s'alignent » sur un ordre qui n'est contenu dans aucune réaction isolée. L'information, dans ce contexte, n'est pas un message qui voyage d'un point à un autre, mais une relation qui donne forme au comportement global.

Un exemple éclairant nous vient de la biologie du développement. En 1924, à Berlin, Hans Spemann a montré qu'en transplantant une petite région embryonnaire — le célèbre « organisateur » —, il était possible d'induire la formation d'un deuxième axe corporel. Spemann parlait de « champs morphogénétiques », en faisant preuve d'une grande prudence terminologique. Il ne savait pas comment cet effet se produisait au niveau moléculaire, mais il avait saisi quelque chose d'essentiel : l'information biologique ne réside pas seulement dans les composants, mais dans la configuration qui les rend opérationnels en tant qu'ensemble.

Cette intuition refait surface aujourd'hui, avec des outils différents, dans l'étude des réseaux cellulaires et tissulaires. Lorsqu'un organisme réagit à une blessure, à un stress environnemental ou à un changement nutritionnel, il ne suit pas un protocole rigide. Il interprète une situation. Et interpréter signifie attribuer de l'importance, établir des priorités, moduler les réponses. C'est un langage élémentaire, dépourvu de conscience réflexive, mais non dépourvu de sens.

Ce n'est pas un hasard si des philosophes des sciences comme Georges Canguilhem insistaient, dès les années 1950, sur le caractère normatif de la vie. Dans un cours donné à la Sorbonne en 1952, Canguilhem observait qu'un organisme ne se contente pas de subir son environnement : il l'évalue, le distingue en favorable et défavorable. Cette capacité d'évaluation n'est pas accessoire, mais constitue le cœur même du vivant. C'est là que le mécanisme montre sa limite conceptuelle.

La perspective du champ et de l'information incarnée permet alors un changement de registre. La vie n'apparaît plus comme un objet qui fonctionne, mais comme un processus qui a un sens en soi. Chaque organisme devient une structure informationnelle stabilisée : non pas une archive de données, mais un système qui maintient sa propre identité en interprétant en permanence des signaux, des contraintes et des possibilités. Comme l'écrivait le biologiste chilien Francisco Varela dans son carnet de recherche de 1987, aujourd'hui conservé à Santiago : « *Vivre, c'est produire du sens, même quand personne n'est là pour l'observer* ».

Dans ce passage du mécanisme au sens, la biologie ne perd pas de sa rigueur. Elle change de grammaire. Et c'est peut-être précisément pour cette raison qu'elle se rapproche davantage de ce qu'elle cherche à comprendre.

Le langage caché des organismes.

Il existe un paradoxe silencieux qui traverse la biologie contemporaine. Jamais auparavant nous n'avons eu accès à une telle quantité de données : génomes séquencés, réseaux métaboliques cartographiés, images cellulaires à très haute résolution. Et pourtant, plus les détails se multiplient, plus la vie semble échapper à une compréhension globale. C'est comme observer une conversation en connaissant parfaitement la chimie de l'encre, mais en ignorant le sens des phrases.

Au cours des dernières décennies, une question a commencé à s'insinuer en marge de la recherche biologique : et si les organismes n'étaient pas seulement des machines biochimiques, mais des systèmes capables de produire, d'interpréter et de transformer des signes ? Pas des métaphores poétiques, mais des signes au sens fort du terme. C'est là qu'entre en scène la biosémiotique, un domaine d'étude né entre la fin des années 1980 et le début des années 1990, souvent loin des feux de la rampe, mais de plus en plus difficile à ignorer.

Le biologiste danois Jesper Hoffmeyer aimait raconter que la première erreur de la biologie moderne a été de confondre la cause avec le sens. Une réaction chimique peut expliquer comment quelque chose se produit, mais pas ce que cet événement signifie pour l'organisme qui le vit. En biosémiotique, le concept clé est celui de u signe : quelque chose qui représente autre chose pour quelqu'un. Dans un organisme, ce « quelqu'un » n'est pas une conscience réflexive, mais le système vivant dans son ensemble.

Prenons l'exemple d'une bactérie qui modifie son mouvement en réponse à une variation chimique dans son environnement. D'un point de vue classique, il s'agit d'une cascade de réactions moléculaires. D'un point de vue sémiotique, cette molécule externe fonctionne comme un signal signifiant « nourriture » ou « danger ». Ce n'est pas la molécule en soi qui guide le comportement, mais la valeur qu'elle revêt au sein de l'histoire et de l'organisation du vivant.

En 2001, lors d'un colloque à Tartu — ville estonienne indissolublement liée à la tradition sémiotique de Juri Lotman —, un jeune chercheur a expliqué comment une même substance chimique pouvait induire des réponses opposées chez des organismes génétiquement similaires mais ayant grandi dans des environnements différents. « *Ils ne réagissent pas* », a-t-il dit, « *ils interprètent* ». La salle resta silencieuse pendant quelques secondes : ce n'était pas une provocation, mais un constat empirique qui appelait de nouvelles catégories conceptuelles.

La biosémiotique ne nie pas la biochimie, tout comme la linguistique ne nie pas la physique des ondes sonores. Elle la dépasse par intégration. Chaque organisme, du plus simple au plus complexe, vit immergé dans un réseau de signes qu'il contribue lui-même à générer. Hormones, gradients électriques, configurations spatiales des tissus : tout cela n'est pas seulement de la « matière en mouvement », mais de l'information qui a une valeur pour le système.

Un exemple fascinant nous vient de la botanique. Dans les années 2000, dans une serre expérimentale près de Florence, une équipe a observé que certaines plantes modifiaient le développement de leurs racines non pas en fonction de la présence physique d'autres racines, mais en réponse à des molécules spécifiques libérées dans le sol. Ces molécules n'étaient ni des nutriments ni des toxines : c'étaient des signaux. La plante « lisait » son environnement et prenait des décisions morphologiques cohérentes avec cette lecture.

Ici, le signe n'est pas un symbole arbitraire, mais une relation stable entre forme, fonction et contexte. C'est ce qui permet d' , de parler des organismes comme de structures informationnelles stabilisées : des entités qui conservent leur identité non seulement grâce à l'énergie et à la matière, mais grâce à la continuité des significations biologiques qu'elles savent reconnaître.

Contrairement aux langages humains, le langage de la vie n'est ni codifié dans des dictionnaires ni régi par une syntaxe explicite. Il s'agit d'une grammaire immanente, qui émerge de l'histoire évolutive et de l'organisation interne des organismes. Le biologiste et philosophe Jakob von Uexküll, dès les premières décennies du XXe siècle, parlait *d'Umwelt* : le monde significatif propre à chaque espèce. Non pas un environnement objectif, mais un univers de signes pertinents.

Relu aujourd'hui, Uexküll apparaît étonnamment d'actualité. Son travail suggère que la réalité biologique n'est pas une scène neutre, mais un tissu de relations interprétées. Chaque organisme vit dans un monde qui a un sens pour lui, et cette capacité à donner du sens est ce que nous appelons la vie.

Accepter cette perspective, c'est changer de regard : ne pas se demander seulement de quels éléments est composé un organisme, mais quels signes il est capable de reconnaître, quelles informations il peut incarner, quelles cohérences il parvient à maintenir dans le temps. C'est un changement de langage avant même d'être un changement de théorie.

Parler de signes en biologie n'est ni un retour au vitalisme ni un abandon au mysticisme. C'est la tentative, rigoureuse et nécessaire, de combler une lacune conceptuelle. Comme l'a observé la philosophe des sciences Evelyn Fox Keller lors d'une conférence à Berlin en 2012, « *nous avons appris à décrire les composants de la vie, mais pas encore son discours* ».

Cette introduction ne prétend pas apporter de réponses définitives. Elle vise plutôt à ouvrir une brèche : suggérer que la vie, avant d'être expliquée, doit être comprise comme un phénomène de signification. Un événement au cours duquel la matière devient capable de se dire quelque chose à elle-même.

Une information sans expéditeur

Nous avons l'habitude de concevoir l'information comme quelque chose que quelqu'un envoie à quelqu'un d'autre. Un expéditeur, un message, un destinataire. C'est le modèle de communication dont nous héritons de la technologie, du télégraphe du XIXe siècle jusqu'aux algorithmes numériques. Mais que se passe-t-il si nous essayons d'appliquer ce schéma à la vie ? Qui « envoie » l'information à une cellule qui se différencie, à un embryon qui prend forme, à un organisme qui s'adapte à un environnement en constante mutation ?

La biologie contemporaine est de plus en plus souvent confrontée à des phénomènes informationnels dépourvus d'émetteur identifiable. Il n'y a pas de centre de commande, pas de chef d'orchestre caché. Et pourtant, l'information est bien là : elle circule, se stabilise, produit forme et comportement. C'est une information qui n'est pas envoyée, mais qui émerge.

Dans les années 1950, le mathématicien Claude Shannon a mis au point une théorie de l'information extrêmement puissante, mais délibérément muette sur la signification. Elle fonctionnait très bien pour les câbles téléphoniques, beaucoup moins pour les systèmes vivants. Dans un organisme, l'information n'est pas une quantité abstraite qui voyage de A à B, mais un événement qui se produit « lorsqu'une différence fait la différence », pour reprendre une expression rendue célèbre par l'anthropologue Gregory Bateson.

Bateson, qui aimait raconter qu'il avait davantage appris en observant les dauphins qu'en lisant des manuels, insistait sur un point crucial : dans les systèmes vivants, l'information naît de la relation. Elle n'est pas contenue dans un signal isolé, mais dans la manière dont un système est structuré pour répondre à certaines variations et non à d'autres. Il n'y a pas besoin d'intention, il suffit d'une cohérence interne qui rende ce changement pertinent.

Un exemple fascinant nous vient des études sur *le Physarum polycephalum*, une moisissure mucilagineuse étudiée depuis les années 1970 dans des laboratoires japonais et américains. Cet organisme, dépourvu de système nerveux, est capable de « résoudre » des t des labyrinthes et d'optimiser ses trajets vers la nourriture. Aucun neurone n'envoie d'instructions, aucun centre ne prend de décision. L'information émerge de la dynamique du corps lui-même, du dialogue continu entre la forme, le mouvement et l'environnement.

Parler d'information sans émetteur, c'est déplacer l'attention du signal vers l'interface. L'information ne se trouve ni entièrement à l'intérieur de l'organisme, ni entièrement à l'extérieur : elle naît dans l'espace de contact. Dans les années 1960, le psychologue James J. Gibson a introduit le concept d'« affordance » pour décrire les possibilités d'action offertes par l'environnement à un organisme. Une surface « indique » qu'elle ne peut être foulée que par celui qui possède un certain corps, une certaine échelle, une certaine histoire évolutive.

En ce sens, l'environnement n'envoie pas de messages : il propose des configurations. C'est l'organisme, avec sa structure informationnelle stabilisée, qui donne un sens à ces configurations. L'information ne précède pas la relation, mais l'accompagne. C'est un sous-produit nécessaire de l'être-en-relation.

Un chercheur racontait s'être rendu compte de cela en observant des colonies bactériennes soumises à un stress thermique. Il n'y avait pas de signal chimique nouveau, pas d'« alarme » moléculaire identifiable. Et pourtant, le comportement collectif changeait de manière coordonnée. L'information ne se trouvait pas dans une molécule spécifique, mais dans le changement global du contexte physique et dans la capacité du système à l'interpréter comme tel.

Dans cette perspective, l'information n'est pas un contenu transporté, mais une configuration efficace. Les systèmes vivants ne reçoivent pas d'instructions : ils s'organisent de telle sorte que certains événements deviennent informatifs. C'est une différence subtile, mais décisive. Comme l'observait le biologiste théoricien Francisco Varela lors d'une conférence à Paris en 1996, « *la cognition n'est pas la représentation d'un monde donné, mais l'émergence d'un monde praticable* ».

C'est là qu'intervient la notion de champ biologique. Le champ ne transmet pas de messages, mais stabilise des relations. C'est ce qui permet à une information d'émerger sans être envoyée, à une forme de se maintenir sans projet extérieur. En ce sens , les organismes sont des structures informatives non pas parce qu'ils contiennent des données, mais parce qu'ils rendent le monde « informable ».

Accepter l'idée d'une information sans expéditeur signifie également renoncer à une certaine image rassurante de la vie comme un système contrôlé à chaque instant d'en haut. Les processus vitaux n'exécutent pas d'ordres : ils répondent à des contraintes, à des opportunités, à des résonances. Le biologiste et chimiste Ilya Prigogine, lauréat du prix Nobel en 1977, parlait d'« ordre par les fluctuations » : des structures qui naissent non pas malgré le désordre, mais grâce à lui.

Sous cet angle, la vie apparaît moins comme une machine que comme un processus d'interprétation diffus, sans interprète central. Un processus dans lequel l'information n'a pas d'auteur, mais a un sens. Et c'est peut-être précisément cela qui rend le vivant si difficile à réduire à de la matière en mouvement.

Technologie et malentendus sur le vivant.

Chaque époque appréhende la nature avec les outils conceptuels dont elle dispose. Au XVIIe siècle, l'univers était une grande horloge ; au XIXe siècle, une machine à vapeur ; aujourd'hui, inévitablement, un ordinateur. La biologie n'a pas fait exception. Au contraire, c'est peut-être la discipline qui a le plus profondément intégré les métaphores technologiques de son époque. Parler de « code génétique », de « programmes de développement », d'« erreurs de transcription » a eu un immense pouvoir explicatif. Mais, comme c'est souvent le cas avec les métaphores réussies, le succès a fini par en masquer les limites.

L'idée que la vie fonctionne comme un logiciel tournant sur un matériel moléculaire est née dans un contexte historique précis. Nous sommes dans les années 1940 et 1950, entre Princeton, Cambridge et Los Alamos. C'est l'époque de la cybernétique, des premiers ordinateurs électroniques, des conférences Macy. Il n'est pas surprenant que, quelques années plus tard, Francis Crick ait pu parler de l'ADN comme d'un « code » et que Jacques Monod, dans * *, ait décrit l'organisme comme une machine chimique régie par des instructions. La métaphore informatique semblait enfin offrir un langage rigoureux pour ce qui, jusqu'alors, semblait mystérieux.

Et pourtant, déjà à l'époque, certains ressentaient un certain malaise. En 1967, à Santa Fe, le biologiste Conrad Hal Waddington — celui-là même qui avait introduit l'image du « paysage épigénétique » — faisait remarquer avec ironie qu'aucun embryon n'avait jamais lu son propre génome. Une boutade, certes, mais révélatrice : le problème n'est pas l'ADN, mais l'idée que l'information biologique fonctionne comme un mode d'emploi.

Les métaphores informatiques ont fonctionné parce qu'elles ont permis de faire de la science opérationnelle. Séquencer, comparer, modifier. Dans les années 1990, pendant le *Projet Génome humain*, les laboratoires de Bethesda et de Cambridge parlaient ouvertement de « débogage » génétique. L'imaginaire était celui de l'ingénierie : s'il y a une erreur, on la corrige. Mais alors qu'un logiciel reste identique à lui-même quel que soit l'ordinateur sur lequel il tourne, un gène hors de son contexte biologique perd une grande partie de sa signification.

Une anecdote racontée par une généticienne française est éclairante. Au début des années 2000, lors d'une expérience de transfert de gènes sur des plantes modèles, le « bon » gène produisait des effets radicalement différents selon le tissu, le stade de développement et même les conditions d'éclairage de la serre. « *C'était le même* code », racontait-elle, « *mais il semblait parler des langues différentes* ». Le problème ne résidait pas dans la séquence, mais dans l'idée que la séquence était le message.

C'est là qu'apparaît le malentendu fondamental : confondre l'information biologique avec l'information technique. Dans les systèmes technologiques, la signification est externe : c'est nous qui décidons ce que représente un bit. Dans les systèmes vivants, en revanche, la signification est inhérente au processus lui-même. Elle n'est pas attribuée, mais incarnée.

L'image du programme suggère une séquence linéaire, un début et une fin, un contrôle venant d'en haut. Mais la vie ne « » ni «exécute» quoi que ce soit. Elle s'organise, se réorganise, dévie, explore. En 1981, le biologiste évolutionniste Stephen Jay Gould expliquait en quoi l'évolution s'apparente davantage à une improvisation de jazz qu'à une partition classique. Une métaphore musicale, et non informatique, qui rend mieux compte de la dimension temporelle, située et relationnelle du vivant.

Considérer l'organisme comme un ordinateur conduit à rechercher le « centre de commande », le fichier principal, l'instruction d'origine. Or, les organismes réels fonctionnent par répartition, redondance et plasticité. Paradoxalement, la technologie numérique ne nous a aidés à comprendre la vie que lorsqu'elle a commencé à lui ressembler de moins en moins : avec les réseaux neuronaux, les systèmes adaptatifs, l'apprentissage non supervisé. Signe que le problème ne réside pas dans l'utilisation des métaphores, mais dans le fait de les prendre au pied de la lettre.

Il ne s'agit pas d'abandonner le langage de l'information, mais de le libérer de l'imaginaire de la machine. En biologie, l'information n'est pas un texte à déchiffrer, mais une dynamique à habiter. La réduire à un code, c'est perdre de vue ce qui la rend efficace : le contexte, l'histoire, la forme globale de l'organisme.

En 2005, lors d'un séminaire à Heidelberg, un jeune chercheur a demandé de manière provocante si un organisme ressemblait davantage à un ordinateur ou à une ville. La réponse n'a pas fait l'unanimité, mais beaucoup se sont accordés sur un point : une ville ne fonctionne pas parce que quelqu'un en possède le plan complet, mais parce que des millions d'interactions locales produisent un ordre reconnaissable. La vie, peut-être, est plus urbaine qu'informatique.

En ce sens, la perspective des sciences de la vie ne rejette pas la technologie, mais la relativise. Elle rappelle que tout outil conceptuel met en lumière certaines choses et en occulte d'autres. Et que le vivant, lorsqu'il n'est compris qu'à travers les métaphores des machines que nous construisons, finit inévitablement par être mal compris.

Du calcul au sens : la nouvelle inquiétude des sciences exactes.

Pendant une grande partie du XXe siècle, parler de « sens » dans les sciences dures était considéré, au mieux, comme une manie philosophique ; au pire, comme une déviation peu respectable. Les équations fonctionnaient sans signification, les modèles prédisaient sans comprendre, et cela semblait suffire. Pourtant, quelque chose a commencé à se fissurer précisément là où la formalisation était la plus rigoureuse. Non pas par manque de données ou de puissance de calcul, mais à cause d'un malaise plus subtil : l'impression grandissante que décrire n'équivaut pas à comprendre.

En physique, le signal est venu de loin. Dès les années 1980, dans les couloirs du CERN à Genève, certains théoriciens — dont Carlo Rovelli, alors jeune chercheur — commençaient à s'interroger sur le fait que les lois fondamentales ne décrivaient pas des « choses », mais des relations. La gravité quantique à boucles, développée à cette époque entre l'Europe et les États-Unis, ne parle plus de l'espace comme d'un réceptacle neutre, mais comme d'un réseau de relations significatives. Ce n'est pas un hasard si Rovelli a ensuite écrit, bien des années plus tard, que la physique ne nous dit pas « *comment est le* monde », mais « *comment le monde interagit avec lui-même* ». Une phrase qui aurait fait froncer les sourcils à un positiviste classique.

Il ne s'agit pas de dire que la physique soit soudainement devenue humaniste. Il s'est produit quelque chose de plus intéressant : les modèles les plus avancés n'ont commencé à fonctionner que lorsqu'ils ont intégré des notions qui ressemblent étonnamment à ce qu'on appelait autrefois le sens. Dans la théorie de l'information quantique, par exemple, l'information n'est plus une simple quantité abstraite, mais dépend du contexte, de l'observateur, de la relation. À Vienne, en 2015, lors d'une conférence sur les fondements de la mécanique quantique, un physicien expérimental a fait remarquer avec ironie que « *l'information n'existe pas en soi : elle existe toujours pour quelqu'un* ». Une affirmation banale pour un philosophe, presque scandaleuse pour un physicien de la vieille école.

Un mouvement similaire s'est produit dans les neurosciences. Pendant des décennies, le cerveau a été décrit comme un processeur de signaux : entrée, traitement, sortie. Mais à partir des années 2000, notamment dans les laboratoires de Fribourg et de San Diego, une autre idée s'est imposée : celle selon laquelle le cerveau ne se contente pas de traiter des informations, mais produit des significations. Le neuroscientifique Francisco Varela — décédé en 2001, mais aujourd'hui plus cité que jamais — parlait de « sense-making », la construction de sens, comme fonction première des systèmes vivants. Il ne s'agissait pas d'une métaphore poétique, mais d'une tentative rigoureuse d'expliquer pourquoi un organisme ne se contente pas de réagir, mais interprète.

Une anecdote racontée par une chercheuse italienne illustre bien ce changement de perspective. Au cours d'une étude menée sur des patients présentant des lésions corticales, elle s'est aperçue que deux sujets présentant des lésions presque identiques affichaient des comportements radicalement différents. Ce n'était pas la carte neuronale qui faisait la différence, mais l'histoire personnelle, la manière dont le corps avait appris à habiter le monde. Elle en a conclu : « *Le cerveau ne représente pas le monde : il le signifie* ». Une conclusion difficile à formaliser, mais impossible à ignorer.

C'est dans ce climat culturel que la biologie des champs trouve sa place naturelle. Non pas comme une invasion de concepts vagues dans les sciences exactes, mais comme la reconnaissance que le vivant ne peut être compris sans faire appel au sens. Les organismes ne sont pas simplement des systèmes complexes ; ce sont des structures qui maintiennent une cohérence significative dans le temps. Leur information ne sert pas à les décrire de l'extérieur, mais à leur permettre d'exister en tant qu'unités dotées d'une direction.

Curieusement, ce retour du sens ne naît pas en marge, mais au cœur même des disciplines les plus formalisées. C'est comme si, après avoir poussé le langage mathématique au maximum de sa puissance, les sciences dures s'étaient heurtées à une question que les équations, à elles seules, ne parviennent plus à éluder : qu'est-ce qui compte vraiment dans un système vivant ? Non pas sa taille, ni l u sa vitesse, mais ce qui a eu du sens pour sa survie, sa forme, son histoire.

En 2022, lors d'un colloque interdisciplinaire à Zurich, un biologiste théoricien a conclu son intervention par une phrase qui a marqué de nombreux participants : « *Nous avons appris à tout calculer, sauf ce qui a du sens.* » Ce n'était pas un aveu d'échec, mais une invitation. Une invitation à reconnaître que le sens n'est pas un ajout tardif à la science, mais une dimension qui réapparaît chaque fois que l'on aborde sérieusement la vie.

PREMIÈRE PARTIE. Le point aveugle de la biologie moderne.

D'après la pensée de Ludwig von Bertalanffy
Un organisme ne peut s'expliquer à partir de ses parties, car c'est l'organisation qui donne un sens aux parties, et non l'inverse.

D'après la pensée de Denis Noble :
Les gènes sont essentiels, mais ils ne sont pas les commandants : la vie fonctionne comme un système coopératif, et non comme une chaîne de commandement.

D'après la pensée de Stuart Kauffman :
La forme vivante n'est pas entièrement inscrite dans le passé : elle émerge, se stabilise et ouvre des possibilités qui n'existaient pas auparavant.

D'après la pensée d'Henri Bergson :
La vie ne se contente pas de suivre des lois déjà données, mais elle les plie, les utilise et les dépasse dans son élan créateur.

La première partie de cet ouvrage franchit un seuil critique. Non pas pour démolir ce que la biologie a construit au cours de plus d'un siècle, mais pour interroger ses fondements là où ils commencent à montrer des signes de tension. La crise du paradigme biologique classique ne résulte pas d'un échec, mais d'un succès : l'extraordinaire efficacité des explications biochimiques et génétiques pour décrire les mécanismes locaux de la vie. C'est précisément cette efficacité, cependant, qui met davantage en évidence ce qui reste en dehors du cadre.

Les deux chapitres qui composent cette partie abordent une question simple en apparence seulement : qu'est-ce qu'un organisme vivant, au juste ?

Dans le premier chapitre, la limite de l'explication biochimique apparaît lorsqu'on tente de passer de la description des réactions à la compréhension de l'unité de l'organisme. Les molécules fonctionnent, les processus sont clairs, mais le vivant apparaît comme quelque chose de plus qu'une simple somme : une totalité stable, orientée, capable de se maintenir et de se transformer sans qu'un projet extérieur ne la guide. La question de la finalité – sans recourir à un concepteur – reste un nœud non résolu pour la causalité classique.

Le deuxième chapitre met l'accent sur le darwinisme et la sélection naturelle. Ici, la crise ne concerne pas l'adaptation, que la théorie explique avec beaucoup d'élégance, mais la forme. L'apparition, la persistance et la cohérence des structures biologiques semblent obéir à un principe d'organisation qui ne se réduit ni à la variation aléatoire ni au seul gène. La forme n'apparaît pas comme un effet secondaire de la fonction, mais comme une priorité silencieuse qui rend toute fonction possible.

Dans le parcours global de l'ouvrage, cette première partie joue un rôle décisif : elle crée l'espace conceptuel nécessaire à ce qui va suivre. En montrant où s'arrête le paradigme classique, elle prépare le terrain à une conception différente de la vie, qui sera explorée dans les parties suivantes à travers les concepts de cohérence, de champ, d'information et d'équilibre dynamique.

Sans cette remise en question initiale, les propositions suivantes paraîtraient arbitraires ; grâce à elle, deviennent une réponse possible à des questions restées trop longtemps en suspens.

Il ne s'agit donc pas ici d'une partie « contre » la biologie traditionnelle, mais d'une partie qui va au-delà de ses frontières actuelles. C'est le moment où le lecteur est invité à mettre entre parenthèses les explications habituelles, non pas pour les abandonner, mais pour les observer avec un regard critique. C'est là que le livre commence véritablement à changer de perspective.

En conclusion, cette première partie invite le lecteur à reconnaître que la crise n'est pas une faiblesse de la science, mais le signe qu'une transformation conceptuelle est nécessaire. C'est le moment où la question de la vie redevient radicale.

I. Les limites de l'explication biochimique.

Ce chapitre part d'un constat aussi simple que déstabilisant : la biochimie fonctionne à merveille, et c'est précisément pour cette raison qu'elle montre aujourd'hui ses limites. Personne ne remet en cause la puissance descriptive avec laquelle la biologie moléculaire a élucidé les mécanismes intimes de la vie — les voies métaboliques, la régulation enzymatique, l'expression génique. Et pourtant, lorsqu'on tente de passer du « comment » au « quoi », du fonctionnement local à la réalité globale de l'organisme, il apparaît un décalage qui ne peut plus être ignoré.

Le thème central de ce chapitre n'est pas une critique de la biochimie, mais de son utilisation comme explication exhaustive du vivant. Les réactions chimiques ont lieu, certes, mais elles n'expliquent pas à elles seules pourquoi l'organisme se présente comme une unité cohérente, stable dans le temps et orientée fonctionnellement. La cellule n'est pas un simple réceptacle de réactions : c'est un système qui s'auto-entretient, qui sélectionne ce qui compte et qui agit comme s'il avait un but, sans pour autant être guidé par un projet extérieur.

C'est là que le paradigme classique commence à présenter une faille conceptuelle. La causalité linéaire — une réaction qui en engendre une autre — est extrêmement efficace au niveau local, mais elle s'avère insuffisante lorsqu'il s'agit d'expliquer l'unité de l'organisme. Comment le tout émerge-t-il des parties ? Comment des millions de processus répartis donnent-ils lieu à un comportement coordonné, orienté et étonnamment robuste ? La biochimie décrit les briques, mais peine à rendre compte de l'édifice.

La question de la finalité est encore plus délicate. Les organismes semblent agir « en vue de quelque chose » : maintenir l'équilibre interne, réparer un dommage, se reproduire. Pourtant, la biologie moderne a écarté toute référence à des fins intrinsèques, les remplaçant par le langage de l'adaptation et de la sélection. Il en résulte une tension non résolue : la finalité est omniprésente dans les phénomènes biologiques, mais absente des explications théoriques. Ce chapitre aborde ouvertement ce paradoxe, sans invoquer de concepteurs occultes, mais en reconnaissant que la causalité classique pourrait ne pas suffire.

Dans le contexte général de l'ouvrage, le chapitre I joue un rôle préparatoire essentiel. Il sert à remettre en question l'évidence du paradigme dominant, en montrant que ce qui semble évident — la vie comme somme de processus chimiques — est en réalité une simplification puissante mais incomplète. Ce n'est qu'en mettant en évidence cette limite qu'il devient possible, dans les chapitres suivants, d'introduire les concepts de cohérence, de champ et d'information incarnée, non pas comme des alternatives arbitraires, mais comme des réponses à un vide théorique réel.

Ce chapitre ne demande pas au lecteur de renoncer aux explications scientifiques, mais de reconnaître qu'expliquer comment quelque chose se produit n'équivaut pas toujours à expliquer ce que c'est. C'est à partir de cette distinction, souvent négligée, que s'engage tout le parcours de la biologie des champs.

La causalité circulaire dans les systèmes vivants : la vie qui se cause elle-même.

S'il y a un point où l'explication biochimique montre le plus clairement ses limites, c'est bien dans la manière dont elle conçoit la causalité. La biochimie classique raisonne bien le long de chaînes ordonnées : une molécule active une enzyme, l'enzyme produit un effet, l'effet déclenche une autre réaction. C'est une logique linéaire, puissante, élégante. Mais lorsqu'on l'applique à l'organisme dans son ensemble, quelque chose ne colle pas. Le vivant ne fonctionne pas comme une rangée de dominos : il ressemble plutôt à un système dans lequel ce qui se passe modifie les conditions mêmes de son propre déroulement.

C'est là qu'intervient la notion de causalité circulaire, l'un des concepts les plus délicats et les moins bien assimilés de la biologie contemporaine. Circulaire ne signifie pas vague, et encore moins mystique. Cela signifie que, dans les systèmes vivants, les causes ne s'écoulent pas dans une seule direction : le niveau global de l'organisme influence les processus locaux tout autant que les processus locaux contribuent à constituer le global. L'organisme n'est pas le résultat final de ses réactions : c'est la condition active qui les rend possibles, les sélectionne, les stabilise.

Ce point était déjà très clair pour Emmanuel Kant lorsqu'à la fin du XVIIIe siècle, il parlait des organismes comme d'êtres dans lesquels « *les parties existent pour le tout et le tout pour les parties* ». Kant n'avait pas accès à la biochimie, mais il avait pressenti un problème qui revient aujourd'hui avec force : chez le vivant, la causalité ne va jamais uniquement de bas en haut. Chaque cellule agit dans un contexte qu'elle n'a pas créé seule, mais qu'elle contribue continuellement à maintenir.

On confond souvent la causalité circulaire avec la simple rétroaction, un concept emprunté à l'ingénierie et à la cybernétique. Le thermostat qui régule la température d'une pièce en est un exemple classique : il détecte un écart et le corrige. Mais l'organisme fait quelque chose de plus radical. Il ne se contente pas d' t de corriger un écart par rapport à une valeur prédéfinie ; il redéfinit continuellement ce qui compte comme équilibre. Le point de consigne n'est pas fixé une fois pour toutes : il émerge de l'histoire même du système.

Dans les années 1970, Humberto Maturana et Francisco Varela ont introduit le concept *d'autopoïèse* précisément pour décrire cette dynamique. Un système vivant — écrivaient-ils — est un réseau de processus qui produit les composants qui, à leur tour, maintiennent le réseau. Il n'y a pas de début privilégié dans la chaîne causale, car celle-ci forme un circuit. C'est une idée qui, encore aujourd'hui, met à mal toute explication purement linéaire : qui cause quoi, alors que tout contribue à tout ?

Un biologiste qui observe une culture cellulaire sait bien que le comportement des cellules individuelles varie en fonction de l'état global du tissu. Un médecin qui suit l'évolution d'une maladie chronique constate souvent que l'organisme modifie sa réponse au fil du temps, non seulement en réagissant à une cause, mais aussi en réorganisant son mode de fonctionnement. Dans les deux cas, la causalité n'est pas une flèche, mais un circuit dynamique, historique, sensible au contexte.

Cette idée trouve de profondes résonances même en dehors de la biologie. Le philosophe Maurice Merleau-Ponty, en réfléchissant au corps vivant, parlait d'une « logique de l'implication réciproque », dans laquelle la perception, l'action et la structure corporelle se déterminent mutuellement. Ce n'est pas un hasard si la phénoménologie et la biologie théorique se sont justement retrouvées, au XXe siècle, sur ce point : la vie échappe à toute explication qui sépare rigoureusement la cause et l'effet.

Dans le cadre du chapitre I, la causalité circulaire n'est pas encore la solution, mais elle constitue déjà une brèche décisive dans le paradigme classique. Elle montre pourquoi la vie ne peut être pensée comme une somme de réactions indépendantes :

parce que chaque réaction s'inscrit au sein d'une organisation qu'elle contribue elle-même à maintenir. La biochimie décrit les étapes ; la causalité circulaire invite à observer la danse dans son ensemble.

Les mots qui en disent plus qu'ils ne le laissent paraître.

Toute science est aussi un exercice de langage. Nous ne décrivons jamais la nature de manière neutre : nous la racontons à travers des mots qui, tels des lentilles, mettent en évidence certains aspects et en estompent d'autres. La biochimie, probablement plus que toute autre discipline biologique, s'est dotée d'un lexique précis, opérationnel, apparemment dépourvu d'ambiguïté. Et pourtant, si l'on prend le temps d'écouter véritablement ce langage, une curieuse tension émerge : les mots utilisés pour décrire les réactions moléculaires semblent faire allusion à quelque chose qui va au-delà des réactions elles-mêmes.

Prenons des termes courants tels que régulation, contrôle, signal. Aucun biochimiste sérieux ne les utilise au sens métaphorique ou intentionnel. Et pourtant, ces mots portent en eux un bagage sémantique qui n'est pas purement chimique. Parler de régulation, c'est évoquer l'idée d'un ordre qui est maintenu ; parler de contrôle suggère une direction, une priorité ; parler de signal implique quelqu'un — ou quelque chose — qui reçoit, interprète, répond. En d'autres termes, le langage de la biochimie introduit implicitement l'unité de l'organisme, même lorsque le paradigme théorique voudrait le réduire à une simple somme de processus locaux.

Claude Bernard, dans le Paris du milieu du XIXe siècle, en était parfaitement conscient. Lorsqu'il a introduit le concept de « *milieu intérieur* », il ne se contentait pas d'ajouter un terme technique : il reconnaissait que l'organisme vivant maintient activement des conditions internes compatibles avec la vie. Il ne s'agit pas d'une conséquence automatique des réactions chimiques, mais d'un maintien. Walter Cannon, quelques décennies plus tard, a appelé ce processus *« homéostasie »*, un mot qui signifie littéralement « rester égal », mais qui décrit en réalité une stabilité dynamique, continuellement renégociée. Il est difficile de ne pas remarquer à quel point cette idée est déjà imprégnée d'une vision unitaire du vivant.

Il en va de même lorsqu'on parle de signaux. Une molécule de signal n'est pas simplement présente ou absente, comme une goutte de réactif dans un tube à essai. Elle n'est efficace que si elle est reconnue comme pertinente. En 1956, à l'Institut Rockefeller de New York, le biologiste George Palade a montré que les cellules n'étaient pas des sacs chaotiques de molécules, mais des systèmes hautement organisés, capables de trafic interne et de communication sélective. Dès lors, le terme de « signalisation cellulaire » s'est définitivement imposé dans le vocabulaire biologique. Mais signaler, même dans le langage courant, signifie indiquer quelque chose à quelqu'un. La biochimie peut décrire les récepteurs et les cascades intracellulaires, mais le fait même qu'une molécule soit considérée comme un signal dépend de l'état global de l'organisme.

Le terme peut-être le plus révélateur est celui de « contrôle ». On parle de contrôle enzymatique, de contrôle génique, de contrôle métabolique. Personne n'imagine un « chef d'orchestre » caché dans la cellule, et pourtant l'image reste étonnamment appropriée. Comme l'observait le biologiste évolutionniste Conrad Waddington lors d'une conférence à Édimbourg en 1968, « *nous décrivons les processus moléculaires comme si l'organisme savait où aller, même lorsque nous nions qu'il sache quoi que ce soit* ». En biologie, le contrôle ne fonctionne pas comme un levier mécanique : il est réparti, contextuel, dépendant de l'histoire du système. Et pourtant, le mot demeure, car aucun autre ne parvient à rendre compte de cette cohérence fonctionnelle qui traverse les niveaux de l'organisation vivante.

Cette tension linguistique n'est pas un défaut : c'est un symptôme. Elle indique que la biochimie, malgré ses succès ponctuels, évolue sans cesse à la limite de ce qu'elle peut expliquer à l'aide de catégories purement mécanistes. Le langage trahit ce que le modèle théorique peine à intégrer : l'organisme en tant qu'unité orientée, capable de se maintenir, de réagir et de s'adapter de manière sensée aux circonstances.

La philosophe des sciences Evelyn Fox Keller, en réfléchissant au langage des sciences de la vie, remarquait que certains termes fonctionnent comme des « ponts conceptuels » : ils permettent de travailler efficacement sur l , tout en renvoyant à une compréhension plus large qui reste à clarifier. C'est comme si la biochimie, en décrivant les notes individuelles, était contrainte d'utiliser des mots qui laissent entrevoir l'existence de la mélodie.

En ce sens, le langage biochimique n'est pas seulement un outil descriptif, mais un seuil. Il montre que la vie n'est pas simplement ce qui se passe lorsque certaines molécules réagissent, mais ce qui maintient ces réactions ensemble sous une forme stable, reconnaissable et orientée. Les mots le savent, même lorsque la théorie fait semblant de l'ignorer.

Une identité en morceaux : pourquoi la vie ne se laisse pas démonter.

Il existe un geste simple, presque banal, qui met en lumière une différence profonde entre les machines et les organismes : le démontage. Nous pouvons démonter un vélo dans le garage de la maison, disposer les pièces sur le sol et, même ainsi, personne ne doute que ce soit toujours le même vélo. Elle est temporairement inutilisable, certes, mais son identité n'est pas remise en cause. Au contraire, si nous démontons un organisme — ne serait-ce qu'en séparant ses parties vitales —, ce qui reste n'est plus cet organisme. Ce n'est pas une version « incomplète » : c'est autre chose.

Cette différence n'est ni métaphorique ni sentimentale. Elle est ontologique. Elle concerne la manière d'être d'une machine par rapport à celle d'un être vivant.

Une machine se définit par la disposition fonctionnelle de ses pièces. Son principe d'identité est externe : il réside dans le projet, dans le dessin, dans le schéma qui précède et survit à l'objet concret. Un moteur diesel fabriqué à Turin en 1984 est ontologiquement identique à celui assemblé aujourd'hui à Pune, s'il respecte les mêmes spécifications. Le fait de le démonter n'altère en rien son essence : la machine est, au fond, une possibilité toujours reconstituable.

Un organisme, en revanche, n'a pas de projet extérieur qui le définisse, ni de schéma séparable de son existence concrète. Son identité coïncide avec son propre processus de vie. Comme le faisait déjà remarquer Aristote dans *le « De* Anima », le vivant n'est pas un corps qui possède une forme, mais un corps qui est sa forme en acte. Retirer des parties revient à interrompre ce processus, et non à le suspendre.

Emmanuel Kant, dans *la « Critique de la faculté de* jugement » (1790), a saisi ce point avec une clarté qui surprend encore aujourd'hui : un organisme est un être dans lequel « les parties sont réciproquement cause et effet de leur forme ». Dans une machine, les pièces coopèrent parce que quelqu'un les a disposées ainsi. Dans un organisme, les parties existent parce que le tout est déjà en acte. C'est une différence subtile, mais décisive.

Une anecdote souvent racontée dans les départements de biologie du développement remonte aux années 1930, dans le laboratoire de Hans Spemann à Fribourg. Lorsque ses étudiants séparaient des cellules embryonnaires très précoces de salamandre, ils découvraient que chacune pouvait se réorganiser et donner naissance à un organisme complet. Mais dès que le développement progressait, cette possibilité s'évanouissait : la séparation ne produisait plus deux organismes, mais deux fragments voués à périr. Ce n'étaient pas des « morceaux » d'un tout préexistant, comme des rouages posés sur une table : c'étaient des moments d'un processus qui n'existe que tant qu'il reste intact.

La machine tolère l'interruption parce que son unité lui est apportée de l'extérieur. L'organisme ne la tolère pas car son unité est immanente. Gilbert Simondon, philosophe français souvent ignoré dans les manuels de biologie, l'expliquait dans un langage presque technique : la machine est un individu technique qui reste tel même lorsqu'il est inactif ; l'organisme est un individu qui n'existe que dans son fonctionnement. L'arrêter, c'est le dissoudre.

Cela clarifie également un malentendu répandu dans les métaphores technologiques de la biologie contemporaine. Dire que l'ADN est un « programme » ou que la cellule est une « usine » peut être utile dans un certain contexte, mais cela devient trompeur sur le plan ontologique. Un programme peut être copié, suspendu, redémarré. Un organisme, non. Non pas parce qu'il est plus fragile, mais parce qu'il n'est pas séparable de son temps. Son identité est historique, elle ne peut être reproduite instant par instant.

Norbert Wiener, le père de la cybernétique, l'a admis avec une certaine inquiétude lors d'une conférence au MIT en 1951 : « *La machine peut être éteinte puis rallumée ; l'organisme, non, car ce que nous appelons la vie, c'est son devenir continu.* » C'est une phrase qui semble presque évidente, et pourtant elle marque le point exact où le paradigme mécaniste montre ses limites.

En résumé, une machine est quelque chose qui reste ce qu'elle est même lorsqu'elle ne fonctionne pas ; un organisme n'est ce qu'il est que lorsqu'il fonctionne, grandit, se maintient. Démonter une machine est une opération réversible. Démonter un organisme est un événement ontologiquement irréversible. Non pas parce qu'il manque une pièce, mais parce que ce qui maintenait les pièces ensemble a disparu : l'unité vivante en tant que processus.

Et c'est précisément cette unité — impossible à localiser nulle part, et pourtant réelle — que l'explication biochimique, à elle seule, ne parvient pas à saisir.

Le succès local de la biochimie.

S'il y a une discipline qui, au XXe siècle, a tenu les promesses de la science moderne, c'est bien la biochimie. Elle a expliqué, prédit, manipulé. Elle a transformé la médecine, l'agriculture, l'industrie agroalimentaire. Elle a donné des noms, des formules et des parcours à ce qui, pendant des siècles, était resté obscur. Il serait intellectuellement malhonnête de ne pas reconnaître son succès. Le problème n'est pas ce que la biochimie explique, mais ce qui échappe à ses explications.

Lorsque, en 1926, James Sumner a cristallisé l'uréase, démontrant ainsi qu'une enzyme est une protéine, il a mis un terme à une controverse qui semblait presque métaphysique. Dès lors, la vie est apparue de plus en plus comme une question de réactions catalysées, d'affinités moléculaires, de cinétiques mesurables. À partir de là, l'histoire est bien connue : la découverte de la structure de l'ADN à Cambridge en 1953, le code génétique déchiffré dans les années 1960, les voies métaboliques représentées comme des plans de métro dans les manuels universitaires.

En ce sens, la biochimie fonctionne à la perfection. Elle fonctionne lorsqu'elle isole un processus, le reproduit in vitro, en mesure les conditions de possibilité. Elle fonctionne lorsqu'un médicament bloque un récepteur, lorsqu'un inhibiteur ralentit une cascade enzymatique, lorsqu'une mutation est associée à une protéine défectueuse. C'est une science extraordinairement efficace à l'échelle locale : le site actif d'une enzyme, la poche de liaison d'un ligand, la séquence d'une chaîne polypeptidique.

Un chercheur de l'EMBL à Heidelberg racontait, lors d'un séminaire informel au début des années 2000, que « *dans un t un laboratoire, tout s'explique, jusqu'à ce que l'on remette la molécule dans la cellule* ». Ce n'était pas une boutade à l'encontre de la biochimie, mais un constat de ses limites. En éprouvette, le système est propre, contrôlable, élégamment réductible. Dans l'organisme vivant, la même réaction est plongée dans un contexte qui la modifie, la détourne, parfois la bouleverse.

Le point crucial est que la biochimie décrit des interactions, pas des organisations. Elle sait expliquer comment une molécule en reconnaît une autre, mais pas pourquoi cette rencontre a lieu là, à ce moment-là, dans cet ordre, contribuant ainsi à la stabilité de l'organisme tout entier. La somme des réactions correctes ne garantit pas, à elle seule, la présence de la vie. Comme le faisait remarquer François Jacob, lauréat du prix Nobel en 1965, « *la biologie n'est pas une physique du vivant, mais une histoire* ». Et on ne reconstitue pas une histoire en énumérant les lettres de l'alphabet.

Un exemple emblématique nous vient de la biologie moléculaire du début des années 1970. Au Salk Institute de La Jolla, certaines équipes ont réussi à reconstituer in vitro des processus fondamentaux tels que la transcription et la traduction. Tout fonctionnait. Mais lorsqu'on tentait de transposer cette logique explicative à l'organisme entier, une divergence subtile mais persistante apparaissait : les mêmes molécules, en nombre identique, ne produisaient pas le même résultat. Quelque chose dépendait du contexte global, de l'organisation dynamique, de relations qui ne pouvaient se réduire à une chaîne causale linéaire.

La biochimie excelle à répondre à la question « comment se déroule une réaction ? », mais elle peine lorsque la question devient « pourquoi cette réaction est-elle importante pour la vie de l'organisme ? ». Il s'agit d'une différence d'échelle et de logique, et non de précision. Le paradigme réductionniste n'est pas faux : il est vrai localement. Le problème survient lorsque son succès est étendu à tort à ce qui n'est pas local.

Dans les années 1980, le biologiste anglais Conrad Waddington — une figure aujourd'hui moins citée qu'elle ne le mériterait — observait que la biochimie avait expliqué les « briques » de la vie, mais pas son « architecture ». Et il ajoutait, avec une certaine ironie, que personne ne prétendrait comprendre une cathédrale gothique en analysant uniquement la composition chimique des pierres. Cette comparaison ne minimise pas l'importance de la chimie des pierres : elle en souligne simplement les limites explicatives.

Le succès de la biochimie est donc réel et mesurable. Mais c'est un succès qui éclaire certaines facettes du phénomène de la vie tout en en laissant d'autres, décisives, dans l'ombre. Tant que nous restons au niveau des réactions, tout est clair. Lorsque nous nous demandons comment ces réactions s'articulent entre elles, se stabilisent et se coordonnent dans le temps, le langage biochimique devient soudain muet. Non pas parce qu'il se trompe, mais parce qu'il n'a pas été conçu pour répondre à ce type de question.

Et c'est précisément dans cette zone d'ombre — entre l'efficacité locale et l'insuffisance globale — que commence à se dessiner la nécessité d'un autre regard sur la vie.

Des molécules aux réseaux : quand la vie a changé d'échelle.

Pendant une grande partie du XXe siècle, la biochimie a représenté le cœur battant des sciences de la vie. Non seulement pour les résultats obtenus, mais aussi pour l'idée de connaissance qu'elle incarnait : comprendre un organisme signifiait le décomposer en ses composants élémentaires, les étudier un par un, puis — du moins en principe — reconstruire l'ensemble. Un programme ambitieux, en phase avec l'esprit de la modernité scientifique, et à bien des égards extraordinairement productif.

Dans les laboratoires de Harvard, de Cambridge ou de l'Institut Pasteur à Paris, entre les années 1950 et 1970, cette approche semblait sans rivale. Chaque nouvelle voie métabolique cartographiée, chaque récepteur identifié, chaque enzyme caractérisée renforçait l'idée que la vie n'était, au fond, qu'une question de chimie bien organisée. Comme le rappelait avec ironie un vieux chercheur du Karolinska Institutet, « *si nous ne le comprenons pas, c'est simplement parce que nous n'avons pas encore trouvé la bonne molécule* ».

Et pourtant, c'est précisément au moment où ce succès atteignait son apogée que les premières fissures conceptuelles ont commencé à apparaître. Elles ne provenaient pas d'une rébellion idéologique, mais de l'expérience quotidienne en laboratoire. À la fin des années 1980, avec l'avènement des techniques de génomique et de protéomique, on s'est rendu compte que connaître tous les composants n'équivalait pas à comprendre le comportement du système. Les génomes étaient séquencés, les listes de protéines s'allongeaient, mais l'écart entre l'inventaire et la compréhension ne diminuait pas.

Un épisode souvent évoqué — presque avec embarras — remonte à 1995, lors d'une conférence à Santa Fe, lieu emblématique des sciences de la complexité. Face à des modèles mathématiques d'une grande élégance et à une masse impressionnante de données moléculaires, quelqu'un fit remarquer qu'on parvenait à décrire une cellule comme un réseau de milliers d'interactions, mais qu'on ne pouvait pas prédire de manière fiable comment elle réagirait à une perturbation minime. La boutade qui circula dans les couloirs fut : « On *sait tout, sauf ce qu'elle fait.* »

C'est dans ce contexte que la biologie des systèmes prend forme. Non pas comme un rejet de la biochimie, mais comme son prolongement critique. Les continuités sont évidentes : mêmes données, mêmes outils, même souci de rigueur quantitative. Mais la rupture réside dans le point de vue. Ce n'est plus la réaction isolée qui constitue l'unité explicative fondamentale, mais l'ensemble des interactions considérées simultanément, dans le temps et dans l'espace.

En 2000, à Tokyo, Hiroaki Kitano — figure clé de cette transition — a explicitement évoqué la nécessité de passer d'une « biologie des parties » à une « biologie des comportements émergents ». Le terme « émergence » n'avait rien de mystique : il désignait simplement des propriétés observables qui ne sont attribuables à aucun composant isolé. Une constatation empirique, avant même d'être théorique.

La biologie des systèmes naît donc d'une insatisfaction inhérente au paradigme précédent. Elle ne nie pas que les réactions chimiques soient réelles, nécessaires et fondamentales. Mais elle montre que leur signification biologique varie en fonction du réseau dans lequ s s'inscrivent. Une même molécule peut être un signal, un nutriment ou une toxine, selon l'état global du système. C'est là que la causalité linéaire, si efficace en biochimie classique, commence à montrer ses limites.

Il est intéressant de noter que cette évolution a également un reflet culturel plus large. Au moment même où la biologie découvre les réseaux, Internet devient une métaphore dominante ; l'économie parle de systèmes complexes ; l'écologie abandonne les modèles simplistes pour décrire des équilibres dynamiques. Ce n'est pas une coïncidence : c'est le signe d'un changement de sensibilité scientifique, d'une nouvelle attention portée aux relations plutôt qu'aux objets.

Et pourtant, la biologie des systèmes reste — délibérément — dans le périmètre de la science expérimentale. Elle n'introduit pas de nouvelles entités, n'invoque pas de principes externes. Elle se contente d'affirmer que la vie ne s'explique pas en modifiant simplement le niveau de détail, mais qu'elle exige un changement de perspective. Il s'agit d'un seuil conceptuel, pas encore d'un nouveau paradigme complet. Mais c'est un seuil décisif.

En ce sens, le passage de la biochimie classique à la biologie des systèmes représente un moment de suspension : la prise de conscience que le langage des réactions ne suffit plus, sans qu'il soit encore clair quel langage le remplacera. Une phase de transition féconde, souvent agitée, au cours de laquelle la science commence à pressentir que l'organisme n'est pas seulement un ensemble de processus, mais une unité dynamique qui donne un sens à ses propres mécanismes.

Un tout qui ne se laisse pas décomposer.

Il y a un moment, dans l'étude de la vie, où l'analyse la plus raffinée s'arrête face à une question apparemment naïve : où se trouve l'organisme ? Pas dans les molécules prises isolément, pas dans les gènes isolés, pas dans les tissus observés comme des compartiments séparés. Et pourtant, l'organisme est là, il s'impose, il résiste, il se reconnaît comme une unité cohérente dans le temps. La biologie moderne, extraordinairement habile à décrire les détails, peine encore à expliquer ce « petit plus » qui fait d'un ensemble de parties un être vivant.

Le problème n'est pas nouveau. Dès le début du XIXe siècle, Johann Wolfgang von Goethe, en observant les métamorphoses des plantes dans son jardin de Weimar, notait que la forme vivante n'est jamais un simple résultat, mais un processus qui s'exprime. Il ne cherchait pas la « véritable » plante dans un organe privilégié, mais dans le mouvement qui les relie tous. Une feuille n'est pas seulement une feuille : c'est une variation temporaire d'un thème unitaire. Goethe ne parlait pas le langage de la biochimie, mais il avait saisi quelque chose qui nous interpelle encore aujourd'hui.

Le réductionnisme classique procède par décomposition : il comprend une fonction en l'isolant. Mais l'unité de l'organisme ne se comporte pas comme une fonction. C'est une présence répartie, qui ne coïncide jamais avec un point précis. Kurt Goldstein, neurologue allemand contraint à l'exil aux États-Unis dans les années 1930, l'a compris en travaillant avec des soldats atteints de lésions cérébrales suite à la Première Guerre mondiale. Des lésions similaires produisaient des conséquences différentes selon les personnes. Ce n'était pas la partie manquante qui expliquait le déficit, mais la réorganisation de l'organisme tout entier autour de cette perte . Goldstein parlait de l'organisme comme d'une totalité, un concept que la neurologie officielle de l'époque considérait comme embarrassant tant il était vague.

Pourtant, les faits étaient têtus. Un organisme réagit comme un tout même lorsqu'il est touché dans une partie. Il ne se contente pas de cumuler des réponses locales : il se redéfinit lui-même. C'est là le point aveugle de l'explication purement biochimique. Les réactions sont nécessaires, mais elles n'expliquent pas pourquoi elles se produisent de manière coordonnée, stable et orientée vers la préservation de l'unité.

Dans les années 1950, travaillant entre Bruxelles et Austin, Ilya Prigogine a montré que certains systèmes physiques éloignés de l'équilibre peuvent s'auto-organiser. Mais ce qui frappait, chez les êtres vivants, c'était la persistance de l'identité : non seulement l'ordre, mais un ordre qui se reconnaît et se maintient. Un tourbillon dans un fluide existe tant que certaines conditions perdurent ; un organisme, en revanche, contribue activement à produire les conditions de sa propre existence. Ici, la physique s'approche de la frontière, mais ne la franchit pas entièrement.

Une anecdote souvent racontée dans les laboratoires d'embryologie concerne Hans Driesch, qui, en 1891, à Naples, travaillait sur des œufs d'oursin. Il sépara les premières cellules embryonnaires en s'attendant à obtenir des fragments incomplets. Il obtint au contraire des organismes entiers, simplement plus petits. Driesch, d'abord mécaniste convaincu, fut contraint de changer d'avis : il n'y avait pas de « pièce » qui commandait, mais une capacité globale d'organisation qui ne se laissait pas localiser. Il parla d'« entéléchie », terme aujourd'hui passé de mode, mais né pour désigner un problème réel.

Le point crucial est que l'unité de l'organisme n'émerge pas après l'assemblage des parties, comme c'est le cas pour un artefact. Elle est présente dès le début en tant que principe opérationnel, en tant que contexte qui donne un sens aux parties au fur et à mesure qu'elles se différencient. En ce sens, le tout n'est pas le résultat final : c'est la condition initiale qui rend possible toute différenciation.

Le philosophe Maurice Blondel écrivait en 1893 que « *la vie est une action qui ne peut être comprise que de l'intérieur* ». Aujourd'hui, nous dirions que l'unité du vivant est une unité de sens, et non un ment structurelle. Un foie n'est pas « un foie en général », mais ce foie-là, dans ce corps-là, dans cette histoire biologique-là. Retirons-le de là, et il ne reste qu'une matière compétente mais muette.

Le problème de l'unité de l'organisme n'est donc pas un défaut temporaire de la théorie biologique, en attendant de meilleures données. C'est un défi conceptuel. Il nous invite à penser le vivant non pas comme une mosaïque parfaitement assemblée, mais comme une forme dynamique qui réunit différence et identité, transformation et permanence. Une structure qui ne se trouve nulle part en particulier, mais qui se manifeste partout.

Ce visage que l'on reconnaît sans savoir pourquoi.

Il existe une expérience quotidienne que nous connaissons tous et qui, si on l'observe attentivement, en dit long sur la nature de l'organisme vivant. Nous reconnaissons un visage à distance, peut-être sur une photographie floue ou après des années d'absence, sans pouvoir indiquer avec précision quels traits le rendent unique. Ce n'est pas le nez, ce ne sont pas les yeux pris isolément, ni leur simple combinaison géométrique. C'est quelque chose qui se trouve « entre » les parties, ou plutôt qui les traverse toutes. Une unité perçue, non mesurée.

Cette expérience esthétique – car il s'agit bien d'esthétique, au sens originel du *terme* « aisthesis », c'est-à-dire la perception – est étonnamment proche de ce qui se passe lorsque nous rencontrons un organisme vivant. Là encore, le tout se manifeste avant l'analyse. Aucun biologiste, en observant un animal ou une plante, n'a besoin d'énumérer ses molécules pour en reconnaître l'identité. L'organisme se présente comme une unité, avant même d'être expliqué.

En 1896, à Paris, Henri Bergson assistait à une représentation théâtrale et notait dans ses carnets que le geste d'un acteur était reconnaissable même lorsqu'il était exécuté par un autre corps. Ce n'était pas la séquence musculaire qui comptait, mais le style du mouvement. Bergson utilisera cet exemple pour parler de la vie comme d'un élan, mais l'observation reste valable : le style précède la décomposition. De la même manière, un organisme possède un « style biologique », une signature globale qui ne coïncide avec aucun élément isolé.

Pensons à la musique. Une fugue de Bach reste reconnaissable même si elle est transposée dans une autre tonalité ou jouée avec des instruments différents. Les notes individuelles comptent, certes, mais elles n'expliquent pas l'unité de l'œuvre. L'unité musicale est une structure relationnelle, une cohérence interne qui se maintient à travers les variations. De la même manière, un organisme subit des changements continus – renouvellement cellulaire, adaptations physiologiques, cycles – sans perdre son identité. Les parties changent, le tout demeure.

Une anecdote souvent racontée dans les milieux de l'histoire de l'art concerne Ernst Gombrich qui, dans les années 1960, à Londres, montrait à ses étudiants des copies délibérément imparfaites de tableaux célèbres. Beaucoup reconnaissaient l'auteur malgré la présence d'erreurs évidentes. « Le style », disait Gombrich, « n'est pas un détail, c'est une totalité qui filtre chaque détail ». Cette phrase pourrait s'appliquer sans difficulté à la biologie : la forme vivante filtre et organise chaque processus local.

La biochimie, à l'instar de la critique formaliste la plus rigide, a tendance à se demander de quoi elle est faite. Mais l'unité esthétique – tout comme l'unité biologique – répond à une autre question : qu’est-ce qui fait que cela est ce que c’est ? Lorsque nous observons un tableau de Morandi, par exemple, nous ne le réduisons pas à la liste des objets représentés. On trouve des bouteilles et des boîtes ailleurs aussi. Ce que nous reconnaissons, c’est une tension compositionnelle, un équilibre silencieux qui ne se laisse pas traduire en paramètres indépendants.

Dans les années 1980, des études de psychologie de la Gestalt – menées à Berlin et à New York – ont montré que la perception du visage humain résiste à la fragmentation : même lorsque certains traits sont altérés ou masqués, le visage reste identifiable tant que la configuration globale est préservée. C’est une leçon précieuse pour la biologie : l’unité n’est pas un effet secondaire des parties, mais une condition perceptive et fonctionnelle primordiale.

L’organisme, à l’instar d’une œuvre d’art réussie, n’est pas simplement complexe. Il est cohérent. Et la cohérence n’est jamais localisable. Elle ne réside pas dans un gène, pas plus qu’elle ne réside dans un coup de pinceau. C’est une propriété du champ de relations qui maintient l’ensemble. Comprendre cela, c’est reconnaître que la vie ne s’explique pas uniquement par l’inventaire de ses composants, tout comme l’art ne se comprend pas uniquement par l’analyse des matériaux.

En ce sens, l’unité biologique et l’unité esthétique partagent une même logique profonde : toutes deux existent en tant que formes reconnaissables avant d’être descriptibles, comme des présences qui précèdent la mesure. Elles ne nient pas l’importance des parties, mais les subordonnent à un ordre qui ne naît pas de la somme, mais qui l’oriente.

Quand les cellules « savent » quoi faire : le défi de la finalité sans concepteur.

Il y a une question qui accompagne la biologie depuis ses origines modernes et qui, malgré des siècles de découvertes, continue d'interpeller les laboratoires et les amphithéâtres universitaires : pourquoi les organismes semblent-ils agir « en vue de quelque chose », alors qu'ils n'ont été conçus par personne ? Le cœur du problème ne réside pas dans la manière dont fonctionnent les mécanismes de la vie — sur ce point, la biochimie a fait des merveilles — mais dans la raison pour laquelle ces mécanismes coopèrent de manière si cohérente, stable et orientée.

Lorsque nous observons une blessure qui cicatrise, un embryon qui se développe selon une séquence étonnamment fiable, ou un système immunitaire qui « reconnaît » ce qui doit être éliminé, nous sommes amenés à utiliser un langage finaliste : guérir, se développer, se défendre. Pourtant, depuis Darwin, la science a tout fait pour bannir la finalité de son vocabulaire officiel. Parler de finalités semblait être un retour déguisé à la théologie naturelle de William Paley, célèbre pour son exemple de la montre trouvée dans un pré : s'il y a une montre, il doit y avoir un horloger. Mais la biologie moderne ne veut pas d'horlogers.

Il en résulte une tension qui n'est jamais tout à fait résolue. D'un côté, les organismes se comportent comme s'ils avaient un but ; de l'autre, la causalité admise n'est que la causalité efficiente : des chaînes d'événements locaux, aveugles, dépourvus d'intention. Le langage des manuels cherche alors des solutions de compromis : « téléonomie », « fonction sélectionnée », « programme génétique » (métaphore informatique que Jacques Monod utilisait déjà avec prudence dans les années 1960). Mais le malaise persiste.

Une anecdote racontée dans les années 1990 au laboratoire d'embryologie de l'université de Cambridge est emblématique. Au cours d'une discussion informelle, un jeune chercheur, en observant la régénération d'un embryon de salamandre auquel on avait prélevé une partie, s'écria : « *On dirait qu'il sait ce qui lui manque.* » Cette phrase fut accueillie par des sourires ironiques. Et pourtant, personne ne sut proposer une explication qui ne fasse pas implicitement appel à cette idée interdite : une forme globale qui guide les processus locaux.

La causalité classique fonctionne à merveille lorsqu'il s'agit d'expliquer comment une réaction se produit ou pourquoi une protéine se lie à un récepteur. Mais lorsque l'objet d'étude est l'organisme dans son ensemble, l'explication s'effrite. Comment une succession de causes locales peut-elle produire un comportement orienté vers le maintien de la forme, de l'intégrité et de la fonctionnalité globale ? Dire que ce n'est « que » le résultat de la sélection naturelle ne fait que déplacer le problème dans le temps, sans l'éliminer. La sélection explique pourquoi certaines configurations persistent, mais pas comment elles fonctionnent, ici et maintenant, en tant qu'unités finalisées.

Déjà, Emmanuel Kant, dans la « *Critique de la faculté de* jugement » (1790), avait saisi le fond du problème avec une lucidité qui surprend encore aujourd'hui. Les organismes, écrivait-il, sont des entités dans lesquelles les parties existent pour le tout et le tout pour les parties. Ils ne sont pas comme une machine, assemblée de l'extérieur, mais comme une réalité qui s'autoproduit. Kant concluait que la finalité en biologie est inévitable en tant que principe de jugement, même si elle n'est pas démontrable en tant que cause réelle. Deux siècles plus tard, le problème est toujours là, simplement revêtu d'un langage plus technique.

Aujourd'hui, nous évitons des mots comme « entéléchie », mais le phénomène n'a pas disparu. Dans les laboratoires de biologie des systèmes, à Boston comme à Zurich, on étudie des réseaux génétiques et métaboliques qui font preuve de robustesse : la capacité à maintenir une fonction même lorsque certains composants sont perturbés. C'est un langage élégant, mathématique, mais en filigrane, la même question refait surface : la robustesse par rapport à quoi ? À une forme, à une fonction, à un résultat attendu.

Le paradoxe de la finalité sans concepteur est le suivant : la vie semble orientée sans être intentionnelle, dirigée sans chef d'orchestre. La causalité classique, linéaire et locale, ne dispose pas des outils conceptuels pour rendre compte de cette directionnalité intrinsèque. Elle peut décrire le parcours, mais pas la raison d'être de ce parcours. Elle peut énumérer les étapes, mais pas expliquer pourquoi, malgré le bruit, les erreurs, les perturbations, l'organisme revient toujours — tant qu'il est vivant — à une certaine cohérence fonctionnelle.

Il n'est donc pas étonnant que, dans la pratique quotidienne, même les scientifiques les plus rigoureux glissent vers un langage finaliste. On parle d'« erreur à corriger », de « signaux appropriés », de « réponse adéquate ». C'est un langage opérationnel, certes, mais il trahit quelque chose de plus profond : la difficulté de penser la vie sans lui attribuer, au moins implicitement, un sens interne.

Peut-être que l'énigme ne réside pas dans le fait que la biologie ne parvienne pas encore à expliquer la finalité, mais dans le postulat selon lequel toute explication doit se réduire à des causes aveugles et locales. Comme l'observait le philosophe des sciences Francisco Varela lors d'une conférence à Paris en 1996, « la question n'est pas de réintroduire un concepteur, mais de comprendre comment émerge une normativité sans législateur ». Une phrase souvent citée, mais rarement approfondie.

La finalité sans concepteur reste ainsi une zone frontalière : trop empirique pour la métaphysique traditionnelle, trop chargée de sens pour une biochimie réduite à un simple engrenage. C'est précisément dans cette tension que s'ouvre l'espace pour une nouvelle question sur la vie — non plus seulement de quoi elle est faite, mais quel type d'ordre elle constitue.

La finalité sans finalité : relire Aristote à la lumière de la vie contemporaine.

Lorsque l'on prononce le nom d'Aristote dans un département de biologie moléculaire, un silence poli s'installe souvent, suivi d'un rapide changement de sujet. Et pourtant, sans que nous nous en rendions compte, bon nombre des difficultés conceptuelles de la biologie contemporaine tournent encore autour d'une notion que le philosophe de Stagire avait placée au centre de sa réflexion : la cause finale, le « *télos* ».

Aristote ne concevait pas la finalité comme un projet imposé de l'extérieur, ni comme l'exécution d'un plan conscient. Dans le *De Partibus Animalium*, il insiste sur un point qui semble aujourd'hui étonnamment moderne : chez les organismes vivants, les structures existent en vue d'une fonction, et cette fonction est inhérente au processus même de développement. Il n'y a pas d'architecte caché, mais une orientation intrinsèque de la forme vers sa propre réalisation.

La biologie moderne a réagi à cette idée par un long processus de refoulement. À partir du XVIIe siècle, avec Descartes et la naissance de la science mécaniste, la cause finale est progressivement écartée du discours scientifique, considérée comme un raccourci métaphysique. Expliquer signifie identifier des causes efficientes, des enchaînements d'événements mesurables. Tout le reste — buts, fins, tendances — est classé comme langage poétique ou, pire encore, comme résidu théologique.

Et pourtant, à y regarder de plus près, le problème qu'Aristote cherchait à aborder n'a jamais disparu. Comment expliquer qu'un embryon de mammifère, partant d'une seule cellule, traverse une séquence de transformations hautement régulées, aboutissant presque toujours — sauf accident — à une forme fonctionnelle cohérente ? Dire que « cela se produit parce qu'il est sélectionné » ne suffit pas à expliquer pourquoi, au cours du développement, chaque étape semble orientée vers une configuration future qui n'existe pas encore.

Un épisode rapporté par l'historien des sciences Pietro Corsi concerne un cours donné à Paris dans les années 1970 par un biologiste évolutionniste de renom. À la question d'un étudiant qui demandait comment éviter le langage finaliste lorsqu'on parle de développement, le professeur répondit avec un sourire : « *Nous l'évitons dans les titres des articles, pas dans les couloirs* ». Une boutade qui résume bien la situation : la finalité est officiellement bannie, mais elle continue d'opérer officieusement.

Relire Aristote aujourd'hui ne signifie pas adopter sa cosmologie ou sa biologie descriptive — dépassées depuis des siècles — mais reconnaître la pertinence de son intuition centrale : chez les êtres vivants, le présent semble organisé en fonction d'une forme future. La cause finale, dans cette optique, n'est pas une force mystérieuse, mais une manière de décrire un ordre temporel inversé, dans lequel le sens d'un processus ne se réduit pas à la somme de ses étapes intermédiaires.

Au XXe siècle, certains penseurs ont tenté de renouer le dialogue avec Aristote sans tomber dans un vitalisme naïf. Le philosophe français Raymond Ruyer, par exemple, parlait dans les années 1950 d'« activité formelle » pour décrire ces processus biologiques qui ne peuvent s'expliquer uniquement comme des effets mécaniques locaux. Ses idées sont restées marginales, mais elles anticipaient un malaise qui refait surface aujourd'hui dans les discussions sur la morphogenèse et l'auto-organisation.

Le point crucial est que la causalité classique regarde toujours en arrière, elle cherche les causes dans le passé immédiat. La cause finale aristotélicienne, en revanche, regarde vers l'avenir : non pas comme une prévision consciente, mais comme une attraction vers une configuration stable. En termes modernes, on pourrait dire qu'Aristote tentait de nommer ce que nous décrivons aujourd'hui, avec un vocabulaire différent, comme une « dynamique vers des états organisés ».

Un détail souvent oublié est qu'Aristote était un observateur infatigable. Sur l'île de Lesbos, où il passait de longues périodes à étudier les animaux marins, il notait les variations, les anomalies, les cas limites. Il ne recherchait pas la perfection abstraite, mais la régularité au sein de l'imperfection. La cause finale n'était pas, pour lui, une garantie métaphysique, mais une hypothèse interprétative visant à rendre intelligible le comportement global du vivant.

Vu sous cet angle, l'écart entre Aristote et la biologie des champs — qui interprète l'organisme comme une structure informationnelle stabilisée — se réduit. Dans les deux cas, ce qui compte, ce n'est pas le composant individuel, mais la forme globale qui oriente les processus. Les mots changent, mais pas le problème de fond. Et peut-être, comme cela arrive souvent dans l'histoire des sciences, qu'une idée ancienne refait surface non pas parce qu'elle était « vraie » au sens moderne du terme, mais parce qu'elle avait mis le doigt sur une question que nous n'avons pas encore cessé de nous poser.

La cause finale, libérée de l'idée d'un concepteur extérieur, pourrait alors être relue non pas comme une explication ultime, mais comme le signe d'une limite : le point où la description purement mécanique cesse d'être suffisante. Aristote n'avait pas les outils pour aller plus loin. Nous, peut-être. Mais seulement si nous acceptons de reconnaître que la vie pose des questions qui ne se laissent pas facilement réduire à des réactions et à des chaînes causales.

Journaux intimes, lettres, silences : la finalité qui revient dans les confessions des scientifiques.

Il y a un moment, dans la pratique scientifique, qui apparaît rarement dans les articles *évalués par des pairs*, mais qui resurgit avec une régularité surprenante dans les lettres privées, les carnets de laboratoire, les entretiens accordés en fin de carrière. C'est le moment de l'hésitation. Celui où le chercheur pressent que l'explication purement mécanique, aussi impeccable soit-elle sur le plan technique, ne parvient pas à dire tout ce qu'il semble nécessaire de dire.

François Jacob, prix Nobel de médecine en 1965, l'a admis avec une franchise désarmante dans quelques pages autobiographiques publiées en 1970 (*La logique du vivant*) : « Nous *utilisons un langage qui attribue des fins et des intentions, même alors que nous savons que nous ne devrions pas*. » Jacob s'inscrivait parfaitement dans le paradigme moléculaire, mais il reconnaissait néanmoins que des termes tels que « fonction », « programme » ou « contrôle » n'étaient pas de simples métaphores innocentes. C'étaient des béquilles conceptuelles, nécessaires pour s'orienter dans un domaine où la causalité linéaire présentait des failles évidentes.

Ce malaise ne naît pas d'une nostalgie métaphysique, mais de l'expérience concrète du travail scientifique. On le retrouve, par exemple, dans les cahiers de laboratoire de Conrad Hal Waddington, embryologiste britannique, qui, dans les années 1940, notait en marge de ses expériences sur la *drosophile* des réflexions inhabituelles pour un généticien : « *Le développement semble se souvenir de la direction qu'il doit prendre.* » Waddington a inventé le terme de « *paysage épigénétique* » précisément pour éviter le langage finaliste, mais la métaphore du « canal » et de la « vallée » trahissait une tension non résolue : comment parler de direction sans parler de but ?

Même dans les grands temples de la biologie expérimentale, ce malaise était palpable. Au « *Cold Spring Harbor Laboratory*

», dans l'État de New York, dans les années 1950, certains jeunes chercheurs ont raconté — dans des entretiens recueillis des décennies plus tard par des historiens des sciences — que lors des discussions informelles du soir, on parlait librement d'« objectifs » cellulaires, pour ensuite purger soigneusement ce vocabulaire des manuscrits destinés aux revues. Il s'agissait d'une sorte de double langage : un langage pratique, indispensable pour réfléchir ; un langage officiel, nécessaire pour publier.

Le biologiste suisse Adolf Portmann, moins connu du grand public mais très lu dans les années 1950, a ouvertement abordé cet écart. Dans ses carnets personnels, aujourd'hui conservés à Bâle, il écrivait que l'organisme « se montre tel qu'il est », comme si la forme avait une valeur expressive en plus d'une valeur fonctionnelle. Il ne parlait pas de finalité au sens classique du terme, mais admettait que réduire la forme à un simple sous-produit adaptatif laissait un sentiment d'incomplétude. Ses positions lui valurent une certaine marginalité académique, mais aussi l'attention des philosophes et des historiens de l'art.

Ce qui est intéressant, c'est que ce malaise ne concerne pas l'ignorance des mécanismes, mais leur insuffisance narrative. Les scientifiques savent comment se déroulent de nombreux processus ; ils peinent à expliquer pourquoi ces processus convergent avec une telle fiabilité vers des configurations fonctionnelles stables. Dans une interview accordée à la BBC en 1996, la biologiste du développement Anne McLaren, figure centrale de la recherche sur les embryons de mammifères, a avoué que le terme « destin cellulaire » lui semblait « dangereux mais inévitable ». Dangereux parce qu'il évoquait la téléologie, inévitable parce qu'aucun autre terme ne fonctionnait aussi bien.

Ce genre d'aveux n'est pas rare, mais il reste confiné aux marges du débat public. C'est comme si la biologie contemporaine pratiquait une forme d'autocensure épistémologique : elle reconnaît certains problèmes, mais évite de les formuler jusqu'au bout par crainte de sortir du périmètre de la science « dure ». Et pourtant, ce sont précisément ces hésitations, ces notes de bas de page chargées d'émotion, qui indiquent le point de tension maximale du paradigme biochimique.

Dans le contexte de la biologie des champs, ce malaise prend un sens nouveau. Si l'organisme est une structure informationnelle stabilisée, alors le recours à un langage orienté vers un but n'est pas une faiblesse subjective du scientifique, mais le symptôme d'un niveau d'organisation qui exige des catégories différentes. Les lettres, les journaux intimes, les entretiens deviennent ainsi des documents précieux : non pas des écarts par rapport à la méthode, mais les traces d'un problème réel, toujours en suspens.

Peut-être, comme l'écrivait le physicien Max Delbrück dans une lettre privée de 1972 adressée à un collègue de Pasadena, « *avons-nous remporté de nombreuses batailles contre le mystère, mais pas la guerre contre le sens* ». Une phrase que l'on ne trouvera jamais dans un manuel, mais qui en dit long sur ce qui nous échappe encore lorsque nous tentons d'expliquer la vie sans recourir, au moins implicitement, à une forme quelconque de finalité.

Quand les systèmes font plus que ce que nous avons programmé.

Ces dernières années, un curieux renversement de perspective s'est insinué dans les laboratoires de recherche : ce n'est plus seulement la biologie qui inspire l'ingénierie, mais l'ingénierie des systèmes autonomes qui oblige la biologie à revoir ses certitudes. En particulier, l'intelligence artificielle — la vraie, faite de codes, de robots et d'environnements de simulation — a remis au centre une question que la biologie classique avait tenté de mettre entre parenthèses : l'apparition de comportements orientés vers un but sans que ce but ait été explicitement programmé.

Une anecdote souvent racontée dans les couloirs du MIT concerne un projet de robotique autonome datant du début des années 2000. Une équipe dirigée par Rodney Brooks, pionnier de la robotique comportementale, avait conçu de petits robots mobiles dotés de règles très simples, dépourvus de représentations internes du monde. Au cours des essais, dans un entrepôt de Cambridge (Massachusetts), certains de ces robots ont commencé à « défendre » spontanément certaines zones riches en ressources énergétiques, en repoussant les autres. Aucune instruction ne faisait référence à la défense, à la compétition ou au territoire. Et pourtant, ce comportement était bien là, stable et reproductible.

Les ingénieurs l'ont appelé « *comportement émergent* ». Mais parmi les biologistes présents aux démonstrations, une question plus troublante circulait : n'est-ce pas exactement ce que nous observons chez les organismes vivants ? Nous faisons référence à « *l'apprentissage par* renforcement », une expression qui attribue à l'agent des buts, des intentions ou des objectifs, même si, en réalité, le comportement ne résulte que de règles de mise à jour et de signaux de récompense.

Dans ce domaine, la question est devenue encore plus évidente. Lorsque, en 2016, AlphaGo a battu Lee Sedol à Séoul, de nombreux commentateurs ont évoqué la « créativité » de la machine. Les programmeurs, plus prudents, ont souligné que le système ne faisait que maximiser une fonction objectif. Mais dans des interviews ultérieures, Demis Hassabis a admis que certaines stratégies n'étaient ni prévues ni comprises a priori : elles émergeaient de l'interaction entre l'algorithme, l'environnement et l'historique des parties. Une finalité opérationnelle sans représentation consciente de l'objectif.

Le parallèle avec la biologie est difficile à ignorer. Dans les organismes aussi, la finalité ne se présente pas comme un plan écrit quelque part, mais comme une tendance stable du système à conserver certaines formes, certaines fonctions, certaines relations. L'IA montre qu'il est possible d'obtenir une orientation fonctionnelle sans recourir à un concepteur contrôlant chaque étape. Mais elle montre aussi quelque chose de plus subtil : que cette finalité n'est pas réductible à la somme des règles locales.

Lors d'une conférence donnée à Santa Fe en 2011, au Santa Fe Institute — lieu emblématique de l'étude des systèmes complexes —, le physicien Chris Langton a fait remarquer que certains automates cellulaires « semblent savoir ce qu'il faut éviter ». C'était une boutade, mais pas tant que ça. Des systèmes formels, régis par des règles élémentaires, développaient des dynamiques de préservation et d'adaptation qui rappelaient, au moins par analogie structurelle, le comportement des systèmes vivants.

C'est là que le lien avec la biologie des champs devient particulièrement fécond. Si, dans les organismes, la finalité est une propriété émergente du champ de relations qui les constitue, alors l'IA offre un laboratoire conceptuel dans lequel on peut observer comment l'orientation vers un but peut naître de configurations globales, et non d'instructions ponctuelles. La machine ne « veut » rien, et pourtant elle se comporte comme si elle tendait vers quelque chose. Tout comme une cellule qui cicatrise une blessure ou un embryon qui corrige un développement perturbé.

Ce n'est pas un hasard si certains chercheurs, comme le mathématicien anglais Michael Levin — connu pour ses études sur la morphogenèse —, ont commencé à utiliser des outils conceptuels empruntés à l'IA pour décrire les processus biologiques, en parlant de « *goal-directedness* » à différents niveaux d'organisation. Il ne s'agit pas d'attribuer des intentions, mais de reconnaître une structure de sens et d t opérationnelle, une directionnalité qui ne peut être localisée dans une seule molécule, ni dans une seule ligne de code.

Le paradoxe est évident : alors que la biologie classique a longtemps évité le langage de la finalité pour rester « scientifique », l'ingénierie des systèmes autonomes se trouve aujourd'hui contrainte de faire face à des comportements finalistes que personne n'a explicitement voulu y introduire.

C'est comme si deux voies différentes convergeaient vers le même angle mort du réductionnisme.

En ce sens, l'intelligence artificielle n'offre pas un modèle à copier, mais un miroir. Elle montre que la finalité peut émerger sans intention, et que le problème n'est pas d'éliminer la finalité du discours scientifique, mais de comprendre à quel niveau elle s'inscrit. Une leçon précieuse pour une biologie qui souhaite considérer les organismes non pas comme des machines complexes, mais comme des structures informationnelles stabilisées, capables de maintenir une direction dans le temps.

II. Quand l'évolution joue, mais n'écrit pas la partition.

Il existe une image qui aide davantage que bien des formules à comprendre le cœur de ce chapitre : celle d'un aveugle qui écoute un orchestre. Il peut reconnaître que la musique est harmonieuse, il peut même distinguer les instruments et apprécier l'équilibre entre les parties. Mais il ne voit ni la partition, ni le principe qui donne sa cohésion à l'exécution. La sélection naturelle, dans le récit classique du darwinisme, ressemble beaucoup à cet aveugle : elle explique pourquoi une certaine variation est favorisée, mais pas pourquoi il existe une forme cohérente à sélectionner.

Le darwinisme a été, et reste encore aujourd'hui, l'une des théories scientifiques les plus puissantes jamais formulées. Il a montré comment l'adaptation des organismes à leur environnement peut émerger sans recourir à des plans préétablis ou à des finalités externes. Et pourtant, c'est précisément son succès qui a fini par occulter une question plus profonde : d'où viennent les formes biologiques ? Non pas les variations individuelles, mais l’architecture stable qui rend la variation elle-même possible.

La sélection naturelle agit toujours sur quelque chose : sur des organismes déjà dotés d’une structure, d’une symétrie, d’une robustesse qui résiste aux perturbations. Un cœur peut varier en taille, un membre en longueur, un bec en courbure, mais la présence du cœur, du membre, du bec n’est pas expliquée par le mécanisme sélectif en tant que tel. La sélection filtre, affine, élimine. Elle n’orchestre pas.

Charles Darwin en était parfaitement conscient, même si on l’oublie souvent. Dans **De l’origine des* espèces*, il écrit, avec la prudence propre à son style : « *Nous sommes enclins à personnifier la loi de la variation, comme s’il s’agissait d’une force indépendante ; mais nous devons nous rappeler que la variation n’est pas la cause de la production des nouvelles espèces, mais seulement la matière première sur laquelle agit la sélection.* »

Une phrase qui, lue aujourd’hui, sonne presque comme un aveu d’incomplétude : d’où provient cette « matière première » ? Et surtout, pourquoi prend-elle des formes si régulières et récurrentes ?

C’est là que s’inscrit ce chapitre, dans cet espace conceptuel laissé dans l’ombre. Non pas pour nier le darwinisme, mais pour relativiser sa portée explicative. La sélection explique l’adaptation locale, pas la stabilité globale des formes. Elle explique pourquoi cela est avantageux, pas pourquoi cela existe. Comme le faisait remarquer le biologiste anglais W. H. Thorpe, en réfléchissant aux limites de l’approche adaptationniste : « *Le problème de l’origine des espèces ne concerne pas seulement l’adaptation, mais aussi l’origine de structures complexes et hautement spécifiques qui rendent l’adaptation elle-même possible.* »

C’est là qu’apparaît le problème de la forme en tant que principe organisationnel autonome. Les formes biologiques font preuve d’une capacité surprenante à se maintenir, à se régénérer, à se corriger. Un embryon perturbé tend à « retrouver » son organisation ; un organisme blessé cherche à rétablir une configuration reconnaissable. Tout cela se produit avant et en deçà de la pression sélective. La forme n'est pas un résultat tardif de l'évolution, mais une condition de sa possibilité.

Henri Bergson, au début du XXe siècle, l'avait intuitivement compris avec une clarté philosophique, lorsqu'il écrivait dans *L'évolution créatrice* : « *La vie n'est pas un mécanisme, c'est une tendance. Une force qui cherche à surmonter la résistance de la matière et à créer, au cœur même de la matière, l'instrument de sa propre évolution.* » Au-delà du langage métaphorique, l'intuition est précise : la vie ne procède pas par simple accumulation d'avantages sélectifs, mais à travers des configurations formelles qui guident et canalisent le changement.

L'objectif de ce chapitre, dans le contexte général de l'ouvrage, est donc clair : montrer que la crise du paradigme biologique classique ne concerne pas seulement les mécanismes moléculaires, mais aussi le cœur même de la théorie de l'évolution. Sans une réflexion sur la forme, la sélection reste comme un chef d'orchestre sans partition : capable de maintenir le tempo, mais incapable d'expliquer la musique.

Ce passage est décisif pour ouvrir la voie aux parties suivantes de l'ouvrage. Si la forme n'est réductible ni aux gènes ni à la sélection, alors il faut chercher ailleurs le principe qui organise le vivant : dans les champs de cohérence, dans les structures informationnelles, dans un ordre qui n'est pas imposé de l'extérieur, mais qui émerge comme une propriété globale des systèmes biologiques.

La forme qui résiste : le mystère de la robustesse biologique.

Il y a un aspect de la vie qui frappe quiconque l'observe sans a priori théoriques : sa capacité surprenante à rester elle-même alors que tout change. Les organismes se développent dans des environnements imparfaits, font face à des perturbations, des erreurs, des fluctuations moléculaires, et pourtant parviennent presque toujours à une forme reconnaissable, stable et fonctionnelle. Cette propriété, que les biologistes appellent la robustesse, est l'un des angles morts les plus évidents du darwinisme classique, car elle se situe exactement entre deux domaines que la théorie de l'évolution a eu du mal à intégrer : la biologie du développement et l'évolution.

La sélection naturelle peut expliquer pourquoi une forme robuste est favorisée : un organisme qui « tient » mieux survit plus facilement. Mais elle n'explique pas pourquoi cette robustesse émerge en premier lieu, ni comment une forme parvient à conserver son identité au cours du développement, malgré les variations génétiques, le bruit biochimique et les conditions environnementales changeantes. C'est là que l'évolution se heurte à un paradoxe : pour pouvoir varier, une forme doit d'abord être stable ; mais la stabilité elle-même ne peut être le produit direct de la variation aléatoire.

Dans les années 2000, le biologiste des systèmes Hiroaki Kitano, travaillant entre Tokyo et l'Europe, a défini la robustesse comme une propriété fondamentale des systèmes vivants, qui ne se réduit pas à des gènes individuels ou à des circuits isolés. Dans un article désormais classique publié en 2004, il écrivait : « *La robustesse est la capacité d'un système à maintenir ses fonctions malgré des perturbations internes et externes.* » Une définition en apparence sobre, mais qui recadre radicalement le problème : la forme n'est pas un résultat passif, mais une configuration activement maintenue.

Du point de vue du développement, cela signifie que l'organisme ne suit pas une simple séquence d'instructions, à l'instar d'un programme linéaire, mais s'oriente vers une configuration globale, en corrigeant les écarts, en compensant les erreurs et en réorganisant localement ce qui est perturbé. Du point de vue évolutif, cela signifie que la sélection n'agit pas sur une matière amorphe, mais sur des formes déjà dotées d'une résilience intrinsèque, qui limite l'espace des variations possibles et en canalise les effets.

Une intuition similaire était déjà présente, sous une forme pré-moléculaire, dans l'œuvre de D'Arcy Wentworth Thompson qui, en 1917, dans « *On Growth and* Form », observait que de nombreuses structures biologiques semblaient obéir à des contraintes d'ordre et de stabilité plutôt qu'à une simple logique adaptative. Thompson ne niait pas l'évolution, mais suggérait que la géométrie et la dynamique des formes précèdent la sélection, lui fournissant le terrain sur lequel elle peut opérer.

La robustesse, en ce sens, est un concept-pont : elle relie le développement individuel à l'histoire évolutive, en montrant que la vie n'est pas une succession de solutions provisoires, mais un système capable de conserver des informations structurelles au fil du temps. Les formes biologiques ne sont pas des équilibres fragiles sur le point de s'effondrer, mais des configurations actives qui résistent, se réparent, se recomposent. Et c'est précisément cette résistance intelligente au désordre qui rend l'évolution elle-même possible.

Dans le contexte de ce chapitre, la robustesse devient ainsi un argument décisif contre une vision purement sélective de la forme. Si les formes n'étaient pas robustes, la sélection n'aurait rien de stable sur quoi agir. L'orchestre, pour revenir à la métaphore du chapitre, ne pourrait même pas commencer à jouer si chaque instrument se désagrégeait dès le premier coup d'archet.

Tourbillons, flocons de neige et cellules : des similitudes trompeuses de la forme.

Pour comprendre ce qui rend une forme biologique, il convient de prendre un peu de recul et d'observer les formes que la nature produit même en l'absence de vie. Les cristaux, les tourbillons dans les fluides, les structures dites « dissipatives » étudiées par la physique du XXe siècle montrent que l'ordre peut émerger spontanément du chaos, sans qu'un projet extérieur soit nécessaire. C'est une découverte qui a fasciné des générations de scientifiques et qui, à première vue, semble rapprocher le monde inanimé de celui des êtres vivants. Mais c'est précisément dans ce rapprochement que la distance s'affirme.

Un cristal de neige, observé au microscope, apparaît comme un petit chef-d'œuvre de symétrie. Wilson Bentley, le photographe du Vermont qui, au début du XXe siècle, a consacré sa vie à les photographier, aimait répéter qu'« *aucun flocon ne ressemble à un autre* ». Et pourtant, derrière cette diversité, se cache une règle d'airain : la forme du cristal est entièrement déterminée par les lois physiques et par les conditions locales de température et d'humidité. Le cristal ne « défend » pas sa forme, ne la corrige pas, ne l'interprète pas. Si les conditions changent, la forme change ou se dissout. La stabilité est passive, non active.

On se rapproche un peu plus de la vie avec les tourbillons : une spirale d'eau dans une rivière, une tache rouge sur Jupiter déjà observée par Cassini au XVIIe siècle, ou les cellules de convection décrites par Henri Bénard en 1900 dans ses expériences parisiennes. Ici, la forme n'est plus statique : c'est un processus qui se maintient dans le temps grâce à un flux continu d'énergie.

L'analogie avec les organismes est séduisante. La vie est elle aussi un système ouvert, loin de l'équilibre, qui se maintient grâce à des échanges continus avec l'environnement. Mais la différence cruciale apparaît dès lors que l'on examine la manière dont la forme est préservée. Un tourbillon n'a pas de mémoire : si le flux s'interrompt, la forme disparaît sans laisser de trace. Un organisme, en revanche, traverse des flux, des perturbations, voire des traumatismes, et tend à revenir à une configuration reconnaissable, comme si la forme était inscrite à un niveau plus profond que le simple mouvement de la matière.

C'est là que se manifeste la limite de l'analogie physique. Les formes physiques sont des épiphénomènes des conditions : elles résultent des lois, mais n'agissent pas sur celles-ci. Les formes biologiques, au contraire, semblent exercer une sorte de causalité descendante, orientant les processus locaux vers un résultat global. Au cours du développement embryonnaire, des cellules identiques sur le plan génétique suivent des destins différents, non pas parce que le contexte physique l'impose, mais parce que l'organisme dans son ensemble « sait » — au sens opérationnel, et non métaphorique — où il doit aller.

Cette comparaison met également en lumière un aspect central : la sélection naturelle peut agir sur des formes déjà données, mais elle ne suffit pas à expliquer pourquoi les formes biologiques possèdent cette qualité active, régulatrice et persistante. Les structures physiques montrent que l'ordre est possible sans sélection ; la vie montre qu'il existe un type d'ordre qui résiste, se répare et s'anticipe. C'est dans cette différence subtile mais décisive que la forme biologique révèle son autonomie conceptuelle.

L'orchestre de la vie, donc, n'est pas seulement constitué de bonnes lois physiques qui résonnent ensemble par hasard. Il existe une partition implicite qui traverse les processus, les coordonne et leur confère une cohérence dans le temps. Et c'est précisément cette partition — encore difficile à nommer sans sortir des limites du réductionnisme — qui distingue un flocon de neige d'une cellule, un tourbillon d'un organisme.

Quand la forme exige un principe plus profond.

À ce stade, le lecteur attentif perçoit une tension qui ne peut rester sans réponse. Nous avons vu que la sélection naturelle explique pourquoi une forme fonctionne mieux qu’une autre, mais pas pourquoi cette forme existe, ni pourquoi elle parvient à rester stable dans le temps, en traversant le développement, les mutations et les stress environnementaux. La métaphore de l’orchestre, évoquée dans le titre du chapitre, revient alors avec force : il ne suffit pas d’imaginer des instruments bien construits ou des musiciens sélectionnés pour leur talent. Sans un principe qui les lie entre eux, qui synchronise les tempos, les intensités, les relations, ce qui en résulte n’est pas de la musique, mais du bruit.

Ce principe n’est pas une nouvelle substance, ni une entité mystérieuse à ajouter à l’inventaire de la biologie. Il s’agit plutôt d’une propriété globale de l’organisation vivante, quelque chose qui concerne la manière dont les processus s’accordent entre eux dans le temps et dans l’espace. Dès les années 1940, alors qu’il travaillait entre Princeton et Vienne, Erwin Schrödinger se demandait comment il était possible que l’organisme évite de sombrer dans le chaos, évoquant un « ordre qui se nourrit d’ordre ». Aujourd’hui, nous pouvons dire que cette intuition pointait vers un concept plus précis : la vie n’est pas seulement de l’ordre, mais un ordre cohérent, capable de se maintenir, de résonner avec lui-même, de produire une stabilité dynamique.

Ce n’est pas un hasard si, dans des contextes différents, scientifiques et philosophes ont utilisé des images similaires. Le neurologue Karl Lashley, en étudiant dans les années 1950 la répartition des fonctions dans le cerveau, parlait d’action « de champ », impossible à localiser en un point unique. Dans un autre domaine, le chef d’orchestre Wilhelm Furtwängler affirmait que la musique ne naît pas de la somme des notes, mais de la tension qui les traverse et les unit. De même, la forme biologique n’émerge pas de l’accumulation de parties, mais d’une relation cohérente entre les processus, qui fait que le tout précède les composantes.

Ce paragraphe s’achève donc sur un seuil. Si la forme ne se réduit ni au gène ni à la fonction, si la sélection ne suffit pas à expliquer son apparition et sa stabilité, alors nous devons changer de point de vue. Nous devons cesser de nous demander uniquement ce qui est sélectionné, et commencer à nous demander comment un organisme parvient à constituer une unité significative dans le temps. La réponse qui se dessine n'est pas un nouveau mécanisme, mais un nouveau mot-clé : la cohérence. C'est de là que partira la partie suivante, où la vie sera considérée non pas comme un ensemble de réactions fortuites, mais comme un phénomène physique et biologique capable de conserver son sens, sa forme et son identité dans le flux continu du changement.

Le mythe du gène souverain : quand l'information ne suffit pas à expliquer la forme.

Pendant au moins un demi-siècle, la biologie a raconté la vie comme une histoire écrite dans l'ADN. Un récit puissant, élégant, voire séduisant : quatre lettres, des combinaisons infinies, un livre moléculaire capable d'expliquer la forme d'une feuille, la disposition des neurones, la complexité d'un organisme humain. Ce n'est pas un hasard si, en 1962, lorsque Watson, Crick et Wilkins ont reçu le prix Nobel, l'enthousiasme a dépassé les frontières de la communauté scientifique. À Cambridge, on parlait du « secret de la vie » comme d'un mystère enfin dévoilé.

Pourtant, au fil des années, cette promesse s'est révélée partielle. Pas fausse — l'ADN est indispensable — mais incomplète. Le gène-centrisme, c'est-à-dire l'idée que le gène est l'unité fondamentale et suffisante pour expliquer la forme et le comportement des organismes, a commencé à montrer des failles précisément là où il prétendait être le plus solide : dans le développement, dans la stabilité des formes, dans l'étonnante robustesse du vivant.

Une donnée, parmi tant d'autres, a frappé l'opinion publique au début des années 2000 : le « *Projet Génome* humain », officiellement achevé en 2003, a révélé que l'être humain possède un peu plus de 20 000 gènes, soit à peine plus qu'un ver comme *le Caenorhabditis elegans*. La question, embarrassante par sa simplicité, a commencé à circuler même en dehors des laboratoires : où se trouve donc la complexité ? Si la forme était vraiment entièrement inscrite dans les gènes, on se serait attendu à une différence bien plus marquée.

Le problème est que l'ADN ne fonctionne pas comme un plan architectural détaillé. Il ne précise pas où ira chaque cellule, ni comment des milliards d'interactions seront coordonnées au fil du temps. Il fournit des composants, des possibilités, des contraintes chimiques. Mais la forme biologique émerge toujours dans un contexte, à travers des relations dynamiques qui ne peuvent être localisées dans une seule séquence génétique.

Un embryologiste italien, lors d'un congrès à Pavie au début des années 90, aimait provoquer le public avec une phrase qui est restée dans les mémoires des étudiants : « *L'ADN sait fabriquer des protéines, pas des organismes.* » C'était une boutade, bien sûr, mais elle mettait le doigt sur le problème. La forme d'un cœur, la symétrie d'une fleur, la disposition des doigts ne découlent pas d'un gène « pour le cœur » ou « pour la main », mais de processus collectifs et régulateurs qui transcendent l'élément moléculaire isolé.

C'est là que le gène-centrisme révèle sa limite conceptuelle la plus profonde : confondre information et instruction. L'ADN contient de l'information, mais pas d'instructions opérationnelles complètes. C'est comme le texte d'une pièce de théâtre sans indications de mise en scène, sans rythme, sans intonation. Quiconque a assisté à deux mises en scène différentes d'une même pièce de Shakespeare — par exemple une mise en scène classique au Globe de Londres et une mise en scène expérimentale dans un théâtre berlinois — sait à quel point la forme finale dépend de quelque chose qui n'est pas écrit mot pour mot dans le script.

En biologie également, un même génome peut donner lieu à des résultats différents selon le contexte cellulaire, les interactions mécaniques, les signaux bioélectriques et l'environnement chimique. Les études de Conrad Waddington sur l'épigénétique, menées dès les années 1940 à Édimbourg, avaient introduit l'image du « paysage épigénétique » : une métaphore puissante pour dire que le développement suit des trajectoires préférentielles, mais pas rigoureusement prédéterminées par le gène.

Il ne s'agit donc pas de minimiser le rôle de l'ADN, mais de le replacer dans son contexte. Le gène n'est pas le souverain qui gouverne d'en haut, mais un outil au sein d'une organisation plus vaste. Continuer à penser que la forme est « contenue » dans le génome revient à chercher la mélodie dans les notes individuelles. La vie, en revanche, semble émerger d'un niveau d'intégration supérieur, où l'information ne devient efficace que lorsqu'elle est mise en relation, synchronisée, rendue cohérente.

Ce passage est crucial pour la structure du chapitre. Il montre pourquoi la sélection naturelle, agissant sur des variations génétiques, ne peut à elle seule expliquer l'apparition de formes stables et reconnaissables. Et il prépare le terrain pour une question plus radicale : si l'ADN ne suffit pas, qu'est-ce qui maintient l'organisme en tant qu'unité de sens et de forme ? La réponse ne sera pas cherchée dans une molécule supplémentaire, mais dans un principe organisationnel capable de coordonner la multiplicité. C'est là que le discours sur la cohérence, développé précédemment, devient non seulement plausible, mais nécessaire.

Le gène et la machine.

Chaque grande période scientifique apporte avec elle non seulement de nouvelles données, mais aussi de nouvelles métaphores dominantes. Et les métaphores ne sont pas de simples ornements du discours : elles orientent le regard, elles établissent ce qui apparaît comme évident et ce qui devient impensable. Le gène-centrisme, qui a guidé la biologie pendant des décennies, ne naît pas de rien. Il est le fruit d'une époque qui avait fait de la technologie son horizon de sens, et du déterminisme technique une sorte de philosophie implicite.

Ce n'est pas un hasard si, à partir des années 1950, l'ADN est décrit comme un code, un programme, une instruction. Ce sont les mêmes années où, entre Princeton et Los Alamos, naît l'informatique moderne, et où Alan Turing devient une figure quasi mythologique. La biologie, fascinée par la puissance explicative des nouvelles machines de calcul, commence à parler leur langage. Si un ordinateur fonctionne parce qu'il suit des instructions précises, pourquoi un organisme ne fonctionnerait-il pas de la même manière ?

Cette analogie a eu une force extraordinaire. Dans les années 1970, alors que la Silicon Valley faisait ses premiers pas et que le microprocesseur entrait dans l'imaginaire collectif, l'idée que le gène soit le « logiciel de la vie » semblait non seulement plausible, mais inévitable. Lors d'une célèbre conférence à Santa Fe, un biologiste moléculaire a raconté avoir compris son travail « en considérant la cellule comme un ordinateur chimique ». C'était une métaphore efficace, mais aussi une cage conceptuelle.

Le déterminisme technologique, selon lequel ce sont les technologies qui guident de manière quasi automatique l'évolution de la société, a un proche parent dans le gène-centrisme biologique. Dans les deux cas, un élément — la machine ou le gène — est élevé au rang de cause première, tandis que le contexte, les relations et les dynamiques émergentes passent au second plan. Comme si une société ne pouvait s'expliquer que par ses outils, ou un organisme uniquement par ses séquences.

Dès les années 1960, le philosophe Lewis Mumford mettait en garde contre cette réduction, en observant que la technologie n'était jamais neutre ni autosuffisante, mais toujours étroitement liée à des valeurs, des choix et des modes de vie. On pourrait en dire autant du gène : il n'agit pas dans le vide, il ne « décide » rien tout seul. Pourtant, l'époque avait besoin d'un principe simple, localisable, contrôlable. Le gène répondait parfaitement à ce besoin symbolique.

Il existe un épisode peu connu, raconté par un sociologue français des sciences lors d'un séminaire à Paris en 1984. Lors d'une visite dans un laboratoire de biologie moléculaire, il remarqua que les tableaux étaient couverts de flèches, de diagrammes linéaires, de flux unidirectionnels. « On aurait dit », dit-il, « la salle de contrôle d'une centrale ». Ce n'était pas seulement une façon de dessiner : c'était une façon de penser. La forme de l'explication reflétait la forme des technologies dominantes.

Aujourd'hui, alors que l'on parle de réseaux, de systèmes distribués, d'intelligences collectives, le langage biologique commence lui aussi à évoluer lentement. Le gène ne disparaît pas, mais il perd son statut de souverain absolu. Et cela nous permet de relire le gène-centrisme pour ce qu'il a également été sur le plan culturel : une métaphore puissante, historiquement située, et non une vérité définitive sur la vie.

Comprendre cela ne signifie pas relativiser la science, mais la rendre plus consciente d'elle-même. Les métaphores guident la recherche autant que les données. Reconnaître que l'ADN a été conçu comme une machine à une époque dominée par les machines est une étape nécessaire pour ouvrir notre regard à d'autres images : non plus le gène comme une micropuce, mais l'organisme comme un processus coordonné, comme une structure informationnelle qui se stabilise à travers des relations. C'est à partir de cette prise de conscience qu'il devient possible d'imaginer — sans contrainte idéologique — une biologie qui dépasse le déterminisme, qu'il soit génétique ou technologique.

Le gène à la une : quand les médias transforment la biologie en destin.

Il y a un moment précis où le gène cesse d'être un concept technique, débattu entre spécialistes, pour devenir une personnalité publique. Cela se produit dans la seconde moitié du

XXe siècle, lorsque la science fait son entrée durablement dans les journaux, les magazines illustrés, puis à la télévision. C'est là que le gène commence à être présenté non plus comme une composante de l'organisme, mais comme son metteur en scène occulte, le dépositaire d'un destin écrit une fois pour toutes.

On peut situer un tournant symbolique en 1962, année où James Watson, Francis Crick et Maurice Wilkins ont reçu le prix Nobel pour la découverte de la structure de l'ADN. Dans les articles de presse de l'époque — du New York Times au Monde —, la double hélice est souvent présentée comme la « clé de la vie ». Une formule efficace, certes, mais déjà chargée d'ambiguïté : une clé ouvre une serrure, elle permet d'accéder à quelque chose. L'idée qu' la vie ait enfin été « déchiffrée » était trop puissante pour ne pas être amplifiée.

Dans les années 1970 et 1980, avec l'explosion de la vulgarisation scientifique de masse, le récit s'est encore plus cristallisé. Des titres tels que « Découverte du gène de l'intelligence », « Le gène de l'agressivité », « Le secret de l'obésité réside dans l'ADN » sont devenus courants. Peu importe que, dans les lignes suivantes, ces mêmes articles évoquent des mises en garde, des probabilités ou des interactions environnementales. L'image qui reste est celle du gène comme cause ultime, simple, rassurante dans sa linéarité.

Un journaliste scientifique italien de renom a raconté, dans une interview de 1998, avoir longuement discuté avec un rédacteur en chef qui insistait pour intituler un article sur le génome humain « Le livre du destin enfin ouvert ». « Je sais que ce n'est pas exact », lui a-t-il répondu, « mais c'est ce que les gens comprennent ». Cette phrase résume à elle seule toute la tension entre rigueur scientifique et logique médiatique : le besoin d'une histoire claire, avec un protagoniste fort et une fin compréhensible.

Le Projet Génome humain, annoncé officiellement en 1990 et célébré en 2000 à la Maison Blanche par Bill Clinton et Tony Blair, représente peut-être l'aboutissement de ce récit. Les images télévisées parlaient de « carte complète de l'homme », de « mode d'emploi de la vie ». Rares sont ceux qui se souviennent que, dans ce même discours, Clinton soulignait que le génome ne déterminait pas le destin individuel. Mais ce détail, dans le flux médiatique, apparaissait secondaire par rapport à la puissance symbolique de la carte et du mode d'emploi.

Cette manière de présenter la génétique ne relève pas de la mauvaise foi. Elle résulte d'une simplification structurelle, typique des médias modernes, qui privilégient les causes uniques, les liens directs, les images fortes. Le gène, invisible mais nommable, microscopique mais conceptuellement isolable, se prête parfaitement à ce rôle. Il est bien plus difficile de décrire des processus distribués, des interactions dynamiques, des formes qui émergent au fil du temps.

Ainsi, presque sans que nous nous en rendions compte, le discours médiatique a contribué à consolider une image de la vie comme un scénario déjà écrit, dans lequel la sélection naturelle se limite à choisir parmi des variations prédéterminées par l'ADN. Une image qui a eu des effets profonds non seulement sur la perception publique de la biologie, mais aussi sur la manière dont les scientifiques eux-mêmes ont communiqué — et parfois pensé — leur travail.

Aujourd'hui, alors que de nouvelles recherches mettent en lumière la plasticité du développement, l'importance des contextes cellulaires et environnementaux, ainsi que le rôle de l'organisation globale, ce vieux récit montre toutes ses failles. Mais sa force culturelle persiste. Comprendre comment les médias ont transformé le gène de possibilité en destin n'est pas un exercice de critique externe : c'est une étape nécessaire pour libérer notre regard et recommencer à nous interroger sur la forme, sur l'organisme en tant qu'unité cohérente, sur ce qui, dans la vie, dépasse toujours l'instruction individuelle.

Dire « organisme » ou dire « mécanisme » : les conséquences morales d'une métaphore.

Les métaphores scientifiques ne restent pas confinées aux livres ou aux laboratoires. Elles se glissent silencieusement dans les protocoles, les décisions cliniques, les politiques publiques. Dire que la vie est une machine ou un processus cohérent n'est pas un simple choix linguistique : c'est un acte qui oriente la recherche et, surtout, l'éthique qui l'accompagne.

Au XXe siècle industriel, considérer l'organisme comme une machine semblait naturel. Les machines étaient le symbole du progrès, de l'efficacité, du contrôle. Si le corps est un dispositif, alors la maladie devient une panne, le traitement une réparation, le médecin un technicien spécialisé. Cette métaphore a produit des résultats incontestables — de la chirurgie moderne à la pharmacologie — mais elle a également laissé des zones d'ombre difficiles à ignorer.

Un chirurgien anglais, exerçant dans les années 1950 à l'hôpital St Bartholomew's de Londres, notait dans son journal que « *le patient, sous anesthésie, ressemble terriblement à une montre ouverte sur la table d'opération* ». C'était un constat pratique, et non cynique. Et pourtant, cette phrase laisse entrevoir le risque d'une vision dans laquelle le sujet vivant se dissout, laissant place à un ensemble de pièces interchangeables.

Lorsque la vie est conçue comme une machine, l'éthique tend elle aussi à devenir une discipline d'ingénierie : on évalue ce qui fonctionne, ce qui est efficace, ce qui optimise un résultat. Il n'est pas surprenant que ce soit précisément dans ce contexte culturel que se soient développés, entre les années 1960 et 1970, des débats animés sur l'expérimentation animale et humaine, souvent abordés davantage en termes de coûts et de bénéfices que de sens et de responsabilité. La célèbre conférence d'Asilomar de 1975, consacrée à l'ADN recombinant, fut l'une des premières tentatives pour prendre le temps de s'interroger non seulement sur « pouvons-nous le faire ? », mais aussi sur « qu'est-ce que nous traitons comme un objet ? ».

Considérer la vie comme un processus cohérent, en revanche, change radicalement le paysage éthique. Si l'organisme n'est pas une machine assemblée, mais une structure informationnelle qui se maintient dans le temps grâce à des relations, alors toute intervention devient un acte qui engage l'ensemble. On ne « répare » pas un processus sans en modifier l'équilibre global. La responsabilité n'est plus seulement technique, mais interprétative.

Dans les années 1980, le biologiste et philosophe Hans Jonas insistait sur le fait que la vie possède une vulnérabilité intrinsèque qui exige une protection, et non une domination. Jonas n'était pas un biologiste de terrain, mais son éthique de la responsabilité naissait précisément du refus d'une vision purement mécanique du vivant. Si la vie est un processus, alors elle est aussi porteuse d'une valeur intrinsèque, qui ne peut se réduire à son utilité ou à ses performances.

Cette différence ressort avec force également dans le domaine médical. Un oncologue italien racontait, lors d'un séminaire à Milan au début des années 2000, comment la manière de parler de la maladie influençait les choix thérapeutiques. « Si je dis au patient que nous devons détruire l'ennemi », expliquait-il, « j'entre dans une logique de guerre. Si je parle de rétablir un équilibre, le type d'alliance qui se crée change ». Ce n'est pas seulement une question psychologique : c'est une ontologie implicite différente.

Dans le cadre de la biologie des champs, cette distinction prend encore plus d'importance. Intervenir sur une structure informationnelle stabilisée, c'est reconnaître que l'organisme réagit, s'adapte, intègre. L'éthique ne peut plus se limiter à des règles externes, mais doit devenir une attention portée à la cohérence. Tout ce qui est possible n'est pas automatiquement légitime, car tout ce qui modifie une partie ne respecte pas nécessairement le processus qui la maintient en vie. Au fond, la métaphore de l'orchestre est plus qu'une image évocatrice. Dans un orchestre, on ne règle pas un instrument sans écouter l'ensemble. Et aucun chef d'orchestre digne de ce nom ne traite les musiciens comme des rouages. Considérer la vie comme un orchestre, et non comme une machine, signifie adopter une éthique de l'écoute avant même celle de l'intervention.

Changer de forme ou donner une forme ?

L'un des malentendus les plus tenaces de la biologie contemporaine naît d'un chevauchement conceptuel aussi répandu que rarement explicité : l'idée que produire des variations équivaut, tôt ou tard, à générer de l'organisation. Au fond, c'est une tentation compréhensible. Si la sélection naturelle opère sur des différences aléatoires, si le temps est suffisamment long et le nombre de tentatives suffisamment grand, pourquoi la forme ne finirait-elle pas par émerger ?

Pourtant, entre le changement et la structure, il existe un fossé que l'accumulation ne comble pas. Changer, c'est altérer un état ; organiser, c'est établir des relations qui résistent au changement. La vie, dans sa régularité obstinée, appartient à cette seconde catégorie.

Un exemple classique, souvent évoqué dans les couloirs des départements de biologie évolutive, concerne les mutations. Dans les années 1970, au Musée d'histoire naturelle de Londres, un jeune chercheur montrait à un groupe d'étudiants une série d'ailes de drosophile déformées par des mutations induites en laboratoire. « Regardez toute cette diversité », disait-il. Puis, en désignant une aile normale : « Et maintenant, expliquez-moi pourquoi cette forme réapparaît, toujours identique, des millions de fois, malgré le bruit génétique. » La question restait en suspens. Les mutations expliquaient les écarts, mais pas la persistance de la forme.

La variation introduit des différences, mais n'explique pas pourquoi certaines configurations sont privilégiées, ni pourquoi un organisme revient à une forme stable même après des perturbations importantes. Un embryon de salamandre, coupé en deux au cours des premiers stades de son développement — expériences menées dès la fin du XIXe siècle par Hans Driesch à Naples, à la Station zoologique Anton Dohrn — ne produit pas deux demi-organismes défectueux, mais deux individus complets. Ici, le changement est radical, mais la structure se reconstitue. Quelque chose « sait » comment doit être l'ensemble.

Ce point est crucial : la variation est aveugle par rapport à la totalité, tandis que l'organisation implique une vision d'ensemble. Non pas au sens d'un projet conscient, mais d'une cohérence qui oriente les processus locaux. La biologie classique a souvent confondu les deux, attribuant à la sélection le mérite d'avoir créé ce qu'elle se contente en réalité de filtrer.

Une anecdote racontée par un écologiste suédois lors d'un colloque à Uppsala au début des années 2000 illustre bien cette idée. En étudiant des populations de lichens soumises à des stress environnementaux extrêmes, il observait une augmentation considérable de la variabilité morphologique. « Elles changeaient énormément », racontait-il, « mais elles ne devenaient ni plus complexes, ni plus organisées. Au contraire, elles perdaient souvent leur structure ». La variation, poussée au-delà d'un certain seuil, produit du désordre, et non une nouvelle forme.

La distinction entre changement et structure est également connue en dehors de la biologie. Un architecte dirait que modifier les matériaux ne suffit pas à créer un bâtiment. Un musicien sait que varier les notes sans relation harmonique produit du bruit. Il est significatif qu'en 1948, Norbert Wiener — père de la cybernétique — ait averti que l'information ne coïncide pas avec le hasard : « L'information est de l'information, ni matière ni énergie, mais pas non plus du bruit ». Une phrase souvent citée, mais rarement prise au sérieux dans ses implications biologiques.

Dans un organisme vivant, la structure n'est pas un résultat tardif de la sélection, mais une condition qui rend la sélection possible. Sans une forme relativement stable, il n'y a rien à sélectionner. La variation agit sur une structure, et non à sa place. Confondre ces deux niveaux revient à attribuer au temps et au hasard une capacité créatrice dont ils ne font pas preuve, empiriquement parlant.

Cette confusion linguistique et conceptuelle a eu de profondes conséquences. Elle a conduit à rechercher l'origine de la forme dans les mécanismes qui expliquent la diversité, plutôt que dans ceux qui garantissent la cohérence. Et elle a rendu difficile de poser la question peut-être la plus dérangeante : d'où vient la tendance de la vie à s'organiser, à maintenir son unité à travers le changement ?

Dans le contexte de la biologie des champs, cette question change de statut. La structure n'est pas considérée comme un résultat improbable d'infinies variations, mais comme un attracteur dynamique, une configuration que le système tend à réaliser et à préserver. La variation, alors, ne disparaît pas, mais assume un rôle différent : elle explore les marges, elle ne fonde pas le centre.

Peut-être que le véritable pas conceptuel à franchir consiste à reconnaître que la vie ne coïncide pas avec le changement, mais avec ce qui, tout en changeant, demeure. Et c'est dans cette fidélité à une forme — plutôt que dans la prolifération des différences — que l'on entrevoit un principe d'organisation qui reste encore en grande partie à comprendre.

Le rôle des attracteurs en biologie théorique.

Pour de nombreux biologistes théoriciens, parler de forme sans évoquer une finalité a toujours été un exercice délicat. Le risque de sombrer dans le finalisme — un mot qui suscite encore aujourd'hui le malaise dans de nombreux séminaires universitaires — a souvent conduit à éviter le problème plutôt qu'à le résoudre. Pourtant, à partir des années 1960, un concept emprunté aux mathématiques des systèmes dynamiques a offert une issue élégante : celui d'attracteur.

Un attracteur n'est ni une fin en soi, ni un projet caché. C'est une configuration vers laquelle un système tend spontanément, dans certaines conditions. Ce terme a fait son entrée en biologie principalement grâce à des chercheurs comme Stuart Kauffman qui, dans les années 1990, entre Santa Fe et Princeton, a commencé à parler des « *réseaux de régulation génétique* » comme de systèmes dotés d'états stables. Peu importe le nombre de perturbations locales subies par le système : dans certaines limites, il y revient toujours.

L'attracteur permet d'affirmer quelque chose de fort sans pour autant faire de déclaration métaphysique. Il n'explique pas pourquoi cette forme existe, mais il clarifie comment elle se maintient. En ce sens, c'est un outil conceptuel précieux pour distinguer la variation de l'organisation. La variation est le mouvement dans l'espace des possibilités ; l'organisation est le fait que cet espace ne soit pas plat, mais structuré par des bassins de stabilité.

Un biologiste du développement racontait, lors d'une université d'été aux Houches au début des années 2000, avoir véritablement compris ce point en observant un modèle simple de différenciation cellulaire. En modifiant les paramètres et les conditions initiales, les trajectoires changeaient, mais les résultats finaux étaient étonnamment peu nombreux. « Peu importe d'où l'on part », disait-il, « on finit toujours au même endroit ». Pas de but, pas de dessein : seulement une topologie dynamique qui canalise le possible.

C'est là le point crucial : l'attracteur ne dirige pas, mais limite. Il ne dit pas au système ce qu'il doit devenir, mais ce qu'il est improbable qu'il devienne. Ce faisant, il redonne à la forme un rôle actif sans lui attribuer d'intentions. La forme émerge comme une propriété globale du système, et non comme une récompense décernée par la sélection.

Cette distinction s'avère particulièrement instructive lorsqu'on s'intéresse à la biologie computationnelle. Au cours des dernières décennies, les modèles informatiques ont fait preuve d'une extraordinaire capacité à simuler des changements : mutations, fluctuations, dynamiques de population, adaptations rapides. Les animations sont élégantes, les graphiques convaincants, les trajectoires abondantes. Et pourtant, lorsqu'il s'agit de reproduire la stabilité des formes biologiques, quelque chose échappe souvent.

Un chercheur du MIT, interrogé de manière informelle lors d'une conférence à Berlin en 2017, l'admettait avec une certaine ironie : « Nous sommes très doués pour faire arriver des choses. Beaucoup moins pour les faire perdurer. » Le problème n'est pas technique, mais conceptuel. De nombreux modèles d' t conçus pour explorer l'espace des variations, et non pour rendre compte de la présence d'attracteurs robustes.

En l'absence d'une notion explicite d'attracteur, l'ordinateur traite la forme comme un résultat contingent, toujours réversible, toujours renégociable. Mais dans les organismes réels, il n'en va pas ainsi. Un cœur ne « goûte » pas à une infinité de configurations avant de battre : il converge rapidement vers une dynamique stable. Un embryon n'explore pas toutes les anatomies possibles : il tombe, pour ainsi dire, dans une vallée bien précise du paysage dynamique.

Aujourd'hui, ce paysage est devenu calculable, mais il reste souvent inhabité : les modèles le dessinent, sans vraiment expliquer pourquoi certains bassins sont si profonds et d'autres presque invisibles.

La conséquence est paradoxale : plus nous augmentons la puissance de calcul, plus nous risquons de confondre complexité computationnelle et organisation biologique. L'ordinateur multiplie les scénarios, mais la vie n'en réalise que très peu. Comprendre pourquoi — et comment — cette sélection dynamique précède même la sélection darwinienne est l'un des défis encore ouverts de la biologie des champs.

La fonction vient après : car les organismes ne sont pas des outils bien conçus.

Il existe une habitude mentale, aussi profondément enracinée que rarement remise en question, qui traverse la biologie moderne : l'idée que la fonction précède la forme. Le cœur sert à pomper le sang, l'aile sert à voler, l'œil sert à voir. La forme, dans cette perspective, ne serait guère plus qu'un compromis technique, le résultat d'une longue série d'ajustements sélectionnés parce qu'utiles. C'est une façon de raconter la vie qui fonctionne bien dans les manuels, mais qui commence à montrer ses limites lorsqu'on tente de prendre au sérieux la stabilité et la récurrence des formes biologiques.

Le renversement conceptuel proposé ici n'est pas une fantaisie philosophique, mais une nécessité explicative : ce n'est pas la fonction qui génère la forme, mais la forme qui rend certaines fonctions possibles. Les fonctions changent, se superposent, se réadaptent ; les formes, en revanche, font preuve d'une ténacité surprenante. Elles sont comme des partitions qui admettent de nombreuses interprétations, mais pas une infinité.

Un anatomiste du début du XXe siècle, Adolf Portmann, observait à Bâle que de nombreuses structures animales sont « *plus riches en forme que ne l'exige leur fonction* ». Il pensait aux livrées des poissons abyssaux, invisibles dans l'obscurité, ou aux symétries élaborées d'organismes qu'aucun prédateur n'aurait jamais admirés. Il ne s'agissait pas de gaspillages évolutifs, mais d'indices : la forme ne se justifie pas toujours en termes d'utilité immédiate.

Ce point devient encore plus clair lorsqu'on s'intéresse au développement embryonnaire. Avant qu'un organe ne « serve » à quelque chose, il doit prendre une forme cohérente, reconnaissable, stable. Chez de nombreuses espèces, des structures morphologiquement similaires remplissent des fonctions différentes ; d'autres, aux fonctions analogues, présentent des architectures radicalement différentes. La fonction, en somme, est une interprétation tardive d'une configuration déjà donnée.

Une anecdote racontée dans les années 1970 au Laboratoire d'embryologie d'Utrecht concerne une série d'expériences menées sur des embryons d'amphibiens légèrement déformés. Les cellules, bien que déplacées, « savaient » où aller. Non pas parce qu'elles connaissaient le but final, mais parce que la forme globale de l'organisme servait de contrainte, de cadre organisationnel au sein duquel les comportements cellulaires trouvaient un sens. La fonction émergeait comme une conséquence, et non comme un guide.

Ce renversement de perspective remet en cause un certain récit darwinien simplifié, selon lequel la sélection naturelle sculpterait les formes à partir de fonctions avantageuses. La sélection peut affiner, éliminer, stabiliser ; mais elle agit sur des formes déjà existantes, elle ne les invente pas à partir de rien. Comme le faisait remarquer le paléontologue Stephen Jay Gould lors d'une conférence au Musée d'histoire naturelle de New York en 1984, « *l'évolution est une grande réutilisatrice, pas une conceptrice partant de zéro* ». Une structure née dans un certain contexte formel peut être détournée vers des fonctions totalement nouvelles, sans que son architecture fondamentale soit repensée.

Considérer la forme comme prioritaire signifie également cesser de traiter l'organisme comme un objet technique. Un couteau se définit par sa fonction ; s'il ne coupe pas, c'est un mauvais couteau. Un organisme, non. Un poumon n'est pas un dispositif destiné à l'échange gazeux : c'est une configuration vivante qui rend cet échange possible, ainsi que de nombreux autres effets secondaires, dont certains sont biologiquement insignifiants, d'autres décisifs.

Ce changement de perspective a des conséquences profondes. Il déplace l'attention de la question « à quoi cela sert-il ? » vers celle de « quel type de forme est possible ici ? ». Et il oblige la biologie à se confronter à un fait dérangeant : la vie n'optimise pas les fonctions, elle stabilise les configurations. La fonction est un récit que nous construisons après coup, souvent utile, parfois éclairant, mais rarement fondateur.

Ce n'est pas un hasard si des architectes comme Frei Otto, en étudiant dans les années 1960 les structures légères à Stuttgart, se sont davantage inspirés des formes biologiques que de leurs fonctions. Les réseaux de bulles de savon, les os creux des oiseaux, les textures des feuilles révélaient une logique formelle autonome, capable de générer de l'efficacité sans avoir été conçue dans un but précis. La biologie, ici, n'enseigne pas quoi faire, mais comment les formes émergent.

Dire que la forme précède la fonction ne signifie pas nier l'adaptation, mais la relativiser. Cela signifie reconnaître que la vie n'est pas faite pour être utile, mais pour être cohérente. La fonction est une conséquence locale ; la forme, une décision globale du système.

Une même architecture, mille usages : quand la forme ne dicte pas le destin.

Si la forme précède la fonction, comme le suggère le renversement conceptuel de ce chapitre, il faut alors expliquer un fait qui n'est paradoxal qu'en apparence : des formes biologiques extraordinairement stables peuvent soutenir des fonctions extrêmement variables. C'est là que la biologie cesse de ressembler à un manuel d'ingénierie et commence à raconter une histoire plus subtile, faite de réutilisations, de déviations, d'improvisations contrôlées.

La neurobiologie offre des exemples difficiles à ignorer. Dans les années 1960, au MIT, Paul Bach-y-Rita a observé que des patients aveugles pouvaient « voir » grâce à des stimulations tactiles sur le dos ou la langue. Le cortex visuel, privé d’informations oculaires, ne perdait ni sa forme ni son organisation, mais changeait d’ t de fonction : il traitait des informations provenant d’autres canaux sensoriels. Ce n’était pas la fonction qui définissait la zone cérébrale, mais son architecture interne, capable d’accueillir des contenus différents tout en conservant une cohérence structurelle.

On retrouve un phénomène analogue en physiologie comparée. Le poumon des vertébrés terrestres et la vessie natatoire des poissons osseux partagent une parenté morphologique évidente. Pourtant, une même forme de base se prête à des fonctions radicalement différentes : respiration aérienne, contrôle de l’assiette hydrostatique, production de sons. Comme le faisait remarquer le physiologiste suédois Per Scholander lors d’une expédition arctique dans les années 1950, la forme n’est pas une fatalité fonctionnelle, mais une ressource ouverte.

Le cas du cœur est encore plus instructif. Dans les manuels scolaires, c’est une pompe ; chez les mammifères marins, comme les phoques de Weddell étudiés en Antarctique depuis les années 1970, il devient également un modulateur métabolique sophistiqué, capable de ralentir considérablement son rythme cardiaque lors des plongées profondes sans modifier sa structure fondamentale. La forme cardiaque reste reconnaissable, presque conservatrice ; la fonction, en revanche, s’adapte à des contextes physiologiques extrêmes.

Ces exemples montrent que la stabilité de la forme ne va pas de pair avec la rigidité fonctionnelle. Au contraire, c’est précisément la stabilité qui rend la plasticité possible. Une forme cohérente agit comme un champ de possibilités : elle ne prescrit pas un seul usage, mais en rend plusieurs praticables. Le biologiste français Alain Prochiantz, s’exprimant lors d’un colloque à Paris au début des années 2000, a fait remarquer que le cerveau « n'est pas plastique parce qu'il est indéterminé, mais parce qu'il est profondément structuré ».

La sélection naturelle apparaît ici sous un jour différent. Elle ne sélectionne pas des fonctions isolées, mais des formes capables de supporter des variations fonctionnelles sans s'effondrer. La survie ne récompense pas l'organe le plus spécialisé, mais celui qui est le plus réutilisable. C'est une logique plus proche du langage que de la machine : une grammaire stable permet de former des phrases toujours nouvelles.

Une anecdote racontée par un physiologiste italien concerne un laboratoire de Naples dans les années 1990, où l'on étudiait l s animaux cavernicoles. Certains poissons, dépourvus d'yeux fonctionnels, conservaient néanmoins leurs structures orbitales. Celles-ci ne servaient plus à voir, mais à organiser des circuits sensoriels alternatifs. La forme subsistait comme mémoire de possibilités, et non comme un résidu inutile.

La plasticité fonctionnelle des formes stables suggère, en filigrane, une idée puissante : la vie ne résout pas les problèmes une fois pour toutes, mais construit des structures qui restent ouvertes à l'interprétation. La fonction est une réponse contingente ; la forme, un contexte durable. Et c'est précisément cette asymétrie qui rend les organismes résilients, créatifs, historiques.

Car la nature nous apparaît belle avant même d'être utile.

Il y a un moment, face à un organisme vivant, où l'esprit se tait et où seul le regard subsiste. Cela se produit en observant la spirale d'un coquillage, la symétrie troublante d'une méduse, ou le profil net d'une feuille de ginkgo, restée pratiquement inchangée depuis plus de deux cents millions d'années. À cet instant, nous n'interprétons ni ne déchiffrons de symboles : nous reconnaissons une forme. Et c'est précisément cette reconnaissance immédiate qui remet en cause l'idée selon laquelle la forme serait un simple sous-produit fonctionnel de la sélection naturelle.

La biologie évolutive explique bien pourquoi une structure fonctionne, mais elle en dit moins sur les raisons pour lesquelles une forme semble nécessaire, évidente, presque inévitable. Le naturaliste suisse Adolf Portmann, écrivant dans les années 1950 après de longues observations sur le terrain le long des côtes de l'Adriatique, remarquait que de nombreux animaux présentent des caractères visibles qui ne semblent se réduire ni à la survie ni à la reproduction. Sa question, à l'époque comme aujourd'hui, restait en suspens : à qui se montrent les formes de la vie ?

Cette question n'est pas éloignée de celle que se posent les artistes. Paul Cézanne, travaillant de manière obsessionnelle sur la montagne d t Sainte-Victoire entre 1882 et 1906, disait vouloir « rendre visible la structure ». Non pas le sens, ni l'émotion, mais la forme en tant que tension interne, en tant qu'ordre qui se manifeste. Cézanne ne peignait pas des symboles de la nature : il recherchait sa cohérence formelle, quelque chose qui précède toute interprétation. Il est surprenant de constater à quel point cette recherche fait écho à l'idée biologique de la forme en tant que principe organisateur autonome.

Même la philosophie de la forme, lorsqu'elle est la plus sobre, évite le symbolisme. Maurice Merleau-Ponty, dans ses cours au Collège de France, insistait sur le fait que la perception n'est pas une lecture du monde, mais une participation à sa structure. Nous voyons des formes parce que nous sommes, nous-mêmes, des formes vivantes. La stabilité d'une morphologie biologique ne nous frappe pas parce qu'elle « signifie » quelque chose, mais parce qu'elle entre en résonance avec notre propre mode d'organisation.

La forme, en ce sens, n'est pas un message à déchiffrer, mais un événement perceptif. Elle ne renvoie à rien d'autre : elle est. Et c'est peut-être pour cela que les formes biologiques ont toujours attiré les architectes, les designers et les sculpteurs. Lorsque Frei Otto étudiait les structures légères dans les années 1970 à Stuttgart, il observait des bulles de savon et des réseaux cellulaires non pas pour les copier symboliquement, mais pour comprendre comment la matière, laissée à elle-même, trouve des configurations stables. La forme vivante devient ainsi une leçon de cohérence, et non un répertoire de métaphores.

Dans cette perspective, la priorité de la forme sur la fonction acquiert également une valeur cognitive. Nous reconnaissons la vie parce que nous reconnaissons ses formes, avant même de savoir ce qu'elles font. Un embryon, une cellule, un organisme inconnu : nous les identifions comme vivants par leur manière d'occuper l'espace, par leur organisation interne perceptible. L'esthétique, ici, n'est pas un luxe culturel, mais un mode d'accès primordial au réel.

La sélection naturelle apparaît alors véritablement comme « l'aveugle et l'orchestre » : elle peut affiner, éliminer, adapter, mais elle n'explique pas pourquoi certaines formes résonnent, persistent, s'imposent au regard humain à travers les époques et les cultures. La forme n'est pas un ornement de la vie ; c'est sa manière d'apparaître au monde.

Vitrines de la forme : quand les musées ont appris à la biologie à regarder.

Entrer dans une grande collection naturaliste du XIXe siècle n'était pas seulement une expérience scientifique. C'était, avant tout, un exercice du regard. Les salles du « *Muséum national d'Histoire naturelle* » de Paris, réaménagées après la Révolution, ou celles du « *Kaiserlich-Königliches Naturhistorisches Hofmuseum* » de Vienne, inauguré en 1889, ne se contentaient pas de conserver des spécimens : elles mettaient en scène la forme. Des rangées de squelettes, des séries de coquillages, des oiseaux empaillés dans des poses presque théâtrales composaient une sorte de grande partition visuelle. Et c’est précisément là que le darwinisme, bien que triomphant en tant que théorie de l’adaptation, commençait à montrer une zone d’ombre : la forme, stable, reconnaissable, presque obstinée, semblait précéder la fonction.

Les naturalistes de l’époque le savaient bien, même s’ils ne le disaient souvent pas ouvertement. Georges Cuvier, qui constitua à Paris l’une des collections comparatives les plus influentes d’Europe, était convaincu que chaque organisme formait un tout cohérent, régi par une « corrélation des parties ». Une anecdote célèbre — rapportée par plusieurs de ses élèves — raconte que Cuvier, en observant un seul os, se disait capable de reconstituer l’animal tout entier. Au-delà de l’hyperbole, le message était clair : la forme n’était pas un effet secondaire de l’adaptation, mais un principe d’organisation. Darwin, qui admirait pourtant Cuvier, ne parvint jamais tout à fait à intégrer cette intuition dans le mécanisme de la sélection naturelle.

Les collections du XIXe siècle fonctionnaient comme d’énormes dispositifs cognitifs. Classer, juxtaposer, comparer, c’était éduquer l’œil à saisir des motifs, des récurrences, des « » variations sur un même thème. À Vienne, dans les salles consacrées aux vertébrés, les séries de crânes révélaient une continuité formelle qui traversait différentes espèces. Il n’était pas difficile, pour un visiteur attentif, de percevoir que la variation ne coïncide pas avec l’organisation. On peut changer beaucoup sans perdre une forme ; et on peut perdre une forme sans changer beaucoup. C’est une distinction subtile, mais décisive.

Charles Darwin a visité à plusieurs reprises des musées et des collections au cours de ses voyages en Europe, et dans ses lettres — par exemple à Joseph Dalton Hooker dans les années 1860 — transparaît un certain malaise face à la « tyrannie des formes ». La sélection naturelle expliquait pourquoi une structure était avantageuse, mais pas pourquoi c’était précisément cette structure qui émergeait et non une autre. Les vitrines, muettes mais insistantes, semblaient suggérer que la vie suivait des partitions plus profondes, à l'image d'un orchestre qui joue même sans voir son chef.

En ce sens, les collections étaient autant des écoles d'esthétique que de science. Ernst Haeckel, zoologiste allemand et visiteur infatigable des musées, a transformé cette expérience visuelle en art avec ses « *Kunstformen der* Natur » (1899–1904). Les planches consacrées aux radiolaires ou aux méduses n'étaient pas de simples illustrations : c'étaient des déclarations philosophiques. Pour Haeckel, la forme revêtait une dignité ontologique. Elle n'était pas un épiphénomène, mais l'expression visible d'un ordre interne. Que Haeckel ait souvent déformé les données pour les adapter à ses théories est une autre histoire ; il n'en reste pas moins que son regard s'était formé dans les salles des musées.

À Paris, Étienne Geoffroy Saint-Hilaire — rival historique de Cuvier — défendait l'idée d'un « plan d'organisation » commun aux animaux. Lors du célèbre débat de 1830 *à l'Académie des sciences*, la question n'était pas seulement évolutive, mais formelle : existe-t-il une structure qui précède les fonctions ? Les collections, avec leurs séries ordonnées, semblaient donner raison à Geoffroy au moins autant qu'à Cuvier. En se promenant parmi les vitrines, le visiteur ne voyait pas des adaptations isolées, mais des familles d' s de formes, des variations sur un thème morphologique qui résistait au temps et à l'environnement.

Ce n'est pas un hasard si de nombreux biologistes du XIXe siècle étaient également d'excellents dessinateurs. Avant l'avènement de la photographie scientifique, la main et l'œil travaillaient de concert. À Vienne, Carl Gegenbaur enseignait l'anatomie comparée en faisant dessiner de manière obsessionnelle les mêmes structures chez différentes espèces. Cet exercice ne servait pas seulement à mémoriser, mais à « ressentir » la forme. L'un de ses élèves, dans un journal aujourd'hui conservé aux archives, raconte sa frustration initiale puis sa surprise : « *À un certain moment* — écrit-il —, *je ne voyais plus d'os, mais des relations* ».

Cette éducation du regard avait des conséquences théoriques. Si la forme est prioritaire, alors la fonction devient une modulation locale, et non le principe génératif. La sélection naturelle agit, certes, mais comme un filtre, et non comme un architecte. Les collections du XIXe siècle, sans le proclamer, laissaient transparaître cette idée. Elles montraient que la vie ne procède pas par ajouts aléatoires, mais par la stabilisation de configurations. En termes contemporains, on pourrait dire : des structures informatives qui restent cohérentes dans le flux du changement.

Aujourd'hui, alors que nous sommes habitués à penser en termes de gènes, les collections du XIXe siècle continuent de nous parler. Non pas comme des reliques d'un savoir dépassé, mais comme des archives d'une question encore ouverte : d'où vient la forme ? Le darwinisme répond au « pourquoi » de l'adaptation ; les vitrines des musées, en silence, nous rappellent que la forme est un problème autonome, un événement d'ordre avant d'être d'utilité.

La photographie scientifique et la redécouverte de la forme vivante.

Il y a eu un moment, au XXe siècle, où la biologie a cessé de dessiner pour se mettre à photographier. Ce n'était pas un simple changement de technique, mais un véritable changement de regard. La photographie scientifique — de la microscopie optique à celle électronique, jusqu'à l'imagerie cellulaire avancée — a radicalement transformé la manière dont nous percevons la forme vivante. Sans recourir à des symboles, à des métaphores ou à des schémas interprétatifs imposés de l'extérieur, les images ont commencé à montrer la vie telle qu'elle se déroule, révélant des structures qui ne se laissent réduire ni à la fonction ni au gène.

Au début du siècle, dans les laboratoires de Berlin et d'Iéna, les premières microphotographies cellulaires ont produit un effet presque troublant. Les cellules n'apparaissaient pas comme des poches informes de réactions chimiques, mais comme des espaces organisés, traversés par des tensions, des frontières, des symétries. Walther Flemming, qui avait déjà décrit la mitose à la fin du XIXe siècle, s'est rendu compte — en observant des préparations de plus en plus nettes — que la division cellulaire n'était pas un événement aléatoire guidé par des molécules isolées, mais une séquence hautement orchestrée de transformations de la forme. La photographie rendait évident ce que la théorie peinait encore à exprimer : la variation n'est pas l'organisation.

Avec l'avènement de la microscopie électronique dans les années 1930 et 1940, notamment dans les laboratoires de Toronto et de Cambridge, la cellule perdit définitivement son aspect de « boîte noire ». Les images des mitochondries, du réticulum endoplasmique et des membranes stratifiées montrèrent que la fonction découle d'une disposition spatiale précise et stable. Albert Claude, lauréat du prix Nobel en 1974, a raconté dans une interview avoir éprouvé une sorte de vertige la première fois qu'il a vu l'intérieur d'une cellule au microscope électronique : « *Je ne cherchais pas des machines* — a-t-il dit — *mais des architectures* ». Une phrase simple, mais révélatrice.

C'est là que le darwinisme, compris au sens strictement adaptatif, se heurte à une limite conceptuelle. La sélection naturelle peut expliquer pourquoi une structure est conservée, mais la photographie scientifique montre à quel point cette structure est déjà cohérente avant tout avantage fonctionnel mesurable. Les images ne «prouvent» pas une théorie, mais éduquent la perception : la forme apparaît comme une donnée primaire, et non comme un sous-produit. L'aveugle — pour reprendre la métaphore du chapitre « » — peut encore parler de sélection ; mais l'orchestre, enfin visible, révèle une partition.

Dans les années 1950 et 1960, la photographie en accéléré, introduite par Jean Comandon en France puis perfectionnée dans les laboratoires américains, a permis d'observer des cellules vivantes au fil du temps. Non plus des instantanés immobiles, mais des processus continus : migrations cellulaires, auto-organisation des tissus, cycles de développement embryonnaire. En regardant ces séquences, de nombreux biologistes ont pris conscience que le changement ne détruit pas la forme, mais la préserve à travers des transformations contrôlées. La structure n'est pas rigide, mais persistante. Un concept difficile à saisir avec le langage génétique, mais immédiatement évident à l'œil nu.

Dans les années 1980 et 1990, grâce à la fluorescence et à l'« *imagerie* confocale », la forme a cessé d'être simplement visible pour devenir lisible en tant qu'information spatiale. Les protéines marquées n'apparaissaient pas réparties au hasard, mais suivaient des motifs récurrents, des champs de concentration, des gradients stables.

Ces images ont également eu un impact culturel plus large. Des artistes comme Hiroshi Sugimoto ou, dans le domaine scientifique, Lennart Nilsson — célèbre pour ses photographies d'embryons publiées dans Life en 1965 — ont montré au grand public que la vie n'est pas une succession de fragments, mais un continuum de formes qui se stabilisent au fil du temps. Nilsson, bien qu'il travaillât dans des contextes de vulgarisation, insistait sur le fait que ses images n'étaient pas des « interprétations », mais des révélations techniques. La forme parlait d'elle-même.

La photographie scientifique du XXe siècle n'a donc pas simplement ajouté des détails au tableau biologique : elle a remis en cause le gène-centrisme en montrant que l'ADN, bien que fondamental, ne suffit pas à expliquer l'ordre visible de la vie. Les images suggèrent que l'information biologique n'est pas seulement écrite, mais répartie dans l'espace et dans le temps. La forme, loin d'être un simple ornement, apparaît comme le véritable lieu où l'information se stabilise.

En ce sens, la photographie a rendu à la biologie quelque chose qu'elle risquait de perdre : le contact direct avec le phénomène e . Sans symboles, sans allégories, sans réductions prématurées. Seulement de la lumière, de la matière et de l'organisation. Et c'est peut-être précisément à partir de là qu'une réflexion plus large sur la vie en tant que champ peut reprendre : non pas comme une somme d'éléments, mais comme un événement cohérent qui se laisse voir avant même d'être expliqué.

L'esthétique naturelle comme alphabétisation de la vie.

Il y a un moment, dans l'étude de la vie, où l'explication arrive trop tôt. Avant même de se demander à quoi sert une forme, il faudrait apprendre à la voir. C'est une étape souvent négligée dans la formation scientifique moderne, mais décisive pour comprendre ce que la sélection naturelle, à elle seule, ne parvient pas à expliquer : l'apparition, la cohérence et la stabilité des formes biologiques. L'esthétique naturelle, en ce sens, n'est pas un ornement culturel, mais une véritable éducation perceptive.

Dans son « *Voyage en* Italie », Goethe raconte comment l'étude directe des plantes méditerranéennes, à Palerme en 1787, lui avait appris davantage sur la forme vivante que ce qu'il avait appris dans les livres. Il ne recherchait pas des fonctions ou des avantages adaptatifs, mais des relations : des variations d'une même structure, des métamorphoses reconnaissables, un ordre qui se manifeste à travers les différences. Sa « Morphologie » naît précisément de cette discipline du regard, d'une attention patiente portée à la forme en tant que phénomène primaire.

Ce type d'éducation visuelle n'est pas immédiat. Alexander von Humboldt, dans ses notes sur l'Amérique du Sud prises entre 1799 et 1804, observait que le naturaliste inexpérimenté ne voit qu'« un fouillis de vert », tandis que celui qui a exercé son œil distingue des rythmes, des symétries, des récurrences. Ce n'est pas encore une science expérimentale, mais ce n'est pas non plus une impression subjective : c'est un apprentissage de la forme en tant que réalité objective, partageable, reconnaissable.

C'est là qu'intervient le problème darwinien de la forme. La sélection naturelle explique pourquoi une structure est conservée ou écartée, mais elle n'apprend pas à la reconnaître. Sans une perception éduquée des configurations vivantes, la biologie risque de se réduire à une liste de fonctions et d'avantages, en perdant de vue ce qui est sélectionné : une forme déjà organisée. C'est comme vouloir expliquer le succès d'un bâtiment en ne parlant que des matériaux, sans jamais tenir compte de l'architecture.

Au XIXe siècle, avant que la biologie ne devienne essentiellement expérimentale, l'observation esthétique faisait partie intégrante de la méthode. John Ruskin, dont on se souvient aujourd'hui surtout comme critique d'art, donnait des cours de dessin botanique à Oxford dans les années 1870. Non pas pour former des artistes, mais pour enseigner à voir. Il affirmait que dessiner une feuille obligeait à en saisir la structure, et non son utilité. Une idée partagée, à cette même époque, par certains anatomistes comparatifs qui voyaient dans le dessin un moyen de connaissance, et non d'embellissement.

Ce regard formé à la forme est ce qui fait défaut lorsque l'on réduit la vie à de l'information génétique ou à une fonction adaptative. La forme n'est pas un sous-produit, mais un principe organisationnel qui demande à être reconnu avant d'être expliqué. La biologie des champs insiste sur ce point : l'organisme est une structure informative stabilisée, et la stabilité se manifeste avant tout comme une configuration perceptible.

Une anecdote racontée par un ancien professeur de zoologie de l'université de Padoue illustre bien cette idée. Lors d'un examen, il montrait à ses étudiants une série d'organismes marins sans leur demander leurs noms ni leurs fonctions. La question était toujours la même : « Qu'est-ce que vous voyez qui revient ? ». Ceux qui répondaient en parlant de symétries, de proportions, de continuités formelles réussissaient l'examen. Ceux qui ne parlaient que d'adaptations échouaient. « *D'abord la forme, ensuite l'explication* », disait-il.

Dans cette perspective, l'esthétique naturelle n'est pas un luxe humaniste, mais une compétence cognitive. C'est la capacité à saisir l'ordre avant le sens, la structure avant l' u la fonction. Tout comme dans l'apprentissage d'une langue : on reconnaît d'abord les sons et les intonations, ce n'est qu'ensuite que l'on comprend le sens des mots. La vie, en tant que langage de la nature, exige le même type d'attention.

La stabilité du vivant : pourquoi la forme exige une théorie plus profonde.

Il y a un moment, dans le raisonnement biologique, où la forme cesse d'être un problème descriptif pour devenir une question théorique. Tant que nous nous contentons de dire qu'une structure « fonctionne », nous restons dans le domaine rassurant de l'adaptation. Mais lorsque nous nous demandons pourquoi cette structure tient, pourquoi elle persiste dans le temps malgré le renouvellement moléculaire continu, alors le darwinisme montre sa limite la plus subtile. Non pas parce qu'il est faux, mais parce qu'il ne suffit pas.

La priorité accordée à la forme, au cœur de ce chapitre, ouvre naturellement la voie aux chapitres suivants. Si la forme n'est réductible ni au gène ni à la fonction, alors il doit exister un principe qui la maintienne, la rende reconnaissable, la protège de la dissolution dans le flux des variations. Ce principe, qui prendra dans les chapitres suivants le nom de cohérence, apparaît ici encore comme une intuition nécessaire.

Un exemple classique, souvent cité dans les cours d'embryologie du début du XXe siècle, est celui des expériences de Hans Spemann à Fribourg, qui ont abouti en 1924 à la découverte de l'« organisateur ». En transplantant une petite région embryonnaire dans un autre embryon de triton, Spemann a observé la formation d'un axe corporel complet. Non pas une simple somme de cellules, mais un organisme cohérent. La forme apparaissait comme un tout ordonné, capable de se réorganiser. La sélection naturelle peut expliquer pourquoi un organisme ainsi organisé réussit ; elle n'explique pas pourquoi l'organisation apparaît et se maintient avec une telle robustesse.

C'est là que le problème de la forme devient un pont conceptuel. La stabilité des structures biologiques n'est pas statique, mais dynamique. Les cellules changent, les molécules se renouvellent, et pourtant l'organisme reste lui-même. La forme, alors, n'est pas un dessin figé, mais une configuration qui persiste parce que ses parties s'assemblent selon des règles internes. C'est cette même intuition qui a conduit le physiologiste Walter Cannon, à Harvard dans les années 1930, à introduire le concept d'homéostasie : non pas comme une immobilité, mais comme la capacité à maintenir une configuration globale. Une fois encore, la fonction explique comment on réagit à une perturbation ; la forme suggère qu'il existe un niveau supérieur d'intégration.

L'aveugle et l'orchestre s'avèrent également utiles ici. La sélection naturelle tient compte du résultat final — la survie — mais ne « voit » pas la partition qui lie les musiciens entre eux. Reconnaître la priorité de la forme, c'est admettre qu'avant l'adaptation, il existe une cohérence qui rend possible toute adaptation. Ce n'est pas une entité mystérieuse, mais une propriété émergente de l'organisation vivante.

Ainsi, le chapitre sur la forme ne se referme pas sur lui-même. Au contraire, il prépare le terrain. Si la vie fait preuve d'une fidélité surprenante à elle-même dans le changement, alors nous devons déplacer notre regard : des causes locales aux propriétés globales, des mécanismes isolés aux relations qui les coordonnent. C'est ce passage qui conduit naturellement à l'idée de cohérence en tant que propriété fondamentale du vivant, thème central de la partie suivante de l'ouvrage. La forme, en définitive, est le premier indice visible d'une cohérence invisible mais à l'œuvre. La comprendre ne signifie pas encore l'expliquer jusqu'au bout, mais reconnaître que la vie n'est pas seulement ce qui réagit, mais ce qui reste uni.

DEUXIÈME PARTIE. Le fil invisible du vivant.

D'après la pensée d'Erwin Schrödinger.
La vie ne se définit pas par ce dont elle est faite, mais par sa capacité à maintenir un ordre improbable dans le temps.

D'après la pensée de Ludwig von Bertalanffy.
Un organisme n'est pas la somme de ses parties, mais un système dont les propriétés émergent de l'ensemble des relations.

D'après la pensée d'Ilya Prigogine.
L'ordre vivant n'est pas statique : il n'existe qu'en tant que processus qui se renouvelle continuellement loin de l'équilibre.

D'après la pensée de Francisco Varela.
Comprendre la vie, c'est comprendre comment un système produit et maintient sa propre unité.

Après avoir remis en cause le paradigme biologique classique, cette deuxième partie de l'ouvrage franchit une étape décisive : elle déplace la question fondamentale de la composition vers la pérennité. Si, dans la première partie, il est clairement apparu que la vie ne peut s'expliquer ni comme une simple chaîne de réactions, ni comme le résultat aveugle de la sélection, ici, le problème devient plus radical et, en même temps, plus concret : qu'est-ce qui permet à un organisme de rester lui-même dans un changement continu ?

La réponse proposée n'est ni un nouveau mécanisme, ni une force supplémentaire à ajouter à celles déjà connues. Il s'agit d'un changement de perspective. La cohérence est présentée comme la propriété fondamentale du vivant : non pas un détail technique emprunté à la physique, mais le principe qui rend possible l'unité dynamique des organismes. Vivre, dans cette perspective, signifie conserver une forme globale reconnaissable alors que tout, au niveau des parties, s'écoule et se transforme.

Le troisième chapitre clarifie le sens rigoureux de cette affirmation. La cohérence n'est ni une métaphore évocatrice, ni un concept vague : elle désigne une condition physique précise, déjà connue dans d'autres domaines scientifiques, qui revêt une importance décisive en biologie. La vie apparaît ainsi comme un processus actif de résistance à la fragmentation, une négociation permanente avec la tendance naturelle à la dispersion. Il n'y a rien de mystérieux dans cette émergence : il s'agit plutôt d'un niveau d'organisation qui nécessite des outils conceptuels adaptés pour être décrit.

Le quatrième chapitre étend cette intuition à ses conséquences les plus profondes. Si la cohérence est une propriété globale, alors l'organisme ne peut être conçu comme une machine assemblée pièce par pièce. La causalité biologique n'est ni linéaire ni localisée : les parties ne « décident » pas seules, mais se comportent en fonction de l'état global du système. Le tout, en d'autres termes, n'est pas le résultat final du fonctionnement des parties ; il en est la condition.

Cette partie de l'ouvrage occupe donc une place centrale dans le raisonnement global. Elle comble le vide laissé par l' t critique du réductionnisme et prépare le terrain pour l'introduction des champs biologiques, qui seront abordés dans la partie suivante. Sans le concept de cohérence, l'idée de champ resterait abstraite ; sans la primauté de l'organisme, l'information resterait désincarnée.

C'est là que la biologie commence à parler un langage différent : non plus celui de l'accumulation de causes locales, mais celui des relations qui maintiennent le vivant. Il s'agit d'un passage théorique, mais aussi culturel. Car reconnaître la cohérence comme le véritable nom de la vie, c'est accepter que l'unité n'est pas une illusion à démanteler, mais un phénomène réel à comprendre.

III. La cohérence : le véritable nom de la vie.

Il existe un point, souvent négligé, où la biologie cesse d'être un catalogue de molécules pour devenir une réflexion sur la forme, le sens et la pérennité du vivant dans le temps. C'est là qu'intervient la cohérence. Non pas comme un mot évocateur ou une métaphore poétique, mais comme un principe opérationnel, mesurable, capable de traverser la physique et d'aboutir à la biologie sans perdre de sa rigueur.

Ce chapitre naît d'un constat à la fois simple et déstabilisant : la vie ne s'explique pas comme une simple somme de processus locaux, car ce qui la définit, c'est sa capacité à maintenir une unité dynamique dans des conditions qui, pour tout système inerte, conduiraient rapidement à la désagrégation. Vivre, c'est être ensemble, rester en harmonie, continuer à « ne faire qu'un » alors que tout pousse à la dispersion.

En physique, la cohérence désigne un état bien précis : la corrélation stable entre les parties d'un système, telle que le comportement de l'ensemble ne se réduit pas au comportement des composantes isolées. Ce n'est pas une idée vague. C'est le cœur de phénomènes expérimentaux très solides, de la superposition quantique à la cohérence de phase, et cela représente l'une des avancées conceptuelles les plus profondes de la science du XXe siècle. Lorsque ce concept est transposé en biologie, ce n'est pas en tant qu'élément étranger, mais comme une clé d'interprétation étonnamment pertinente.

La thèse qui traverse ce chapitre est claire : la vie est un processus de maintien actif de la cohérence. Un organisme vit tant qu'il parvient à préserver une corrélation fonctionnelle entre ses parties, entre ses niveaux, entre ce qui se passe localement et l'ordre global qui en émerge. En ce sens, vivre, c'est résister à la décohérence, c'est-à-dire à la perte de lien, à la fragmentation de l'information, à la rupture de l'unité dynamique.

Cette idée n'introduit aucun mystère supplémentaire dans la science. Au contraire, elle redonne du sens à des phénomènes que le réductionnisme peine à expliquer : la stabilité des formes biologiques, la rapidité des réponses intégrées, la robustesse surprenante des organismes face à des perturbations continues. La cohérence n'est pas une entité cachée, mais une propriété émergente réelle, observable dans ses effets et descriptible à l'aide d'outils théoriques bien établis.

Ce n'est pas un hasard si certains des plus grands penseurs de la science ont indiqué, avec des mots différents, cette même direction. Erwin Schrödinger, dans son célèbre essai « *What Is Life ?* », écrivait que « *l'organisme vivant se nourrit d'ordre* », anticipant l'idée que la vie ne se limite pas à dissiper de l'énergie, mais l'utilise pour maintenir une structure cohérente dans le temps. Des années plus tard, Ilya Prigogine allait préciser que « *la vie n'est possible qu'à l'écart de l'équilibre* », indiquant précisément dans cette distance maintenue – et régie – la condition de la cohérence dynamique. Et David Bohm, réfléchissant à la relation entre la physique et la totalité, observait que « *dans un univers fondé sur la fragmentation, aucune signification durable ne peut émerger* », une phrase qui, lue sous l'angle biologique, sonne comme une déclaration programmatique.

Dans la structure générale de l'ouvrage, ce chapitre joue un rôle crucial. Il constitue le pont conceptuel entre la crise du paradigme biologique classique, analysée dans la première partie, et l'introduction des champs biologiques en tant que structures informationnelles stabilisées, qui sera développée dans les chapitres suivants. Sans une compréhension claire de la cohérence, le concept de champ resterait une simple suggestion ; grâce à elle, il devient une nécessité théorique.

Il est précisé ici que parler de cohérence ne signifie pas nier la biochimie ou la génétique, mais les replacer dans un cadre plus large, où les molécules comptent parce qu'elles sont coordonnées, et non simplement présentes. La cohérence est ce qui permet au tout de précéder les parties, non pas dans un sens chronologique, mais logique et fonctionnel. Il y a d'abord l'unité dynamique de l'organisme, puis le détail de ses mécanismes.

En ce sens, ce chapitre prépare le lecteur à un changement de perspective : passer de la vie considérée comme une machine à la vie considérée comme un processus intégré de sens physique. Il ne s'agit pas d'abandonner la science, mais de la suivre jusqu'à ses conséquences les plus radicales.

Le temps qui vit : comment la cohérence crée l'horloge interne des organismes.

L'un des aspects les plus fascinants de la cohérence biologique apparaît lorsqu'on l'observe sous l'angle du temps. En effet, la vie n'habite pas simplement le temps physique mesuré par les horloges, mais produit sa propre temporalité interne, qualitativement différente de la succession uniforme d'instants qui régit les systèmes inanimés. Un organisme cohérent ne « subit » pas le temps : il le structure, le module, le rend fonctionnel à sa propre organisation.

En physique classique, le temps est une variable externe, identique pour tous les processus. En biologie, en revanche, le temps devient une propriété émergente du système vivant. Chaque organisme maintient une pluralité de rythmes coordonnés – métaboliques, cellulaires, physiologiques – qui ne coïncident pas nécessairement avec le temps environnemental, mais qui doivent rester mutuellement cohérents pour garantir la stabilité de l'ensemble. Lorsque cette cohérence temporelle se rompt, l'organisme ne « vieillit » pas simplement : il perd son intégration.

Ce n'est pas un hasard si Jakob von Uexküll, dès les premières décennies du XXe siècle, parlait déjà du temps propre aux organismes, en observant comment chaque forme de vie établit une relation spécifique avec la durée, l'attente et la simultanéité. Plus tard, le biologiste théoricien Francisco Varela précisera que « *le temps biologique n'est pas un cadre, mais un résultat de l'organisation vivante* », une formulation qui s'inscrit parfaitement dans le discours sur la cohérence. Un système vivant existe tant qu'il parvient à maintenir la synchronisation de ses processus internes, créant ainsi une continuité opérationnelle qui ne se limite pas à la simple persistance matérielle.

La chronobiologie en offre un exemple éloquent : les rythmes circadiens ne sont pas de simples réponses passives à la lumière solaire, mais des oscillations endogènes, maintenues même en l'absence de stimuli externes. Cela signifie que l'organisme possède un temps interne qui doit rester en phase avec le temps de l'environnement, sans pour autant lui être identique. La cohérence se manifeste ici comme la capacité à maintenir ensemble le passé biologique (mémoire des conditions antérieures), le présent opérationnel et l'anticipation de l'avenir immédiat. Vivre, de ce point de vue, est un acte continu de synchronisation.

Henri Bergson, bien qu'évoluant dans un domaine philosophique, avait saisi avec une grande lucidité cette différence lorsqu'il distinguait le temps spatialisé de la science de *la « durée »* vécue. Aujourd'hui, cette intuition trouve un écho scientifique : la durée biologique ne se mesure pas uniquement en unités quantitatives, car elle est qualitativement structurée par la cohérence du système. Un organisme sain n'est pas celui qui « dure le plus longtemps », mais celui qui maintient une continuité interne de sens entre ses processus.

Dans cette perspective, la cohérence ne garantit pas seulement l'ordre spatial de l'organisme, mais aussi sa pérennité temporelle. La vie se poursuit tant que le système parvient à se renouveler tout en restant lui-même, c'est-à-dire tant que le flux du changement ne rompt pas le fil qui relie ses transformations. Le temps biologique n'est pas une ligne droite : c'est un tissu de rythmes entrelacés, continuellement reconstruits.

L'ordre imparfait : pourquoi la vie a besoin de bruit.

Il existe un malentendu persistant lorsqu'on parle de cohérence biologique : l'idée qu'elle coïncide avec un ordre rigide, silencieux, dépourvu de perturbations. Rien n'est plus éloigné de la réalité du vivant. Les organismes n'éliminent pas le bruit, ils l'habitent. La vie n'est pas un cristal parfait, mais un système qui reste cohérent tout en étant traversé par des fluctuations continues, des incertitudes microscopiques, des variations spontanées. C'est précisément cette capacité à intégrer le désordre dans des limites fonctionnelles qui distingue la cohérence vitale de tout ordre mécanique.

En physique et en ingénierie, le bruit est traditionnellement considéré comme un problème : quelque chose à filtrer, à atténuer, à supprimer. En biologie, en revanche, le bruit est inévitable et, dans de nombreux cas, nécessaire. Au niveau moléculaire, l'expression génique est intrinsèquement bruyante

: des cellules identiques, dotées du même patrimoine génétique et évoluant dans le même environnement, produisent des quantités différentes de protéines. Pendant des décennies, ce phénomène a été considéré comme un défaut du système. Aujourd'hui, nous savons que cette variabilité est une ressource : elle permet la flexibilité, l'adaptation et l'exploration d'états possibles sans que l'organisme ne perde son identité globale.

Un épisode souvent raconté dans les laboratoires de biologie des systèmes concerne les expériences menées à Stanford au début des années 2000, lorsque l'on a commencé à mesurer en temps réel la variabilité de l'expression génique dans des cellules individuelles. Les chercheurs ont été surpris non pas tant par l'existence du bruit que par le fait qu'il ne dégénérait jamais en chaos. Les fluctuations étaient réelles, mais restaient confinées dans des limites précises, comme si le système savait jusqu'où il pouvait se permettre d'osciller. La cohérence, ici, n'est pas l'absence de bruit, mais la maîtrise du bruit.

Ce principe trouve un parallèle élégant dans la théorie de la résonance stochastique, développée dans les années 1980 par Roberto Benzi et ses collègues dans le cadre de leurs études sur les systèmes physiques et climatiques. Dans certains contextes, une quantité modérée de bruit ne perturbe pas le signal : elle l'amplifie. En biologie, il se passe quelque chose d'analogue. Les fluctuations permettent au système vivant de répondre à des stimuli faibles, d'éviter de se retrouver piégé dans des états trop rigides, de rester sensible sans perdre sa stabilité. La cohérence vitale est, en ce sens, une cohérence élastique.

Hermann Haken, physicien allemand et fondateur de la synergetique, aimait dire que « *l'ordre naît du désordre, mais tout désordre ne génère pas de l'ordre* ». Les organismes semblent avoir résolu précisément ce problème : ils sélectionnent, absorbent et redistribuent les fluctuations de manière à soutenir la forme globale. Ils ne combattent pas l'instabilité ; ils l'utilisent comme carburant informationnel. Un organisme totalement dépourvu de bruit serait incapable de s'adapter, d'apprendre, voire de se développer.

Le développement embryonnaire en offre un exemple frappant. Au cours des premières phases, les cellules présentent des comportements très variables, et pourtant le résultat final est étonnamment robuste : des organes correctement formés, des proportions fiables, des architectures cohérentes. Comme le faisait remarquer le biologiste Lewis Wolpert dans ses études sur la morphogenèse, la précision finale résulte de processus locaux imprécis, coordonnés par des contraintes globales. Une fois encore, la cohérence n'élimine pas l'erreur : elle la canalise.

Cette capacité à intégrer le bruit distingue profondément les systèmes vivants des machines. Une machine ne fonctionne bien que tant que les perturbations sont minimes. Un organisme , en revanche, fonctionne précisément parce qu'il est continuellement perturbé. La cohérence biologique n'est pas fragile ; elle est résiliente. Elle ne correspond pas à un contrôle total, mais à une régulation distribuée qui tolère l'incertitude sans perdre le cap.

Sous cet angle, la vie apparaît comme une forme singulière d'ordre dynamique : un ordre qui respire, oscille, commet de légères erreurs, mais ne se désagrège pas. Le bruit n'est pas l'ennemi de la cohérence ; il en est le banc d'essai permanent. Et tant que l'organisme parvient à transformer les fluctuations en variations significatives sans perdre son unité, la vie continue.

Qui gouverne qui ? La différence décisive entre l'automatisation et l'organisation vivante.

Lorsqu'on parle de cohérence biologique, le risque de sombrer dans un malentendu mécaniste est toujours présent. L'idée qu'un organisme « se régule » est souvent traduite, presque automatiquement, dans le langage du contrôle : capteurs, commandes, réponses. Mais la régulation vivante n'est ni un contrôle venant d'en haut, ni un programme qui donne des ordres à des composants passifs. C'est un processus distribué, sans centre de commande, dans lequel la cohérence émerge de l'interaction continue des parties.

La comparaison avec les machines est instructive précisément en raison de ce qui ne colle pas. Un thermostat maintient la température d'une pièce en corrigeant un écart par rapport à une valeur prédéfinie. Cela fonctionne bien, mais uniquement dans des conditions limitées et prévisibles. Un organisme, en revanche, n'a pas de point de consigne fixe : il redéfinit en permanence ce qui constitue l'équilibre, en fonction de son histoire, de son état interne et de son contexte. Comme l'observait Walter Bradford Cannon, qui a introduit le concept d'homéostasie à Harvard dans les années 1930, la stabilité biologique n'est pas l'immobilité, mais « une stabilité à travers le changement ».

C'est là que réside la différence cruciale : le contrôle mécanique réduit la variabilité, tandis que la cohérence vivante l'organise. Dans un système d' t automatique, l'erreur est quelque chose à éliminer ; dans un organisme, l'écart est une source d'information. C'est ce qui permet d'apprendre, de compenser, de réorienter l'action. Un cœur n'« obéit » pas à une commande centrale qui lui ordonne d'accélérer : il répond à un réseau de signaux chimiques, mécaniques et nerveux qui n'ont pas de chef d'orchestre, mais restent cohérents entre eux.

Dans les années 1950, le médecin et mathématicien britannique W. Ross Ashby a formulé la « *loi de la variété nécessaire* » : seul un système présentant une variété interne suffisante peut réguler efficacement un environnement complexe. Appliquée à la biologie, cette idée explique pourquoi la vie ne peut être réduite à un algorithme de contrôle. Un organisme est régulateur parce qu'il est riche en possibilités, et non parce qu'il est rigoureusement programmé. Sa cohérence ne découle pas de l'imposition de règles, mais de sa capacité à concilier de multiples degrés de liberté.

Une anecdote racontée par un physiologiste italien qui travaillait à Pavie dans les années 1970 illustre bien cette différence. Au cours d'une démonstration pédagogique, il montra à ses étudiants un dispositif automatique qui maintenait constante la concentration d'une solution. Il compara ensuite cette expérience à une culture cellulaire soumise à des variations environnementales imprévues. Le dispositif tomba en panne dès que les conditions changèrent trop ; les cellules, non. Il commenta : « *La machine corrige, la cellule se réorganise* ». C'est une distinction subtile, mais décisive.

Norbert Wiener, père de la cybernétique, était lui aussi conscient de cette limite. Bien qu'il ait fourni des outils fondamentaux pour comprendre la régulation, il avertissait que les systèmes vivants ne pouvaient pas être assimilés sans réserve à des machines automatiques. La cohérence biologique n'est pas un contrôle qui bloque, mais une dynamique qui maintient le système ouvert, capable de répondre à l'imprévu sans perdre son identité.

Clarifier cette distinction est essentiel pour comprendre la biologie des champs. Si l'on confond cohérence et contrôle, le champ biologique devient un logiciel occulte qui dirige la matière. Si, au contraire, on reconnaît que la cohérence est une propriété émergente de la relation entre les parties, alors le champ apparaît par pour ce qu'il est : une structure informationnelle stabilisée, et non un mécanisme de commande. La vie n'est pas télécommandée. Elle se maintient par elle-même.

Que signifie réellement « cohérence » ?

Dans le langage courant, le mot « cohérence » évoque quelque chose de moral ou de narratif : être cohérent signifie ne pas se contredire, rester sur la même ligne. Mais en physique, ce terme a une signification bien plus précise, technique et étonnamment concrète. Ce n'est ni une figure de style, ni une fantaisie linguistique importée pour donner une aura de profondeur à la biologie. La cohérence est une propriété mesurable des systèmes physiques, avec des effets observables et des applications quotidiennes, des lasers dans les hôpitaux aux puces quantiques dans les laboratoires.

Pour comprendre de quoi il s'agit, il faut remonter dans le temps, à l'époque où la physique du XXe siècle a commencé à ébranler l'idée classique d'un monde composé d'objets séparés n'interagissant que localement. En 1927, lors du cinquième Congrès Solvay à Bruxelles, alors qu'Einstein, Bohr et Schrödinger discutaient avec animation du sens de la mécanique quantique, un concept destiné à devenir central a émergé : les particules ne sont pas seulement des « choses », mais aussi des ondes, et les ondes peuvent être cohérentes ou incohérentes.

En termes rigoureux, la cohérence décrit le degré de corrélation de phase entre différentes parties d'un système ondulatoire. Deux ondes sont cohérentes lorsqu'elles oscillent de manière coordonnée, en conservant une relation stable dans le temps. Si cette relation se perd, on parle de décohérence. Ce n'est pas un détail anodin : sans cohérence, le laser n'existerait pas. Le faisceau laser, si différent de la lumière d'une ampoule, est une lumière dans laquelle des milliards de photons oscillent

« à l'unisson ». C'est un exemple presque didactique d' t d'ordre collectif : non plus des émissions aléatoires, mais un comportement synchronisé.

Charles Townes, l'un des pères du laser, racontait que l'idée lui était venue en 1951, assis sur un banc à Washington à six heures du matin, alors qu'il cherchait un moyen de « contraindre » les atomes à émettre de la lumière de manière coordonnée. Il ne cherchait pas une métaphore : il poursuivait une condition physique précise. Lorsque la cohérence émerge, le système accomplit quelque chose de qualitativement nouveau.

C'est là le point crucial : la cohérence ne concerne pas les éléments pris individuellement, mais la manière dont ils s'articulent entre eux. C'est une propriété du système dans son ensemble. En physique de la matière, ce même principe explique la supraconductivité : en dessous d'une certaine température, les électrons d'un métal cessent de se comporter comme des entités indépendantes et forment un état cohérent collectif. Le résultat ? Un courant électrique qui circule sans résistance. Un phénomène si contre-intuitif que, lorsque Heike Kamerlingh Onnes l'a observé pour la première fois en 1911 à Leyde, il a lui-même eu du mal à y croire.

Pendant longtemps, la cohérence est restée confinée à ces domaines « exotiques » : l'optique, la physique quantique, les états de la matière à basse température. Mais au début du XXIe siècle, quelque chose a changé. En 2007, un groupe de chercheurs dirigé par Graham Fleming à l'université de Berkeley a publié dans *Nature* un résultat inattendu : dans certains complexes photosynthétiques, à température biologique, l'énergie semble se transférer en exploitant des états cohérents. Ce n'était pas une preuve définitive de l'existence de *la « biologie quantique »*, mais cela suffisait à amener beaucoup de gens à revoir un préjugé : la cohérence n'est pas aussi fragile qu'on le pensait, ni confinée aux laboratoires cryogéniques.

Il est important ici d'être clair. Parler de cohérence en biologie ne signifie pas que les cellules « pensent de manière quantique » ou que la vie enfreint les lois de la physique classique. Cela signifie reconnaître que la physique offre des concepts permettant de décrire des formes d'ordre dynamique qui ne se réduisent pas à la somme de leurs parties. La cohérence est l'un de ces concepts, et il est scientifiquement légitime d' , car elle est définissable, observable et susceptible d'être vérifiée expérimentalement.

Un bon exemple, souvent négligé, nous vient de la physique des systèmes complexes. Lorsqu'un ensemble d'oscillateurs — tels que des pendules, des neurones artificiels ou des molécules — entre en synchronisation, nous observons une transition de phase, similaire à celles qui se produisent lorsque l'eau gèle ou qu'un métal devient magnétique.

Au départ, chaque oscillateur suit son propre rythme, de manière désordonnée. Mais lorsque l'interaction entre eux dépasse un certain seuil — par exemple en augmentant l'intensité de la connexion ou en réduisant le bruit —, le système change de comportement collectif. Soudain, un ordre global émerge : les oscillateurs commencent à se déplacer de manière coordonnée, partageant une phase commune.

Ce passage ne dépend pas des détails des éléments individuels, mais des propriétés collectives du système. C'est pourquoi le même phénomène de synchronisation apparaît dans des contextes très différents : le langage de la transition de phase nous permet de tous les décrire à l'aide d'une seule idée fondamentale, celle de l'ordre qui naît de l'interaction.

En substance, lorsqu'un ensemble d'oscillateurs entre en synchronisation, nous n'assistons pas à un miracle, mais à une transition de phase. Le mathématicien japonais Yoshiki Kuramoto l'a démontré dans les années 1970 à l'aide d'un modèle simple et élégant : au-delà d'un certain seuil de couplage, le désordre se transforme spontanément en ordre collectif. La cohérence, ici, n'est pas imposée de l'extérieur : elle émerge.

Dire que la cohérence est « au-delà de la métaphore » revient donc à la soustraire à deux équivoques opposées. La première est le réductionnisme naïf, qui la réduit à un langage vague. Le second est l'enthousiasme mystique, qui la transforme en un mot passe-partout. En réalité, la cohérence est une condition physique précise qui décrit comment un système maintient des relations stables entre ses parties au fil du temps, en résistant au bruit, aux fluctuations et à la tendance naturelle au désordre.

Ce n'est pas un hasard si l'un des problèmes centraux de la physique contemporaine consiste à comprendre comment les systèmes maintiennent leur cohérence et pendant combien de temps. Dans les laboratoires de Zurich ou de Santa Barbara, où l'on construit des ordinateurs quantiques, le défi quotidien consiste à protéger les états cohérents de la décohérence environnementale. Chaque vibration, chaque interférence thermique est un ennemi. Ce vocabulaire — protection, maintien, résistance — deviendra familier lorsque l'on abordera les systèmes vivants. Mais ici, il suffit de saisir l'essentiel : la cohérence n'est pas un ornement conceptuel, c'est une lutte physique contre la dispersion.

En ce sens, la cohérence offre à la biologie quelque chose que la biochimie seule peine à fournir : un vocabulaire pour parler de l'unité dynamique sans retomber dans le vitalisme. Elle n'introduit pas de forces mystérieuses, mais décrit des régimes d'organisation. Comme l'écrivait le physicien Philip Anderson dans son célèbre article « *More is* Different » : « *À chaque niveau de complexité, de nouvelles lois émergent* ». La cohérence est l'une de ces lois émergentes, et l'ignorer revient à renoncer à comprendre comment le multiple devient un.

Quand l'ordre devient physique : histoire culturelle d'un mot-clé.

Chaque discipline scientifique importante possède certains mots phares, des termes qui semblent simples mais qui, à y regarder de plus près, recèlent une histoire complexe, faite de glissements de sens, de malentendus et de découvertes. La cohérence en fait partie. Avant même de devenir un terme de physique, c'était une idée intuitive : ce qui « tient ensemble ». Mais la manière dont ce « maintenir ensemble » a été progressivement précisé en dit long sur le changement profond par lequel la science a appris à concevoir l'ordre dans le monde naturel.

Au XIXe siècle, la cohérence fait son entrée dans le vocabulaire scientifique par le biais de l'optique. C'est l'époque où la lumière cesse définitivement d'être un simple flux mystérieux pour devenir un phéno t ondulatoire mesurable. À Cambridge, dans les années 1830, George Biddell Airy étudie les franges d'interférence ; peu après, Augustin-Jean Fresnel, à Paris, démontre que les figures lumineuses observées lors des expériences ne sont pas des illusions, mais le résultat d'ondes qui se superposent de manière ordonnée. Ici, la cohérence désigne une propriété concrète : la capacité de deux ondes à produire une interférence stable. Si les ondes « se désynchronisent », l'effet disparaît.

Dans ce premier sens, la cohérence n'a rien de philosophique. Elle relève presque de l'artisanat : elle concerne les sources lumineuses, les fentes, les miroirs. Thomas Young, dès 1801, l'avait pressenti avec sa célèbre expérience de la double fente, présentée à la *Royal Society* de Londres. Mais ce n'est qu'au cours de la seconde moitié du siècle que le mot « coherence » commence à circuler systématiquement dans les traités d'optique, en tant que terme technique. Une lumière est dite cohérente lorsqu'elle est capable de produire des figures ordonnées ; elle est incohérente, comme celle d'une bougie ou du soleil, lorsqu'elle « mélange » trop d'émissions indépendantes.

Le saut conceptuel a lieu au XXe siècle, lorsque la cohérence cesse d'être une propriété marginale des ondes lumineuses pour devenir une clé d'interprétation générale. Avec la naissance de la mécanique quantique, entre les années 1920 et 1930, la notion de « phase » — centrale pour définir la cohérence — s'installe au cœur de la description de la matière. Erwin Schrödinger, dans ses travaux de 1926, parle de fonctions d'onde qui peuvent s'additionner ou s'annuler, tout comme les ondes lumineuses de Fresnel. Ce n'est pas une métaphore : c'est une continuité conceptuelle.

C'est à cette époque que le mot « cohérence » change de statut. Il ne désigne plus seulement une exigence expérimentale, mais une condition ontologique du système. Un système quantique cohérent est un système qui conserve des relations de phase entre ses parties. Lorsque ces relations se perdent, on parle de décohérence, un terme qui ne s'imposera durablement dans le vocabulaire scientifique que plusieurs décennies plus tard, dans les années 1970 et 1980, grâce aux travaux de H. Dieter Zeh et Wojciech Zurek.

Une anecdote souvent racontée dans les couloirs de l'Université du Texas, où Zurek a longtemps travaillé, concerne un cours au cours duquel il expliquait la décohérence en utilisant l'image d'un orchestre qui perd son chef. Quelqu'un objecta que c'était une métaphore trop « humaniste ». Zurek répondit sèchement : « *Ce n'est pas une métaphore, c'est une dynamique* ». Une fois de plus, la cohérence résiste à la tentative de la réduire à un langage figuré.

Le point décisif, d'un point de vue sémantique, est le suivant : la cohérence cesse de décrire des similitudes entre des éléments et commence à décrire des relations stables. Ce qui importe, ce n'est pas que les parties soient identiques, mais qu'elles soient liées de manière persistante. Cela explique de nombreux malentendus actuels, surtout lorsque le terme est transposé en biologie ou dans les sciences de la vie. Parler de cohérence ne signifie pas évoquer l'harmonie au sens esthétique, ni un ordre imposé d'en haut. Cela signifie désigner un état physique dans lequel les parties d'un système partagent des informations de manière non aléatoire.

Un tournant culturel intéressant s'opère dans les années 1950, avec l'invention du maser puis du laser. À New York, en 1954, Charles Townes présente les premiers résultats expérimentaux sur les émissions cohérentes de micro-ondes. Dans les documents de l'époque, le mot *« coherent »* apparaît avec une fréquence sans précédent. C'est comme si la physique découvrait soudainement que cette propriété, étudiée pendant des décennies de manière presque marginale, est en réalité capable de donner naissance à des technologies radicalement nouvelles. À partir de ce moment, la cohérence n'est plus seulement une description : elle devient une ressource.

Ce parcours historique aide à comprendre pourquoi, aujourd'hui, ce mot est souvent mal compris. D'un côté, certains l'utilisent de manière vague, comme synonyme d'« ordre » ou d'« équilibre ». De l'autre, d'autres le rejettent comme s'il s'agissait d'une intrusion poétique dans un langage qui devrait rester sobre. Ces deux positions ignorent l'histoire concrète du terme. La cohérence est née en tant que concept opérationnel, s'est affinée en tant que concept théorique et a toujours conservé un ancrage expérimental.

Relire cette histoire sémantique n'est pas un exercice érudit. Cela sert à rappeler que lorsque nous parlons aujourd'hui de cohérence — même en dehors de la physique —, nous manipulons un mot qui a appris, au cours de deux siècles, à décrire comment l'unité émerge du multiple sans avoir besoin de raccourcis métaphysiques. C'est un mot qui a traversé les laboratoires, les congrès, les débats théoriques, et qui, précisément pour cette raison, mérite d'être utilisé avec précision.

Mesurer, c'est intervenir : lorsque l'observation rompt la cohérence.

Il y a un moment précis, dans l'histoire de la physique du XXe siècle, où il devient clair que mesurer ne signifie pas simplement « mieux regarder ». Cela signifie modifier l'état des choses. Ce tournant conceptuel, né dans les laboratoires de physique, a des conséquences profondes également sur la manière dont nous concevons la vie en tant que phénomène cohérent. Sans faire intervenir la conscience ou l'observateur humain, il suffit de s'en tenir à un fait essentiel : toute mesure est une interaction physique, et toute interaction laisse une trace.

Dans les années 1920, à Copenhague, Niels Bohr insiste sur un point qui semblait alors presque une provocation : il n'existe pas de propriétés physiques indépendantes du contexte expérimental. Un électron n'« a » pas de position ou de vitesse au sens classique du terme ; ces grandeurs apparaissent au moment de la mesure. Werner Heisenberg formalise cette intuition en 1927 avec le principe d'incertitude, mais la question de la cohérence reste en arrière-plan, comme une tension non résolue.

Pendant des décennies, on parle de « effondrement de la fonction d'onde » comme d'un événement énigmatique, presque théâtral. Puis, entre les années 1970 et 1980, le décor change. Dans les centres de recherche de Heidelberg et de Los Alamos, des physiciens comme H. Dieter Zeh et, plus tard, Wojciech Zurek montrent qu'aucun saut mystérieux n'est nécessaire : il suffit d' [illegible] t l'environnement. Un système perd sa cohérence lorsqu'il entre en interaction incontrôlée avec ce qui l'entoure. La mesure est un cas particulier (très subtil) de cette interaction.

Une anecdote racontée par Zeh concerne une discussion informelle qui eut lieu en 1970, lors d'une pause-café à l'université de Heidelberg. Un collègue lui demanda pourquoi il insistait autant sur l'environnement, quelque chose que personne ne « voit » directement. Zeh répondit en désignant la pièce : « Nous *ne voyons pas l'air, mais essaie de l'enlever.* » La décohérence fonctionne de la même manière : elle est invisible, mais omniprésente.

Ici, le mot « observation » change de sens. Il ne désigne plus un acte cognitif, mais un processus physique d'amplification : une corrélation microscopique s'imprime dans un système macroscopique, laissant une trace stable. Dans les laboratoires de neutronique de Grenoble ou lors des expériences sur les ions piégés à Innsbruck, la perte de cohérence n'est pas une spéculation philosophique, mais un problème technique concret. Isoler un système signifie le protéger de l'environnement ; le mesurer signifie, inévitablement, l'exposer.

Cela clarifie un malentendu courant : la cohérence n'est pas « détruite » parce que quelqu'un observe, mais parce que quelque chose interagit. Un détecteur automatique, une plaque photographique ou un capteur cryogénique jouent eux aussi ce même rôle. En 1996, Serge Haroche et son équipe à *l'École normale* supérieure de Paris ont démontré expérimentalement comment des états quantiques cohérents peuvent être suivis pas à pas dans leur processus de décohérence. Il n'y a rien de soudain : la cohérence s'effrite progressivement, comme une chorale qui perd sa synchronisation.

Les implications conceptuelles sont importantes. La mesure n'est pas un ajout externe à la théorie, mais un moment inhérent à la dynamique des systèmes. En ce sens, la cohérence apparaît comme une condition fragile, qui nécessite isolement, protection et entretien. La perte de cohérence n'est pas un échec de la théorie , mais son accomplissement : elle explique pourquoi le monde macroscopique apparaît stable, localisé, « classique ».

Ce point a une résonance culturelle intéressante. Au cours des mêmes années où la physique clarifie le rôle de la mesure, des philosophes des sciences tels que Bas van Fraassen et Ian Hacking réfléchissent au caractère interventionniste de l'expérience. Hacking, en particulier, aime répéter que « *si tu peux le pulvériser, alors c'est réel* », en faisant référence aux électrons dans les microscopes électroniques. La réalité, en somme, se manifeste à travers des interactions contrôlées, et non par des regards désincarnés.

Parler de cohérence et de mesure ne signifie donc pas s'aventurer dans des territoires nébuleux. Cela signifie reconnaître que l'ordre physique n'est pas donné une fois pour toutes, mais qu'il dépend des conditions d'interaction. La cohérence ne disparaît pas parce que le monde est instable, mais parce quc le monde est relationnel. Et c'est précisément cette relationnalité, mise à nu par la physique de la mesure, qui fait du concept de cohérence un outil puissant, même au-delà des frontières de la physique elle-même.

L'épreuve du temps : quand la stabilité devient le véritable signe de la vie.

Lorsque nous pensons à la cohérence, notre imagination s'envole immédiatement vers l'espace : des éléments alignés, des parties qui « s'accordent », des structures ordonnées. C'est une réaction naturelle, mais trompeuse. En physique, la cohérence ne se joue pas principalement dans l'espace. Elle se joue dans le temps. C'est une qualité de la durée, et non de la forme. Et c'est précisément pour cette raison qu'elle s'avère moins intuitive et, en même temps, plus décisive.

Un système est cohérent non pas parce qu'il semble ordonné à un instant donné, mais parce qu'il maintient des relations précises entre ses parties au fil du temps. La cohérence est une mémoire active : la capacité de rester soi-même à travers le changement. En ce sens, une photographie ne suffit pas à la décrire. Il faut un film.

Un exemple classique — mais souvent mal compris — nous vient de la physique des horloges atomiques. En 1967, au « *Bureau international des poids et* mesures » de Sèvres, près de Paris, la seconde a été redéfinie sur la base de la fréquence de transition de l'atome de césium 133. On n'a pas choisi cette fréquence parce qu'elle est « belle » ou simple, mais parce qu'elle est extrêmement stable dans le temps. Ici, la cohérence ne concerne pas l'énergie en soi, mais sa répétabilité dans le temps. Si cette oscillation perdait de la phase après quelques cycles, l'horloge cesserait d'être une référence universelle.

La même logique s'applique, à des échelles différentes, à tous les phénomènes cohérents. Un laser, par exemple, n'est pas un laser parce qu'il émet une lumière intense, mais parce qu'il maintient une relation de phase constante dans le temps. Si cette relation fluctue trop rapidement, la lumière reste, mais la cohérence disparaît. C'est une distinction subtile, mais cruciale : l'énergie peut exister sans cohérence ; la vie, comme nous le verrons, non.

Dans les années 1990, dans les laboratoires de Santa Barbara, le physicien Anthony Leggett a insisté sur un point qui, à l'époque, semblait presque polémique : le véritable défi des systèmes complexes n'est pas de créer des états ordonnés, mais de les faire perdurer. La nature regorge de configurations éphémères ; ce qui est rare, c'est la stabilité dynamique. La cohérence, en ce sens, n'est pas un état, mais un processus qui traverse le temps sans se dissoudre.

Cette perspective change radicalement notre façon de concevoir les systèmes physiques. Un système cohérent n'est pas immobile : il est fiable. Il n'élimine pas les fluctuations, mais les absorbe sans perdre son identité. C'est un thème qui revient également en dehors de la physique. Le compositeur György Ligeti racontait, dans une interview de 1983, qu'une musique « tient » non pas lorsqu'elle répète un schéma, mais lorsqu'elle parvient à rester reconnaissable alors que tout change. C'est une définition étonnamment proche de celle, physique, de la cohérence temporelle.

D'un point de vue théorique, la question du temps remet en cause une vision naïve de l'ordre naturel. L'ordre statique est fragile ; un simple choc suffit à le détruire. La cohérence temporelle, , implique en revanche une capacité de renouvellement continu. Les physiciens parlent de stabilité dynamique, une expression qui semble être un oxymore mais qui n'en est pas un. Cela signifie que le système reste le même précisément parce qu'il ne cesse jamais de bouger.

Une anecdote racontée par Ilya Prigogine, lors d'une conférence à Bruxelles au début des années 2000, illustre bien cette idée. En montrant un tourbillon dans un fluide, *il* fit remarquer : « *C'est un ordre qui n'existe que tant qu'il s'écoule.* » Si le flux s'arrête, le tourbillon disparaît. La cohérence n'est pas contraire au temps ; c'est une manière particulière de l'habiter.

C'est pourquoi la stabilité temporelle est si décisive. Il ne suffit pas que les parties soient corrélées ; elles doivent l'être de la bonne manière et pendant le temps nécessaire. La cohérence est une fidélité opérationnelle : le système « se souvient » de ses relations et les renouvelle instant après instant. Sans cette mémoire dynamique, toute structure se dissout dans le bruit.

Sous cet angle, la cohérence cesse d'être un luxe théorique et devient une nécessité physique. C'est ce qui permet à un phénomène d'exister en tant qu'entité reconnaissable dans le temps, plutôt que comme une simple coïncidence momentanée. Et c'est précisément cette capacité à traverser le temps sans se perdre qui fait de la cohérence une clé conceptuelle fondamentale pour comprendre les phénomènes vitaux, sans pour autant devoir parler de cellules, de gènes ou de métabolisme.

Cohérence, synchronie, corrélation, organisation : quatre mots, quatre mondes différents.

Dans le langage scientifique — et plus encore dans celui de la vulgarisation —, le mot « cohérence » est souvent utilisé comme un synonyme élégant d'ordre, de synchronie ou de bonne organisation. C'est une tentation compréhensible : tous ces concepts évoquent l'idée d'un monde qui « fonctionne », dans lequel les parties ne se gênent pas les unes les autres. Pourtant, d'un point de vue physique et biologique, confondre ces termes s revient à passer à côté de ce qui fait justement de la cohérence une notion radicale et féconde.

Pour le comprendre, il convient de partir d'une scène concrète. En 2009, lors d'un exercice public à Londres, des milliers de navetteurs se déplacent simultanément sur les escaliers roulants du métro de Canary Wharf. Les flux se synchronisent, les directions sont claires, l'organisation impeccable. Pourtant, personne ne dirait que ce système est cohérent au sens physique du terme. Il est ordonné, certes. Synchronisé, en partie. Mais il suffit d'une panne électrique pour que tout s'arrête. La cohérence, en revanche, est ce qui permet à un système de conserver son identité fonctionnelle même lorsque les conditions changent.

La synchronie est peut-être la plus intuitive de ces notions. Les événements synchronisés se produisent au même moment ou selon une périodicité commune. Les neurones peuvent se décharger de manière synchrone, comme l'ont montré les expériences de Wolf Singer à l'Institut Max Planck dans les années 1990 ; les lucioles peuvent clignoter à l'unisson le long du fleuve Chao Phraya, en Thaïlande, un spectacle naturel déjà documenté dans les années 1950. Mais la synchronie, en soi, est fragile. Elle peut résulter de couplages externes, d'une contrainte ou de simples coïncidences dynamiques. Elle ne dit rien sur la stabilité interne du système, ni sur sa capacité à résister aux perturbations.

La corrélation est encore plus faible. Deux variables peuvent être fortement corrélées sans avoir aucun lien structurel profond. Dans les années 1970, un exemple célèbre utilisé dans les cours de statistique montrait une corrélation surprenante entre la consommation de margarine aux États-Unis et le taux de divorce dans le Maine. La corrélation mesure une relation observable, et non une unité réelle. En physique — et plus encore en biologie — confondre corrélation et cohérence revient à confondre l'ombre avec l'objet.

Enfin, le terme « organisation » est peut-être le plus ambigu. Un système organisé se caractérise par une disposition ordonnée de ses éléments : hiérarchies, modules, fonctions distinctes. Une usine fordiste des années 1930 était hautement organisée ; il en va de même pour une ruche ou pour une armée. Mais l'organisation peut être rigide, imposée de l'extérieur, incapable de s'adapter. L'histoire regorge de systèmes parfaitement organisés qui s'effondrent au premier changement imprévu. La cohérence, au contraire, ne s'impose pas : elle émerge d'un réseau de relations internes qui se soutiennent mutuellement.

Ce qui distingue la cohérence de tous ces concepts, c'est le fait qu'elle implique une unité causale distribuée. Dans un système cohérent, les parties ne sont pas simplement alignées dans le temps, corrélées dans les données ou disposées de manière ordonnée : elles sont liées par des relations qui font que le comportement de l'ensemble n'est pas réductible à la somme des comportements locaux. C'est une différence subtile, mais décisive.

Une anecdote racontée par le biologiste théoricien Stuart Kauffman lors d'un séminaire à Santa Fe, au début des années 2000, illustre bien ce point. En présentant deux simulations informatiques — l'une d'un système hautement organisé, l'autre d'un système moins ordonné mais plus interconnecté —, il a observé que seul le second continuait à fonctionner lorsque des perturbations aléatoires étaient introduites. Il a déclaré : « *L'organisation survit tant que le monde reste tel qu'on l'avait prévu. La cohérence survit parce que le monde change.* »

Dans cette perspective, la cohérence n'est pas une propriété visible au premier coup d'œil. Elle ne coïncide ni avec l'harmonie esthétique, ni avec la régularité. C'est une qualité relationnelle profonde, qui se manifeste dans la capacité d'un système à rester un tout tandis que ses parties changent. Et c'est précisément pour cette raison que, lorsqu'on parle de la vie, la cohérence ne peut être remplacée par aucun de ses « parents conceptuels » sans perdre l'essence même du problème.

Confondre ces termes n'est pas seulement une erreur linguistique ; c'est une erreur théorique. Cela revient à réduire la vie à un phénomène d'ordre apparent, alors qu'elle est au contraire un événement d'intégration dynamique. La cohérence n'est pas le degré zéro du chaos, mais une forme active d'unité qu'aucune synchronie, corrélation ou organisation, à elle seule, n'est capable d'expliquer.

Car vivre, c'est maintenir ensemble ce qui tend à se désagréger.

Il existe un point, souvent négligé, qui sépare nettement la vie de tout ce qui n'est pas vivant : la vie ne possède pas de cohérence, elle la produit. Et surtout, elle la défend. Dans un univers qui, pour reprendre les mots d'Arthur Eddington, « *tend spontanément vers le* désordre », tout organisme vivant apparaît comme une petite anomalie temporaire, une parenthèse de stabilité ouverte à contre-courant. Mais cette stabilité n'est jamais acquise une fois pour toutes : elle est le résultat d'un travail continu, silencieux, incessant. Vivre, au sens profond du terme, c'est résister à la décohérence.

La décohérence n'est pas seulement un concept de la physique quantique confiné aux laboratoires cryogéniques. C'est une tendance universelle : les relations se relâchent, les phases se découplent, les systèmes perdent leur unité. Un caillou n'a rien à faire pour être ce qu'il est. Un organisme, si. Chaque cellule, chaque tissu, chaque corps dépense de l'énergie non pas tant pour fonctionner que pour ne pas se désagréger en tant qu'unité significative.

En 1944, à Dublin, Erwin Schrödinger a donné une série de conférences. C'est là qu'il a introduit une image restée célèbre : celle de l'organisme qui se nourrit d'« *entropie négative* ». Au-delà des simplifications ultérieures, l'intuition était puissante : la vie n'échappe pas aux lois physiques, mais elle les incarne activement, en se soustrayant localement à la dérive vers la perte de cohérence. Elle ne viole pas la deuxième loi de la thermodynamique ; elle la contourne en payant un prix.

Ce prix, c'est le métabolisme, certes, mais pas seulement. C'est aussi la régulation, la réparation, la synchronisation fine, la sélection et l tion continue de ce qui doit rester en relation et de ce qui peut être laissé de côté. Le physiologiste britannique Denis Noble a raconté un exemple en apparence banal lors d'une conférence à Oxford au début des années 2000 : le cœur humain, observé au niveau moléculaire, est un système intrinsèquement instable. Et pourtant, il bat régulièrement pendant des décennies. Non pas parce qu'il est « bien construit », mais parce qu'il est continuellement corrigé, modulé, maintenu dans un régime de cohérence fonctionnelle.

La vie, donc, n'est pas un équilibre, mais une lutte pour l'équilibre. Chaque organisme est un système ouvert qui doit constamment compenser les fluctuations internes et externes. Il suffit d'observer un corps fiévreux : la hausse de la température n'est pas le signe immédiat du chaos, mais la tentative, parfois réussie, parfois non, de rétablir une cohérence compromise. Là encore, la cohérence ne coïncide pas avec le calme, mais avec la capacité de traverser la perturbation sans perdre son identité.

Résister à la décohérence, c'est aussi sélectionner l'information. Chaque organisme filtre, interprète, écarte. Tout ce qui se passe ne devient pas forcément significatif. En ce sens, vivre est un acte cognitif élémentaire : maintenir une forme de sens face au bruit du monde. Francisco Varela, déjà évoqué, parlait *d'énation* : le vivant ne représente pas un monde déjà donné, mais en fait émerger un qui soit habitable. Cette émergence est toutefois fragile. Elle exige un travail constant d'intégration.

Même dans les environnements les plus extrêmes, cette logique s'applique. Au début des années 1980, près des sources hydrothermales des Galápagos, des biologistes ont découvert des communautés d'organismes qui prospéraient sans lumière solaire. Il ne s'agissait pas d'exemples de vie « plus simple », mais de vie ayant trouvé d'autres moyens de maintenir sa cohérence dans des conditions à la limite de la désintégration chimique. Une fois encore, la leçon était claire : la vie n'est pas ce qui résiste le mieux, mais ce qui travaille le plus pour résister.

Considérée sous cet angle, la cohérence biologique perd toute aura mystique et acquiert un caractère concret presque dramatique. C'est un processus, pas un état. Un verbalisement continu contre la tendance naturelle et in e des choses à se séparer. La vie dure tant que cet effort aboutit. Lorsqu'il échoue, la décohérence prend le dessus. Et ce qui reste, c'est de la matière, et non plus un organisme.

Payer le prix de l'unité : le coût énergétique de la cohérence biologique.

Il y a un fait qui surprend toujours ceux qui le découvrent pour la première fois : la majeure partie de l'énergie consommée par un organisme vivant ne sert pas à se déplacer, à grandir ou à produire un travail visible. Elle sert à ne pas se désagréger. À maintenir l'intégration interne, à garder alignés des processus qui, livrés à eux-mêmes, divergeraient rapidement. C'est le coût énergétique de la cohérence, une dépense continue qui entre rarement dans le récit populaire de la biologie, mais qui en constitue la colonne vertébrale.

Les physiologistes appellent cela le métabolisme de base. Le terme est technique, presque modeste, mais la réalité qu'il décrit est impressionnante : chez un adulte au repos, dans une pièce à température modérée, environ 60 à 70 % de l'énergie quotidienne est consommée sans qu'il ne se passe quoi que ce soit d'apparemment « actif ». Le cœur bat, bien sûr. Les poumons respirent. Mais surtout, des milliards de cellules travaillent pour maintenir les gradients ioniques, réparer les structures moléculaires, corriger les erreurs, synchroniser les signaux. C'est une énergie dépensée pour éviter la décohérence interne.

Un exemple emblématique nous vient du fonctionnement des cellules nerveuses. Dans les années 1950, au « *Marine Biological* Laboratory » de Woods Hole, dans le Massachusetts, Alan Hodgkin et Andrew Huxley ont étudié le potentiel d'action dans les neurones du calmar géant. Ce qui est ressorti de ces travaux, et qui frappe encore aujourd'hui, c'est qu'une part énorme de l'énergie du cerveau ne sert pas à « penser », mais à rétablir les conditions initiales après chaque impulsion électrique. La célèbre pompe sodium-potassium, qui expulse trois ions sodium et en fait entrer deux de potassium, consomme sans cesse un s d'ATP. Sans ce travail invisible, l'excitabilité neuronale s'effondrerait en quelques minutes. La pensée s'éteindrait littéralement par manque de cohérence électrique.

Cela vaut à toutes les échelles. En 1961, dans un laboratoire de Bruxelles, le biochimiste Christian de Duve observait comment les cellules investissent de l'énergie dans la compartimentation interne : membranes, vésicules, lysosomes. Ce n'est pas un luxe architectural, mais une nécessité fonctionnelle. Séparer, maintenir des frontières, empêcher que tout réagisse avec tout. Chaque frontière biologique est une dépense énergétique, mais aussi un gain de cohérence.

Même lorsque nous dormons, ce travail ne s'interrompt pas. Au contraire, à certains égards, il s'intensifie. Des études de calorimétrie indirecte menées à Stanford dans les années 1990 ont montré que, pendant le sommeil profond, certaines activités d'entrctien cellulaire s'intensifient. Dormir, ce n'est pas « s'éteindre », mais réduire les interférences externes pour investir de l'énergie dans la réorganisation interne. Une pause apparente pour une tâche essentielle : remettre le système en phase.

Une anecdote racontée par un chercheur italien qui travaillait au début des années 2000 dans un laboratoire de biologie cellulaire à Heidelberg illustre bien cette idée. En étudiant des cultures cellulaires maintenues en vie mais privées de stimuli, il remarqua que leur consommation énergétique restait étonnamment élevée. « *Elles semblaient* immobiles », racontait-il, « *mais elles dépensaient toute leur énergie pour ne pas devenir autre chose* ». C'est une phrase informelle, mais elle met le doigt sur l'essentiel : la vie consomme pour rester identique à elle-même, et non pour se transformer.

Cet investissement continu explique également pourquoi la cohérence est fragile. Il suffit d'une réduction significative de l'apport énergétique pour que l'intégration commence à vaciller. En période de famine ou dans des conditions extrêmes, le corps ne « choisit » pas arbitrairement ce qu'il va désactiver : il sacrifie des fonctions complexes pour préserver un minimum d'unité. C'est une stratégie d'urgence contre la fragmentation.

D'un point de vue culturel, cette idée bouleverse une métaphore bien ancrée. Nous avons l'habitude de concevoir la vie comme une accumulation, une croissance, une expansion. Mais biologiquement, la vie est avant tout une question d'entretien. À l'instar d'un pont suspendu qui nécessite des interventions constantes pour rester debout, l'organisme vivant investit de l'énergie pour maintenir ses relations. Ne pas le faire reviendrait à laisser le temps, la chimie et le bruit thermique prendre le dessus.

En ce sens, le coût énergétique de la cohérence n'est pas un détail quantitatif, mais un indice ontologique. Il nous indique que la vie n'est pas une structure passive, mais un processus qui paie, instant après instant, le prix de sa propre unité. Tant qu'elle en a les moyens, elle reste en vie. Lorsqu'elle n'en a plus les moyens, la cohérence se dissout, et avec elle l'organisme.

Aucune vie n'est une île : la cohérence naît du dialogue avec l'environnement.

Il existe un malentendu tenace, presque instinctif, dans notre façon d'envisager la stabilité biologique : l'idée qu'un organisme est d'autant plus stable qu'il parvient à s'isoler de son environnement. Comme si la vie était une forteresse et que la santé dépendait de la solidité de ses murs. Pourtant, en observant de près les systèmes vivants, c'est le contraire qui se produit : la cohérence ne naît pas de l'isolement, mais d'une relation continue, subtile et souvent risquée avec ce qui l'entoure.

Un organisme vivant est, par définition, un système ouvert. Il échange de la matière, de l'énergie, des signaux. Mais surtout, il échange de l'information. Sa stabilité ne consiste pas à se défendre contre le monde, mais à savoir l'interpréter. C'est une négociation permanente, faite d'ajustements, d'anticipations, de compromis. Lorsque ce dialogue s'interrompt — par excès ou par défaut —, la cohérence vacille.

Un exemple classique nous vient de l'écologie, et il a le goût d'une leçon apprise trop tard. Dans les années 1950, aux États-Unis, l'utilisation massive de pesticides tels que le DDT semblait être une victoire de l'ingénierie sur l'environnement. Puis on s'est aperçu que des espèces considérées comme « protégées » s'effondraient. Elles n'étaient pas faibles, elles étaient désynchronisées. Leur cohérence biologique dépendait de signaux environnementaux subtils — cycles, présences, absences — soudainement effacés. Rachel Carson, en 1962, l'a raconté avec lucidité dans **Silent Spring** : le silence n'était pas la paix, mais la perte de relation.

La même logique s'applique à des échelles plus intimes. Pensons au système immunitaire. Pendant longtemps, il a été décrit comme une armée chargée de distinguer rigoureusement le « soi » du « non-soi ». Aujourd'hui, nous savons que cette métaphore est insuffisante. Des études menées entre Paris et San Diego dans les années 1990 ont montré que le système immunitaire mûrit grâce à une exposition contrôlée à l'environnement. Les enfants élevés dans des environnements excessivement stérilisés présentent plus facilement des dysfonctionnements immunitaires. La cohérence, une fois encore, ne naît pas de la fermeture, mais d'un apprentissage relationnel.

Une anecdote racontée par un biologiste marin qui travaillait dans une station de recherche des îles Lofoten, en Norvège, illustre bien cette idée. En étudiant des populations de plancton, il remarqua que les plus stables ne vivaient pas dans des eaux « constantes », mais dans des zones soumises à des courants variables. « Ce sont des systèmes habitués au changement », disait-il. Leur cohérence n'était pas de la rigidité, mais la capacité à rester reconnaissables tout en traversant des fluctuations.

Cette intuition s'inscrit dans une longue histoire culturelle. Dès 1928, le physiologiste Walter Bradford Cannon, à Harvard, parlait de l'homéostasie non pas comme d'une immobilité, mais comme d'un équilibre dynamique. Un concept que nous pouvons aujourd'hui interpréter sous l'angle de l'information : l'organisme reste cohérent parce qu'il intègre en permanence des signaux environnementaux dans son fonctionnement interne. S'il cesse de le faire, il perd le contact avec le contexte qui le rend possible.

Le comportement humain offre lui aussi des exemples éloquents. Au cours de missions d'isolement prolongé — des bases antarctiques d s des années 1970 aux expériences de confinement telles que Mars-500, achevée en 2011 près de Moscou —, il est apparu que la perte de stimuli environnementaux riches compromet la cohérence psychophysiologique. Ce n'est pas le froid ou la fatigue qui constituent le problème principal, mais la pauvreté relationnelle du contexte. Sans un environnement « réactif », l'organisme humain peine à conserver un sentiment d'unité de soi.

Dans cette perspective, la cohérence biologique apparaît comme une propriété écologique avant même d'être interne. Un organisme est stable parce qu'il est situé, parce qu'il appartient à un réseau de relations qui l'informent en permanence. Son identité n'est pas un noyau immuable, mais une forme qui se maintient dans le temps précisément parce qu'elle dialogue avec ce qui l'entoure.

C'est peut-être pour cela que la vie nous apparaît à la fois si résistante et si vulnérable. Résistante, car elle sait s'adapter à des contextes différents. Vulnérable, car aucune cohérence ne peut survivre longtemps dans un monde qui ne parle plus sa langue. La biologie des champs suggère alors une conclusion contre-intuitive mais profonde : vivre ne signifie pas se défendre contre l'environnement, mais rester en relation avec lui sans se perdre.

Quand l'unité se brise : la mort comme décohérence du vivant.

Parler de la mort dans un chapitre consacré à la cohérence de la vie peut sembler être une digression mélancolique. En réalité, c'est un passage presque incontournable. Si la vie est le maintien actif de la cohérence, alors la mort — celle, physique et biologique — peut être décrite sobrement comme le moment où cette cohérence se perd de manière irréversible. Il ne s'agit pas d'un événement soudain et ponctuel, mais d'un processus de décohérence globale qui touche l'organisme tout entier en tant qu'unité informationnelle.

D'un point de vue physique, un organisme vivant ne meurt pas parce que « l'énergie s'épuise ». L'énergie continue d'être présente même dans un corps sans vie. Ce qui se perd, c'est la capacité d' t de coordonner les flux, les temps et les relations. Les parties restent, mais elles cessent de parler la même langue. Il s'agit d'une dissolution de l'unité, et non d'une disparition de la matière.

Une image parlante nous vient de la médecine clinique. En 1968, à *la Harvard Medical School*, un comité dirigé par Henry Beecher a proposé pour la première fois des critères clairs pour définir la mort cérébrale. Il ne s'agissait pas d'un choix philosophique, mais d'une nécessité pratique : distinguer un organisme encore unitaire de celui qui avait perdu de manière irréversible son intégration fonctionnelle. Le cœur pouvait battre, les poumons être ventilés, mais l'unité informationnelle centrale — la capacité à coordonner l'ensemble — était définitivement compromise. La mort, dans cette perspective, ne coïncide pas avec l'arrêt d'une fonction isolée, mais avec la perte de cohérence de l'ensemble.

Ceux qui ont assisté aux derniers instants d'un patient dans un centre de soins palliatifs racontent souvent un détail curieux : ce n'est pas le silence, mais une sorte de désaccord progressif. Des paramètres qui, jusqu'à peu de temps auparavant, se soutenaient mutuellement commencent à diverger. Le rythme respiratoire n'« écoute » plus celui du cœur, la régulation thermique devient erratique, les signaux biochimiques perdent leur synchronisation. C'est comme si l'orchestre continuait à jouer, mais sans chef d'orchestre et sans partition commune. Les instruments sont toujours là, mais la musique, elle, a disparu.

Cette description n'a rien de métaphysique, et c'est précisément pour cela qu'elle est puissante. La décohérence globale n'est pas un concept évocateur : elle est observable, mesurable, cliniquement reconnaissable. Des études menées entre les années 1980 et 1990 sur l'activité électrique cérébrale montrent que, lors du décès, on n'assiste pas simplement à une « baisse » du signal, mais à une fragmentation des schémas cohérents. L'EEG ne devient pas immédiatement plat : il perd d'abord sa structure, puis son intégration. La forme se dissout avant l'intensité.

Il est important, à ce stade, de distinguer clairement le plan scientifique du plan métaphysique. Décrire la mort biologique comme une décohérence informationnelle ne dit rien — ni dans un sens ni dans l'autre — sur ce qui pourrait éventuellement se passer au niveau de la conscience, du sens ou de la transcendance. Parler de « transition de phase » au sens métaphysique peut avoir une valeur symbolique ou philosophique, mais relève d'un autre registre. La biologie des champs, si elle veut rester scientifiquement sobre, s'arrête un cran plus tôt : elle constate que l'organisme, en tant qu'unité informationnelle incarnée, cesse d'exister lorsqu'il n'est plus en mesure de maintenir sa cohérence globale.

Curieusement, cette vision replace la mort dans le continuum de la vie, sans la mythifier ni la banaliser. Mourir n'est pas le contraire de vivre, mais le point où le processus de maintien de la cohérence échoue définitivement. Ilya Prigogine, parlant des systèmes éloignés de l'équilibre, observait que l'ordre vivant est toujours temporaire, soutenu au prix d'une dépense continue. Lorsque le coût dépasse les possibilités du système, l'ordre s'effondre. Il n'y a là aucune tragédie cosmique, mais pas non plus de réduction à une simple défaillance mécanique.

Une anecdote racontée par un infirmier qui travaillait dans un service de soins intensifs à Lyon dans les années 2000 est très révélatrice. Il disait : « *Le moment de la mort, ce n'est pas quand le moniteur s'éteint, mais quand on comprend qu'on ne peut plus rassembler ce qui s'est séparé.* » C'est une phrase simple, presque artisanale, mais qui va droit au but : la mort comme perte irréversible de la possibilité de reconstituer l'unité.

Sous cet angle, la mort physique apparaît comme un événement tout à fait naturel et, en même temps, radical. C'est la fin d'une forme informative unique, irremplaçable, qui n'existait que tant qu'elle parvenait à maintenir ses relations internes et externes. Tout le reste — les questions sur le sens, sur la continuité, sur l'éventuel « au-delà » — reste ouvert, mais relève d'un autre chapitre de notre expérience et de notre réflexion.

Plus que la somme, moins que le mythe : la cohérence en tant que fait scientifique.

Chaque fois que l'on prononce le mot « émergence » en biologie, certains font la grimace. Trop souvent, par le passé, ce terme a été utilisé comme un raccourci élégant pour masquer ce que l'on ne savait pas expliquer. Mais l'émergence dont nous parlons ici — la cohérence en tant que propriété fondamentale du vivant — n'a rien de nébuleux ni d'ésotérique. Il s'agit d'une émergence réelle, au sens le plus concret et le plus scientifiquement respectable du terme.

Pour le comprendre, il suffit de prendre un peu de recul, non pas vers la métaphysique, mais vers l'histoire récente de la science. En 1977, lorsque Ilya Prigogine a reçu le prix Nobel pour ses travaux sur les structures dissipatives, il n'a proposé aucune magie conceptuelle. Il a démontré, données à l'appui, que dans les systèmes ouverts, loin de l'équilibre, des formes d'ordre global peuvent émerger spontanément, qui ne sont pas déductibles des interactions locales individuelles. Les cellules de Bénard — ces élégantes structures convectives observables dans une simple couche de fluide chauffé — ne sont pas « contenues » dans les molécules d'eau. Et pourtant, elles sont réelles, mesurables, reproductibles. Personne aujourd'hui ne les qualifierait d'illusion.

La cohérence biologique appartient à cette même famille de phénomènes. Ce n'est ni une force supplémentaire, ni une entité cachée agissant en coulisses. C'est une propriété collective qui naît lorsqu'un nombre considérable de processus physiques et chimiques s'organise de manière coordonnée dans le temps. Le point décisif est que cette organisation n'est pas arbitraire : elle comporte des contraintes, des régularités, de l' t des seuils critiques. En d'autres termes, elle fait légitimement l'objet d'une enquête scientifique.

Un exemple moins connu mais éclairant provient des travaux de Walter Freeman, neurophysiologiste à l'université de Berkeley, dans les années 1970 et 1980. En étudiant l'activité électrique du bulbe olfactif des lapins, Freeman a observé que les schémas globaux de l'activité neuronale ne pouvaient être prédits en analysant le comportement des neurones individuels. L'information ne résidait pas dans les « éléments », mais dans la configuration cohérente de l'ensemble. Freeman parlait de « motifs émergents », non pas pour évoquer un mystère, mais pour décrire un fait expérimental tenace : le cerveau fonctionnait comme une unité dynamique, et non comme un ensemble de composants indépendants.

C'est là que réside le cœur de la légitimité scientifique de la cohérence : elle produit des effets causaux observables. Un organisme cohérent réagit à son environnement de manière unifiée, conserve sa forme, prend des décisions biologiques — du métabolisme à la reproduction — qui ne peuvent être attribuées à une seule molécule ou à une voie biochimique isolée. La cohérence fait bouger les choses. Et ce qui a des effets causaux relève, par définition, du domaine de la science.

Ce n'est pas un hasard si des concepts analogues ont émergé dans des domaines éloignés de la biologie. En 1985, à l'Institut de Santa Fe, des physiciens, des économistes et des biologistes ont commencé à parler sérieusement de systèmes complexes adaptatifs. L'idée de fond était simple mais radicale : certains systèmes ne peuvent être compris en les décomposant, car leurs propriétés les plus importantes naissent des interactions. La vie, en ce sens, n'est pas une exception gênante, mais l'un des cas les plus raffinés d'un principe général.

Il convient de le souligner : reconnaître l'émergence de la cohérence ne signifie pas renoncer à l'explication. Cela signifie accepter que l'explication change de niveau. Comme l'écrivait le biologiste théoricien Robert Rosen dans les années 1990, « *un système vivant est explicable, mais non décomposable sans perte* ». Il n'y a rien d'antiscientifique là-dedans. Il s'agit, tout au plus, d'une exigence de plus grande précision conceptuelle.

Une petite anecdote, racontée par une chercheuse italienne qui travaillait à Heidelberg au début des années 2000, rend bien compte de l'atmosphère culturelle du laboratoire. Lors d'une réunion, un jeune doctorant demanda : « *Mais cette propriété émergente... où se trouve-t-elle exactement ?* ». Le responsable du groupe répondit, après une pause : « *Elle se trouve là où se trouve la mélodie dans un quatuor à cordes. Ni dans un violon, ni en dehors des instruments.* » Cette boutade fit sourire l'assemblée, mais mit fin à la discussion. Tout le monde avait compris.

La cohérence n'est donc pas un terme élégant pour désigner l'ignorance. C'est la reconnaissance du fait que la vie opère à un niveau d'organisation où l'unité précède la liste des parties. L'accepter ne signifie pas renoncer à la rigueur, mais l'étendre. Cela signifie prendre au sérieux ce que l'expérience biologique montre depuis toujours : que le vivant est un tout qui agit comme un tout, et que cette totalité n'est pas un mystère, mais un phénomène.

La cohérence vue à travers les modèles mathématiques.

Si la cohérence biologique n'était qu'une suggestion linguistique, elle aurait difficilement attiré l'attention des mathématiciens, des physiciens théoriciens et des spécialistes des systèmes complexes. Or, depuis au moins un demi-siècle, ce sont précisément les mathématiques — les plus rigoureuses et les moins enclines aux métaphores — qui fournissent l'un des appuis les plus solides à l'idée que l'ordre du vivant émerge comme une propriété globale, stable et formellement descriptible.

Un tournant souvent oublié remonte aux années 1960, au MIT de Cambridge, lorsque Norbert Wiener et ses étudiants ont jeté les bases de la cybernétique moderne. L'idée que des systèmes complexes puissent maintenir un comportement cohérent grâce à des circuits de rétroaction (*feedback)* n'était pas une intuition philosophique, mais un résultat mathématique. Les équations différentielles décrivant ces systèmes montraient comment l'ensemble pouvait se stabiliser dans des configurations dynamiques — des attracteurs — indépendamment des fluctuations locales. En d'autres termes : la cohérence n'était pas imposée de l'extérieur, mais générée par l'organisation interne.

Dans les années 1970, ce langage mathématique a trouvé un terrain d'expression idéal dans les travaux de René Thom, mathématicien français et fondateur de la théorie des catastrophes. Thom ne s'intéressait pas directement à la biologie moléculaire, mais aux formes. Il a montré comment des systèmes continus pouvaient subir des changements qualitatifs soudains tout en obéissant à des lois déterministes. Sa célèbre conférence de 1972 à l'« *Institut des Hautes Études* Scientifiques » de Bures-sur-Yvette fit débat pendant des mois : l'idée que la forme d'un organisme soit un effet stable d'un champ de contraintes mathématiques — et non un simple produit d'instructions locales — s'avérait étonnamment compatible avec ce que les embryologistes observaient au microscope.

Plus près de nous, les réseaux dynamiques ont offert un tableau encore plus convaincant. Lorsque Stuart Kauffman, à la fin des années 1980, a commencé à étudier les « *réseaux booléens aléatoires* », il cherchait une réponse simple à une question immense : comment une cellule parvient-elle à conserver son identité génétique malgré le bruit moléculaire ? Ses modèles ont montré qu'au-delà d'un certain seuil de connexions, les réseaux tendent spontanément vers des régimes ordonnés mais flexibles, que Kauffman a appelés « la frontière du chaos ». Ce n'était pas une métaphore poétique : c'était un résultat mathématique. La cohérence émergeait comme un état global du système, et non comme la propriété d'un gène isolé.

Une anecdote racontée par Kauffman lui-même lors d'un séminaire à Santa Fe en 1994 rend bien compte de l'atmosphère qui régnait autour de ces recherches. Après avoir présenté une simulation dans laquelle un réseau complexe se stabilisait autour de quelques attracteurs robustes, un biologiste présent dans la salle fit remarquer : « *On dirait presque que le réseau sait quoi faire.* » Kauffman sourit et répondit : « *Non, on dirait que c'est l'ensemble qui sait.* » C'était une boutade, mais elle mettait le doigt sur l'essentiel : les mathématiques fournissaient un langage permettant de parler de la connaissance implicite des systèmes vivants sans recourir à des agents mystérieux.

La théorie des systèmes dynamiques non linéaires a également apporté une contribution décisive. Les attracteurs étranges, étudiés par Edward Lorenz dès 1963 dans le cadre de modèles climatiques, ont montré que l'ordre et l'imprévisibilité peuvent coexister. En biologie, cela signifie qu'un organisme peut être hautement cohérent tout en restant sensible à son contexte. Les équations ne décrivent pas une machine rigide, mais une danse contrainte : une cohérence dynamique, et non statique.

Ce qui rend ces modèles particulièrement pertinents, c'est le fait que la cohérence devient mesurable, simulable, réfutable. Ce n'est plus un concept évocateur, mais une propriété mathématique : stabilité structurelle, convergence vers des attracteurs, synchronisation des réseaux. Lorsque, au début des années 2000, des groupes de recherche à Barcelone et à Boston ont commencé à modéliser des réseaux métaboliques réels, ils ont découvert que la perte de cohérence globale précédait souvent l'effondrement fonctionnel du système. Les mathématiques devançaient, une fois de plus, l'interprétation biologique.

En ce sens, les modèles mathématiques offrent une grammaire permettant de décrire comment l'unité émerge de la multiplicité sans s'y réduire. La cohérence biologique, loin d'être un concept vague, apparaît ainsi comme une structure formelle bien définie : un événement collectif que les équations, étonnamment, savent raconter.

Quand les mathématiques et la biologie apprennent à se comprendre.

Pendant longtemps, mathématiciens et biologistes se sont observés avec une certaine méfiance, comme des professionnels exerçant des métiers voisins mais incompatibles. Les premiers parlaient d'espaces abstraits, de variables, de stabilité structurelle ; les seconds de cellules, de tissus, de développement, de maladies. Lorsqu'ils se rencontraient, ils ne se comprenaient souvent pas. Non pas par manque d'intelligence ou d'ouverture d'esprit, mais pour une raison plus profonde : le langage.

Un épisode raconté par un biologiste théoricien néerlandais lors d'un atelier à Leyde au début des années 90 est emblématique. À la fin d'une présentation sur les modèles dynamiques du développement embryonnaire, une biologiste expérimentale s'est approchée et a dit : « *Vos équations sont élégantes, mais où est l'organisme ?* ». La question n'était pas polémique, elle était sincère. Pour elle, l'organisme était quelque chose que l'on pouvait disséquer, colorer, observer au microscope. Pour le mathématicien, en revanche, l'organisme était précisément cette structure de relations que l'équation tentait de saisir.

Cet écart sémantique a longtemps entravé la compréhension de la cohérence biologique. En biologie, le mot « cohérence » évoquait tout au plus une bonne intégration fonctionnelle ; en mathématiques et en physique des systèmes, il désignait une propriété globale rigoureuse, définissable en termes de stabilité, de corrélation et de comportement collectif. Parler de cohérence sans préciser le niveau de référence revenait souvent à se parler à côté de la plaque.

Pourtant, à partir des années 2000, quelque chose a changé. Des lieux tels que le *Santa Fe Institute* au Nouveau-Mexique, *l'EMBL* à Heidelberg ou *l'Institut Max Planck pour la physique des systèmes complexes* à Dresde sont devenus des espaces de contamination linguistique. Là, biologistes, mathématiciens et physiciens ont commencé à travailler non pas tant pour traduire leurs propres concepts que pour construire un lexique commun. Il ne s'agissait plus « d'appliquer les mathématiques à la biologie », mais de co-construire des modèles issus de véritables questions biologiques.

Un exemple souvent cité est celui des travaux sur les réseaux de régulation génétique au cours du développement. Lorsque, au début des années 2000, des groupes interdisciplinaires ont commencé à décrire ces processus comme des systèmes dynamiques de haute dimension, de nombreux biologistes se sont montrés sceptiques. Puis les résultats sont arrivés : les modèles mathématiques parvenaient à prédire la robustesse de certains schémas de développement mieux que ne le faisaient les descriptions moléculaires isolées. La cohérence de l'organisme ne découlait pas des gènes individuels, mais de la structure globale des interactions.

Un mathématicien italien se souvenait, dans une interview de 2011, que le véritable saut conceptuel n'avait pas eu lieu devant un tableau noir, mais lors d'un dîner informel à Trastevere après un colloque à Rome. Il racontait qu'à un certain moment, un embryologiste avait déclaré : « *Peut-être que lorsque vous parlez d'attracteur, vous faites référence à ce que nous appelons le destin cellulaire.* » Ce fut une révélation mutuelle. Les mots étaient différents, mais l'objet était le même.

Ce dialogue a enrichi les deux disciplines. La biologie a acquis des outils formels pour appréhender l'unité du vivant sans la réduire à une liste de composants. Les mathématiques, quant à elles, ont été contraintes de se confronter à des systèmes historiques, contingents, ouverts sur l'environnement — très différents des objets idéaux des manuels. La cohérence biologique, dans cette rencontre, a cessé d'être un concept « à mi-chemin » entre la poésie et la science pour devenir une propriété partagée, descriptible sous plusieurs angles.

Aujourd'hui, lorsque l'on parle d'organisme en tant que structure informationnelle stabilisée, ce dialogue n'est plus une option, mais une nécessité épistémologique. La cohérence n'appartient à aucune discipline : c'est le phénomène qui oblige les disciplines à dialoguer entre elles. Et c'est peut-être là son enseignement le plus profond.

L'ombre du vitalisme : comment l'émergence a échappé à la méfiance scientifique.

Au début du XXe siècle, prononcer le mot « émergence » dans un contexte scientifique était risqué. Cela ressemblait à un aveu d'ignorance, ou pire encore, à un retour déguisé au vitalisme. À une époque qui venait de voir triompher la chimie organique et la physiologie expérimentale, l'idée que de nouvelles propriétés puissent « apparaître » au niveau de l'organisme semblait être un raccourci conceptuel, une manière élégante de dire : nous ne savons pas expliquer.

Ce soupçon n'était pas infondé. De nombreux émergentistes de la première heure — il suffit de penser au philosophe britannique C. D. Broad, qui parlait en 1925 de propriétés non déductibles, même en principe — laissaient planer une zone d'ombre. Si une propriété n'est pas déductible, est-elle alors hors de la causalité physique ? S'agit-il de quelque chose qui s'ajoute de l'extérieur ? À cette même époque, des laboratoires comme celui de Jacques Loeb à *l'université Rockefeller* de New York menaient un programme opposé : démontrer que la vie était entièrement attribuable à des forces physico-chimiques. Toute référence à la « totalité » ou à l'« organisme » était considérée avec agacement.

Une anecdote rapportée dans les mémoires d'un jeune chercheur allemand illustre bien le climat de l'époque. Lors d'une discussion à Berlin en 1931, un collègue osa parler de « propriétés émergentes » du métabolisme cellulaire. Le silence qui s'ensuivit dans la salle fut suivi d'une remarque cinglante : « *Ici, on fait de la science, pas de la métaphysique* ». L'accusation était claire : émergence rime avec mystère.

Les critiques principales étaient au nombre de trois. Premièrement : l'émergentisme semblait violer le principe de fermeture causale de la physique. Deuxièmement : il manquait de modèles formels, s'appuyant sur des descriptions qualitatives. Troisièmement : il risquait de réintroduire une finalité implicite dans la nature, ce que la science moderne avait péniblement écarté. Dans ce contexte, le réductionnisme apparaissait non seulement plus rigoureux, mais aussi plus honnête.

Ce qui a changé, ce n'est pas tant l'idée d'émergence que le terrain scientifique sur lequel elle repose. Les objections du début du XXe siècle présupposaient un monde régi par la linéarité, des causalités simples et des systèmes isolables. Mais la science de l'après-guerre — de la thermodynamique des systèmes ouverts à la théorie des systèmes complexes — a montré que ces présupposés étaient incomplets. Nous savons aujourd'hui que de nouveaux régimes de comportement peuvent apparaître sans enfreindre aucune loi fondamentale, simplement lorsque le nombre et l'imbrication des interactions dépassent un certain seuil.

Le tournant décisif a été d'ordre formel. Lorsque l'émergence devient modélisable — à travers des dynamiques non linéaires, des réseaux en interaction, une stabilité collective —, elle perd son aura de mystère. La cohérence biologique, dans ce cadre, n'est pas un événement magique, mais une configuration stable de relations. Non pas « quelque chose de plus », mais « quelque chose qui se produit » lorsque le système est suffisamment organisé.

Même l'ancienne accusation de finalisme s'est révélée moins solide qu'elle ne le semblait. Aujourd'hui, parler de comportements orientés ou de maintien de la cohérence n'implique aucune fin externe, mais décrit une contrainte interne au système. Un organisme cohérent ne cherche pas à le rester : simplement, s'il ne le fait pas, il cesse d'exister. C'est une nécessité structurelle, pas un projet.

En ce sens, l'émergentisme contemporain ne demande pas d'indulgence philosophique, mais une attention scientifique. Les critiques historiques étaient le fruit d'une époque où les outils conceptuels et mathématiques adéquats faisaient défaut. Aujourd'hui, ces outils existent. Et grâce à eux, l'idée que la vie soit une propriété émergente cohérente n'apparaît plus comme un abandon de l'explication, mais comme son prolongement naturel.

Ce que notre formation réductionniste nous empêche de reconnaître.

Il existe un geste qui accompagne presque toute formation scientifique : le décomposition. On décompose un organisme en organes, un organe en tissus, un tissu en cellules, une cellule en molécules. C'est un geste puissant, qui a produit certaines des conquêtes les plus impressionnantes de la modernité. Mais comme tous les gestes répétés sans réflexion, il risque de se transformer en une habitude cognitive. Et l'habitude, on le sait, n'aide pas à voir ce qui ne rentre pas dans le schéma.

De nombreux scientifiques évoquent, avec une pointe d'ironie, ce même sentiment de désorientation. Cela se produit souvent au cours des premières années d' e de recherche : on observe un phénomène biologique qui « fonctionne » à la perfection — un développement embryonnaire robuste, une guérison coordonnée, une réponse immunitaire subtile — mais on ne parvient pas à l'expliquer en additionnant les différentes étapes moléculaires. « *Je sais décrire chaque élément* », confiait un jeune biologiste cellulaire lors d'un séminaire à Cambridge en 2014, « *mais le comportement d'ensemble m'échappe* ». Ce n'était pas une limite de compétence, mais une limite de perspective.

La formation scientifique du XXe siècle, notamment dans les sciences de la vie, a été façonnée par une conception précise de l'explication : comprendre, c'est réduire. Cette approche a des racines profondes, qui remontent au moins au succès de la mécanique classique et de la chimie analytique. Il n'est pas surprenant qu'elle ait été adoptée comme modèle universel. Le problème survient lorsque ce qui était une méthode efficace devient la seule méthode concevable.

Un épisode peu connu, mais éclairant, concerne une visite de Ludwig von Bertalanffy dans une université américaine dans les années 1950. Invité à donner un cours sur la théorie des systèmes, un étudiant lui a demandé : « *Dans quel chapitre du manuel de biochimie trouve-t-on la place du système ?* ». Bertalanffy a répondu calmement : « *Dans aucun. Et c'est justement là le problème* ». Il ne s'agissait pas d'une provocation philosophique, mais d'un constat pédagogique : certains concepts ne trouvent pas leur place parce qu'il n'y a pas de place pour eux dans la formation standard.

Le réductionnisme éducatif tend à engendrer un paradoxe. D'un côté, il fournit des outils d'analyse de plus en plus sophistiqués ; de l'autre, il jette le doute sur toute propriété qui ne soit pas localisable. Si l'on ne peut pas indiquer où se trouve la cohérence — dans quelle molécule, dans quel gène —, on est alors tenté de la considérer comme une illusion descriptive. Mais l'émergence ne se laisse pas pointer du doigt : on la reconnaît en observant le comportement du système au fil du temps.

Cette difficulté ne résulte pas de l'ignorance, mais d'une formation qui privilégie l'analyse statique par rapport à la dynamique, l'élément par rapport à la relation. Reconnaître un phénomène é t émergent tel que la cohérence exige un changement de posture intellectuelle : ne pas renoncer à la décomposition, mais l'accompagner d'une capacité de recomposition conceptuelle. Une capacité qui est rarement enseignée de manière explicite.

Ce n'est pas un hasard si de nombreux scientifiques ont « découvert » l'émergence tardivement, souvent en dehors des salles de cours. Certains la rencontrent en observant un écosystème sur le terrain, comme le racontait la biologiste marine Rachel Carson dans ses journaux intimes ; d'autres l'intuient en travaillant avec des modèles informatiques qui révèlent des comportements inattendus ; d'autres encore, plus simplement, remarquent que l'organisme continue à fonctionner même lorsque certaines de ses parties sont perturbées. La cohérence se manifeste, mais il faut être disposé à la voir.

En ce sens, le problème n'est pas le réductionnisme en soi, mais son exclusivité pédagogique. Tant que nous formerons des scientifiques excellents pour décomposer mais craintifs lorsqu'il s'agit de parler de l'ensemble, l'émergence continuera à apparaître comme quelque chose de vague. En revanche, lorsque nous apprenons à la considérer comme un phénomène observable, stable et reproductible — même s'il est impossible à localiser —, alors la cohérence cesse d'être un concept suspect et devient ce qu'elle est : une propriété réelle de la vie.

IV. L'organisme en tant que système non local.

Il arrive un moment, au fil de cet ouvrage, où la critique du réductionnisme ne peut plus se limiter à montrer ce qui ne fonctionne pas. Elle doit proposer un changement de perspective. Le chapitre IV naît précisément de cette nécessité : initier le lecteur à une idée aussi simple que déstabilisante pour la biologie classique, à savoir que, dans les organismes vivants, le comportement des parties ne peut être compris sans partir de l'état de l'ensemble.

Après avoir montré, dans les chapitres précédents, les limites de l'explication purement biochimique et les difficultés du darwinisme à rendre compte de la forme et de l'organisation, on franchit ici une étape supplémentaire. Il ne s'agit plus seulement de dire que les molécules ne suffisent pas, mais de reconnaître que la causalité biologique n'est ni linéaire ni locale. Dans les organismes, ce qui se passe en un point dépend de conditions qui ne se limitent pas à ce point. La vie, en d'autres termes, fonctionne comme un système global avant même d'être un assemblage de composants.

Cette intuition ne naît pas en biologie, mais trouve des échos surprenants dans la physique du XXe siècle. Quand Albert Einstein parlait, avec une certaine ironie, de « *spukhafte Fernwirkung* », la fameuse « *action fantomatique à distance* », il exprimait son malaise face à une non-localité qui semblait aller à l'encontre du bon sens classique. Aujourd'hui, sans forcer d'analogies inappropriées, de nombreux biologistes reconnaissent que les systèmes vivants présentent eux aussi une forme de non-localité fonctionnelle : non pas parce qu'ils transmettent des signaux instantanés, mais parce que l'organisation globale conditionne le comportement local.

Comme l'a écrit le biologiste théoricien Robert Rosen, « *un organisme n'est pas une machine car, dans une machine, les parties expliquent le tout, tandis que dans un organisme, c'est le tout qui explique les parties* ». Une phrase qui résume parfaitement l'objectif de ce chapitre. Il n'existe pas, dans le vivant, de « molécule metteur en scène », de gène souverain ou de réaction chimique capable, à elle seule, d'expliquer l'ordre biologique. La causalité est répartie, circulaire, souvent rétroactive. Chaque niveau de l'organisme existe en fonction des autres.

Cette idée de la primauté de l'organisme a une longue histoire souterraine. Kurt Goldstein, neurologue et penseur de la première moitié du XXe siècle, en observant des patients atteints de lésions cérébrales, remarqua que le comportement résiduel n'était pas la simple somme des fonctions restées intactes. L'organisme tout entier se réorganisait, trouvant de nouveaux équilibres. Il écrivait : « *La partie lésée ne peut être comprise qu'en référence à l'organisme dans sa totalité.* » Il ne s'agissait pas d'une métaphore clinique, mais d'une affirmation théorique.

Dans le présent chapitre, cette perspective est poussée jusqu'à ses conséquences extrêmes : l'organisme n'est pas le résultat final de processus locaux, mais la condition même qui rend ces processus possibles. Les cellules, les tissus, voire l'expression génique, répondent à un état global de cohérence ou d'incohérence. Comme le fait remarquer le prix Nobel Ilya Prigogine, « *la cause et l'effet ne sont plus séparables dans le temps et dans l'espace* ». Appliquée à la biologie, cette affirmation suggère que la vie ne suit pas une chaîne causale linéaire, mais un réseau de liens réciproques.

Ce chapitre joue donc un rôle stratégique dans l'architecture de l'ouvrage. Il sert à préparer le terrain conceptuel pour l'introduction des champs biologiques, qui ne peuvent être compris sans accepter au préalable l'idée que l'organisme est une unité primaire, non dérivée. Parler de champs sans cette étape préliminaire reviendrait à les réduire à de simples métaphores. Ici, en revanche, on explique pourquoi ils constituent une nécessité théorique.

Localité et non-localité. Les différences.

Pendant des siècles, la science a considéré la nature avec une conviction rassurante : pour comprendre un phénomène, il suffit d'identifier où il se produit et ce qui le provoque. C'est l'idée de localité, selon laquelle chaque effet a une cause identifiable en un point précis de l'espace et du temps. Cette approche a très bien fonctionné pour la mécanique, la chimie et une grande partie de la physiologie classique. Mais dès lors que l'on entre véritablement dans la complexité des organismes vivants, elle commence à présenter de profondes failles.

Ce chapitre du livre se situe précisément à ce point de friction. Après avoir remis en question l'idée selon laquelle la vie se réduirait à une chaîne de réactions biochimiques, il aborde ici une distinction cruciale : celle entre les processus locaux et les dynamiques non locales. Il ne s'agit pas d'une subtilité théorique, mais d'une différence qui change radicalement la manière dont nous interprétons l'organisation biologique.

Dans un système local, le comportement d'une partie dépend essentiellement de ce qui se trouve à proximité. Une enzyme catalyse une réaction parce qu'elle rencontre un substrat ; un récepteur s'active parce qu'une molécule s'y lie. Tout se passe « ici », et ce qui se passe ailleurs est, en principe, sans importance. C'est le modèle implicite de la biochimie classique, puissant et précis, mais limité.

La non-localité biologique introduit en revanche une autre logique. Dans les organismes, ce qui se passe en un point dépend souvent de l'état de l'ensemble du système. Non pas parce qu'il existerait de mystérieuses forces à distance, mais parce que le vivant est organisé comme une unité cohérente, dans laquelle le contexte global conditionne le comportement local. Un exemple bien connu des spécialistes, mais rarement évoqué en dehors des cercles spécialisés, concerne le rythme cardiaque. Denis Noble, physiologiste à Oxford, a montré que le rythme cardiaque n'est pas « commandé » par une seule cellule pacemaker, mais qu'il résulte de l'interaction collective de millions de cellules cardiaques, chacune étant sensible à l'état global du tissu. Isoler une cellule revient à en perdre le comportement réel.

La différence entre le local et le non-local devient encore plus évidente dans le développement embryonnaire. Si la localité était le principe dominant, il suffirait de connaître la position et le destin de chaque cellule pour expliquer la forme finale d'un organisme. Pourtant, des expériences classiques du XXe siècle ont montré que des embryons séparés précocement peuvent se réorganiser et donner naissance à des structures complètes, même s'il leur « manque » des parties qui, selon une logique locale, auraient été indispensables. Le développement répond à un champ de relations globales, et non à une carte point par point.

Walter Freeman, neuroscientifique américain, utilisait une expression délibérément provocatrice pour parler de l'activité cérébrale : « *Le cerveau ne traite pas l'information comme un standard téléphonique, mais comme une tempête.* » Ce qu'il voulait dire était simple et radical : il n'existe pas de lieu précis où « naît » une pensée ou une perception. L'activité neuronale prend des configurations globales qui donnent un sens aux signaux individuels. Une fois encore, le tout précède les parties.

La localité recherche la cause ; la non-localité recherche la condition. Dans le premier cas, on se demande « quel élément produit cet effet ? ». Dans la seconde, on se demande « dans quel état le système doit-il se trouver pour que cet effet soit possible ? ». C'est une différence subtile, mais décisive. Claude Bernard, dès le XIXe siècle, avait pressenti quelque chose de similaire lorsqu'il affirmait que « la stabilité du *milieu intérieur* est la condition de la vie libre ». Il ne parlait pas de molécules spécifiques, mais d'un état global qui rend possible toute fonction locale.

Cette distinction aide également à comprendre pourquoi l'idée d'une « molécule metteur en scène » est à la fois si séduisante et si trompeuse. Attribuer à un gène, à une hormone ou à un neurotransmetteur le rôle de cause ultime est un réflexe local appliqué à un système qui n'en est pas un.

Du corps à la société : la non-localité qui nous gouverne.

Il existe un point, dans la comparaison entre la biologie et l'économie, où le parallélisme cesse d'être une métaphore élégante pour devenir un outil de compréhension. C'est le point de la non-localité. Tout comme, dans un organisme vivant, le comportement d'une cellule dépend de l'état global du corps, de la même manière, dans les systèmes économiques et sociaux, les actions des acteurs individuels sont profondément conditionnées par des dynamiques globales que personne ne contrôle directement. John Maynard Keynes l'avait clairement pressenti dans les années 1930, en parlant d'« *animal spirits* » : des décisions individuelles apparemment rationnelles qui, prises ensemble, produisent des effets collectifs imprévisibles. Aucun investisseur, pris isolément, ne « décide » d'une crise financière, et pourtant une crise survient, telle une fièvre systémique. L'exemple du krach de Wall Street de 1929 — étudié encore aujourd'hui non seulement par les économistes mais aussi par les théoriciens des systèmes complexes — montre une dynamique étonnamment similaire à certains phénomènes biologiques : de petits signaux locaux ne deviennent significatifs que parce que le système dans son ensemble a perdu sa cohérence. Karl Polanyi, en observant l'Europe de l'entre-deux-guerres, parlait d'une « désintégration du tissu social » avant même celle de l'économie. Là encore, comme dans le monde vivant, ce n'est pas la partie isolée qui explique l'effondrement, mais l'état global du champ des relations. Plus près de nous, le sociologue Mark Granovetter a montré comment les comportements individuels — par exemple, participer à une manifestation ou suivre une mode — dépendent de seuils collectifs invisibles : ce qui semble être un choix personnel est en réalité un événement non local, rendu possible par la configuration globale du réseau social. En biologie comme en sciences sociales, la non-localité n'élimine pas l'individu, mais le situe dans un contexte qui le précède et le rend intelligible. Une fois encore, le tout précède les parties.

Quand l'avenir détermine le présent.

Si la non-localité remet en cause l'idée selon laquelle chaque cause se situe en un point précis de l'espace, le temps va encore plus loin : il montre que, dans les systèmes vivants, la cause ne se situe pas non plus dans un instant isolable. Un organisme ne vit jamais uniquement dans le présent. Chacune de ses réponses est imprégnée du passé et orientée vers un avenir possible. Le système immunitaire, par exemple, réagit en s'appuyant sur une mémoire : une infection survenue des années auparavant modifie aujourd'hui la qualité de la réponse cellulaire. En 1973, lors d'un congrès à Cold Spring Harbor, Niels Jerne a décrit le système immunitaire comme un réseau qui « se souvient » et anticipe, plus proche d'une conversation que d'une chaîne de réactions. Ici, le temps ne s'écoule pas en ligne droite : il circule, se replie sur lui-même, revient. La même logique s'applique à l'ensemble du corps. Un athlète blessé racontait que la douleur au genou réapparaissait avant même l'effort, à la seule perspective de la compétition. L'attente future avait déjà modifié le présent physiologique. Des phénomènes analogues sont également bien connus dans les sociétés. Les crises économiques commencent souvent avant que les chiffres ne le justifient : il suffit que l'idée d'un avenir incertain se répande pour que le comportement collectif change dès aujourd'hui. En 1992, à la veille de la crise de la lire, certains observateurs ont remarqué que les marchés réagissaient davantage aux rumeurs qu'aux données officielles. Comme dans un organisme soumis au stress, l'anticipation du danger réorganise le système dans son ensemble. Le sociologue Robert K. Merton parlait de « prophétie auto-réalisatrice » : des attentes futures qui deviennent des causes présentes. Dans les deux cas, biologique et social, le temps agit de manière non locale : le passé n'est pas vraiment passé, l'avenir n'est pas encore arrivé, et pourtant tous deux participent activement à la configuration de l'ici et maintenant. La non-localité temporelle est peut-être la forme la plus subtile de la primauté du tout : le système ne réagit pas à ce qui se passe, mais à ce que cela signifie dans le flux de son histoire.

Quand même les machines deviennent non locales.

Au cours des dernières décennies, en observant le fonctionnement des grands réseaux informatiques, de nombreux ingénieurs ont éprouvé une sensation familière aux biologistes : aucun centre de commande, et pourtant un comportement global étonnamment cohérent. Internet, dès son architecture d'origine conçue dans les années 1960 par Paul Baran et Donald Davies entre *la RAND Corporation* et *le National Physical Laboratory* de Teddington, est pensé pour fonctionner même si des parties importantes viennent à manquer. Les paquets de données trouvent des itinéraires alternatifs, le trafic se réorganise, le réseau « résiste ». En ce sens, la non-localité des réseaux informatiques rappelle celle des organismes : ce qui se passe dans un nœud dépend de l'état global du système. Cependant, la similitude s'arrête là. Un organisme vivant ne se contente pas de maintenir son fonctionnement : il interprète ce qui se passe. Lorsqu'en 2012, une panne d'électricité a frappé un grand centre de données dans le nord de la Virginie, les systèmes de redondance se sont mis en marche selon des protocoles prédéfinis. Tout a fonctionné, mais aucun réseau n'a « compris » le sens de l'événement. Dans un organisme, au contraire, une perturbation n'est jamais uniquement technique : elle est significative. Le biologiste canadien Brian Goodwin observait que les machines complexes peuvent simuler l' t l'organisation, mais pas la formation du sens. Les réseaux artificiels sont non locaux dans l'espace, mais restent locaux en termes de sens : ils fonctionnent selon des règles externes, et non selon une cohérence vécue. Même les architectures d'intelligence artificielle les plus avancées, comme celles développées dans les laboratoires de *DeepMind* à Londres, font preuve d'adaptabilité et d'apprentissage, mais toujours dans le cadre d'objectifs assignés de l'extérieur. L'organisme, en revanche, est à la fois réseau, règle et finalité : son « champ » n'est pas programmé, il se régénère en permanence. La comparaison avec les systèmes artificiels est donc précieuse, non pas pour réduire la vie à une machine sophistiquée, mais pour mettre en lumière ce qui manque encore aux machines : la primauté du tout en tant que condition interne, et non en tant que projet imposé.

Quand le tout dérangeait les parties.

Pour comprendre pourquoi, aujourd'hui, parler de l'organisme comme d'un système non local semble encore, par moments, aller à contre-courant, il faut revenir au climat intellectuel de la seconde moitié du XXe siècle. Entre les années 1950 et 1970, la biologie a connu une période de succès spectaculaires : la découverte de la structure de l'ADN en 1953, le déchiffrement du code génétique, l'essor de la biologie moléculaire en tant que langage unificateur. Dans ce contexte, l'idée que le tout puisse précéder les parties semblait non seulement superflue, mais suspecte. Francis Crick, lors d'une conférence à Cambridge en 1966, affirma sans ambages que l'objectif ultime de la biologie était d'expliquer la vie « en termes de physique et de chimie ». Ce n'était pas de l'arrogance, mais la confiance en un paradigme gagnant. Ceux qui proposaient des visions holistiques, comme le biologiste autrichien Ludwig von Bertalanffy avec sa « *Théorie générale des systèmes* », étaient souvent relégués à la marge : intéressant d'un point de vue philosophique, disait-on, mais peu applicable en laboratoire. À la même époque, à Chicago, le neuroembryologiste Paul Weiss parlait de champs morphogénétiques et d' t de coordination globale dans le développement, mais ses idées peinaient à trouver leur place dans les revues dominantes. Une anecdote récurrente dans les couloirs universitaires raconte qu'un jeune chercheur européen, dans les années 1970, s'est vu conseiller de « supprimer toute référence à l'organisme » d'un article s'il voulait le voir publié. Le climat était tel que l'holisme était confondu avec un flou théorique, quand ce n'était pas avec des dérives vitalistes.

Ce n'est que plus tard, avec les crises internes au réductionnisme lui-même — l'incapacité à prédire le comportement de réseaux génétiques complexes ou à expliquer la robustesse des organismes — que le regard a lentement commencé à changer.

Des figures telles qu'Ilya Prigogine ont montré que l'ordre et la cohérence pouvaient émerger sans metteur en scène central. Mais il a fallu du temps pour que ces idées s'imprègnent dans la biologie du vivant. La résistance du monde universitaire n'était pas seulement scientifique : elle était culturelle, institutionnelle, liée aux carrières, aux financements, aux langages communs. Comprendre cette histoire, c'est saisir pourquoi la biologie des champs n'est pas apparue comme une mode récente, mais comme le retour, enfin mûr, de questions longtemps mises de côté.

La non-localité biologique.

L'une des idées les plus déstabilisantes de la biologie contemporaine est aussi l'une des plus simples à énoncer : dans les organismes vivants, personne ne commande vraiment. Il n'existe pas de salle de contrôle, de directeur général, de poste de commande d'où l'on décide des mouvements des cellules, des tissus, des organes. Et pourtant, le résultat est sous nos yeux : une coordination fine, adaptative, souvent élégante. Ce paradoxe — l'ordre sans ordres — est au cœur de la non-localité biologique.

Un exemple fascinant nous vient du monde des insectes sociaux. En 1991, le biologiste suisse Laurent Keller observait des colonies de fourmis *Leptothorax* dans les forêts du Jura. Lorsque le nid était perturbé, aucune fourmi ne « décidait » où s'installer. Et pourtant, en l'espace de quelques heures, la colonie convergeait vers un nouveau site, souvent le meilleur disponible. Ce choix résultait d'une myriade de micro-interactions locales, mais le comportement final était global. Keller l'a raconté des années plus tard avec une boutade devenue célèbre dans les séminaires : « *La colonie est plus intelligente que n'importe quelle fourmi, mais ce n'est pas un cerveau.* »

Dans les organismes multicellulaires, il se passe quelque chose de similaire, bien que moins visible. Lors de la cicatrisation d'une plaie, par exemple, les cellules n'attendent pas d'instructions venant d'en haut. Des études menées à Cambridge au début des années 2000 ont montré que le front de cicatrisation s'organise comme une migration collective :

chaque cellule « perçoit » les autres, réagit à des gradients mécaniques et chimiques qui ne sont pas liés à un point précis, mais à l'état global du tissu. La coordination n'est pas imposée, elle est partagée.

Cette idée remet en cause une habitude mentale profondément ancrée : penser que chaque fonction doit correspondre à un centre. Dans le corps humain, nous sommes tentés d'attribuer ce rôle au cerveau. Mais dès les années 1980, le physiologiste français Alain Berthoz rappelait que le système nerveux ne gouverne pas comme un général, mais comme un diplomate : il négocie, intègre, harmonise des signaux qui naissent partout. Le cœur, l'intestin, le système immunitaire produisent des rythmes et prennent des décisions locales qui influencent l'ensemble. Il en résulte une sorte de démocratie biologique, instable mais efficace.

La non-localité biologique ne doit pas être confondue avec l'absence de structure. Au contraire, il s'agit d'une structure diffuse, où l'information circule sans direction privilégiée. Comme l'écrivait le philosophe des sciences Georges Canguilhem, « *la vie est ce qui est capable de* norme », et non ce qui obéit à une norme extérieure. La coordination sans centre est la forme concrète de cette autonomie : l'organisme n'exécute pas un plan, il le produit en permanence.

Pour le lecteur contemporain, habitué aux organisations pyramidales et aux algorithmes décisionnels, cette idée a quelque chose de provocateur. Mais c'est peut-être là que réside la leçon la plus actuelle de la biologie des champs : la cohérence ne naît pas d'un contrôle total, mais de la qualité des relations. Et la vie, de ce point de vue, reste encore le système le plus avancé que nous connaissons.

Tensions vitales : le langage silencieux des tissus.

Il existe un aspect de la vie qui est longtemps resté hors du champ de vision de la biologie moléculaire : le fait que les corps ressentent les forces. Non pas au sens métaphorique, mais physique. Les tensions, les compressions, les étirements et l'élasticité des tissus constituent un véritable langage non local, capable de coordonner l'organisme sans avoir besoin de messagers chimiques ponctuels ni d' s centres de décision. C'est une communication qui circule à travers la forme même du corps.

Dans les années 1990, dans les laboratoires de la Harvard Medical School, le médecin et bio-ingénieur Donald Ingber a commencé à parler de « *tenségrité biologique* » : une structure dans laquelle des éléments rigides et flexibles se soutiennent mutuellement grâce à un réseau continu de tensions. Cette idée, inspirée des sculptures de Buckminster Fuller, a d'abord trouvé un écho plus favorable chez les architectes que chez les biologistes. Pourtant, les expériences étaient éloquentes : en modifiant la tension mécanique sur une seule cellule, Ingber observait des changements coordonnés dans l'expression génique et le comportement de l'ensemble du tissu. Il ne s'agissait pas d'un signal local, mais d'une réponse globale, répartie dans la structure.

Un exemple fascinant nous vient de l'embryologie. Dès les années 1980, dans les laboratoires de l'université de Berkeley, Gerald Oster et ses collègues ont montré que, au cours du développement embryonnaire, de nombreuses formes apparaissent non pas parce qu'elles sont « programmées » au niveau moléculaire, mais parce qu'elles sont soumises à des champs de contrainte mécanique. Les cellules s'alignent, migrent ou se différencient en suivant des lignes de force qui traversent l'embryon tout entier. Comme dans une coupole gothique, où chaque pierre « sait » où se placer, non pas parce qu'elle reçoit un ordre, mais parce qu'elle répond aux tensions de l'ensemble.

Un chirurgien orthopédiste lyonnais racontait que, lors de certaines reconstructions osseuses, le meilleur résultat ne dépendait pas tant de la précision millimétrique de l'implant que du rétablissement des lignes de charge correctes. « *Si les forces recommencent à circuler, l'os fait le reste.* » C'est un constat empirique que la biologie des champs interprète aujourd'hui de manière plus large : la forme informe, et elle le fait partout simultanément.

Cette intuition n'est pas tout à fait nouvelle. En 1917, le zoologiste écossais D'Arcy Wentworth Thompson écrivait dans *On Growth and Form* que « *la forme d'un organisme est un diagramme des forces qui ont agi sur lui* ». À l'époque, cela semblait être une réflexion élégante mais marginale. Aujourd'hui, elle paraît presque prophétique. Les forces mécaniques ne sont pas de simples effets secondaires de la biochimie : ce sont des vecteurs d'information qui traversent le corps comme un champ continu, rendant possible une coordination sans centre.

En ce sens, les signaux mécaniques incarnent parfaitement la non-localité biologique. Ils ne partent pas d'un point, n'arrivent pas à une cible isolée. Ils modifient l'état global du système, et chaque partie réagit en tant que partie de cet ensemble. C'est une biologie qui écoute le corps dans son intégralité, avant même d'en déchiffrer les molécules.

La pensée verte : comment les plantes se coordonnent sans cerveau.

Pendant des siècles, les plantes ont été considérées comme la toile de fond immobile de la vie : des êtres passifs, dépourvus de comportement, et certainement dépourvus d'esprit. Une vision qui en dit bien plus long sur nos préjugés que sur la biologie végétale. Et qui a commencé à s'effriter sérieusement au début du XXIe siècle, lorsque à Florence — non pas dans un laboratoire high-tech de la Silicon Valley, mais dans une ville imprégnée d'art et d'histoire — certaines expériences ont montré à quel point la coordination des plantes est sophistiquée, malgré l'absence totale de système nerveux.

En 2005, à l'université de Florence, Stefano Mancuso et son équipe ont commencé à étudier l'apex racinaire en tant que centre sensible et décisionnel diffus. Charles Darwin, dans un ouvrage peu cité de 1880 (*The Power of Movement in Plants*), avait déjà pressenti quelque chose de similaire, en comparant la pointe de la racine au cerveau d'un animal inférieur. Pendant plus d'un siècle, cependant, cette observation était restée en marge. Mancuso l'a prise au sérieux, mais sans métaphores : en mesurant les signaux électriques, les gradients chimiques et les variations de croissance en réponse à des stimuli environnementaux complexes.

Le résultat est surprenant : une plante coordonne son comportement comme un système non local, où aucun organe ne décide pour tous et où l'information circule à travers l'organisme tout entier. Si une racine rencontre un obstacle, l' e architecture racinaire tout entière se réorganise. Si une feuille subit une attaque, d'autres parties de la plante activent des réponses défensives avant même d'être touchées. Il ne s'agit pas d'un réflexe mécanique : c'est une réponse globale, cohérente, qui implique l'organisme dans son ensemble.

Une anecdote racontée par une chercheuse du LINV — le « *Laboratoire international de neurobiologie végétale* » fondé à Florence en 2007 — illustre bien cette idée. Au cours d'une expérience de compétition entre plantes pour des ressources limitées, une plante a modifié son schéma de croissance racinaire en anticipant les mouvements d'une plante voisine. Elle ne réagissait pas, elle semblait prévoir. Il ne s'agissait bien sûr pas d'une prédiction consciente, mais d'une capacité à intégrer des informations réparties dans le champ biologique de l'organisme.

C'est là que la non-localité biologique devient évidente : la plante ne répond pas point par point, mais état par état. Chaque variation environnementale se traduit par un changement du champ informationnel global, qui oriente la croissance, la floraison, la défense. C'est une coordination lente par rapport à nos temps neuronaux, mais non moins raffinée. Au contraire, peut-être plus robuste, car elle ne dépend pas d'un centre vulnérable.

Ce n'est pas un hasard si Mancuso aime rappeler que les plantes représentent plus de 99 % de la biomasse de la planète et qu'elles ont survécu, sans encombre, à des extinctions de masse qui ont balayé des organismes « plus évolués ». Leur force ne réside pas dans la vitesse, mais dans la répartition de l'intelligence. Une leçon biologique qui trouve un écho bien au-delà des frontières de la science : en 2018, lors d'une conférence à Paris, un urbaniste a justement cité les modèles végétaux pour repenser des villes moins centralisées et plus résilientes.

Dans le cadre de la biologie des champs, les plantes deviennent ainsi un cas exemplaire : des organismes qui montrent comment la vie peut être profondément coordonnée sans cerveau, sans centre, sans commandement. Non par manque, mais par choix évolutif. Et c'est peut-être précisément cela qui les rend, aujourd'hui, si actuelles.

Cécité verte : pourquoi l'Occident a mis du temps à comprendre les plantes.

Pendant une grande partie de l'histoire occidentale, les plantes ont été victimes d'une sorte de préjugé ontologique. Elles vivaient, certes, mais dans une zone grise de la hiérarchie de l'être : en dessous des animaux, loin de l'humain, trop silencieuses pour être intéressantes. Aristote les plaçait déjà au niveau le plus bas de l'âme, celle dite « végétative », dépourvue de sensation et de désir. Une classification qui, comme cela arrive souvent, est devenue un destin culturel.

Alors que la science moderne se développait en s'intéressant au mouvement, à la vitesse, au comportement visible — tout ce qui pouvait être mesuré, disséqué, isolé —, le monde végétal restait à l'arrière-plan. Galilée observait les cieux, Vésale disséquait des corps d'animaux, Harvey suivait la circulation sanguine. Les plantes, tout au plus, étaient cataloguées. Linné, au XVIIIe siècle, a mis au point un système de classification impeccable, mais sa botanique relevait avant tout de la nomenclature, et non de la compréhension des processus.

Ce retard n'était pas seulement scientifique, mais profondément culturel. L'Occident a longtemps considéré la connaissance comme quelque chose qui naît d'un centre — le cerveau, le sujet, l'esprit — et qui rayonne vers l'extérieur. Dans ce schéma, un organisme dépourvu de système nerveux ne pouvait apparaître que comme simple, réactif, presque mécanique. Une vision cohérente avec le réductionnisme cartésien, mais peu adaptée à la compréhension de formes d'organisation distribuées et non locales.

Ailleurs, le regard était différent. Au Japon, dès la période Edo (XVIIe–XIXe siècles), la relation avec le monde végétal ne passait pas par l'idée de domination ou de classification, mais par celle de résonance. L'art de l'ikebana, codifié des siècles auparavant, ne consiste pas à « disposer des fleurs », mais à rendre visibles les lignes de force entre la tige, l'espace et le vide. Dans les jardins zen de Kyoto — pensons au Ryōan-ji, achevé à la fin du XVe siècle —, la nature n'est pas une décoration, mais un système de relations : chaque élément n'a de sens que dans le champ qui l'englobe.

Un anthropologue britannique racontait, après un long séjour parmi les peuples amazoniens, avoir été frappé par la manière dont certaines communautés parlaient des plantes médicinales : non pas comme des ressources, mais comme des entités avec lesquelles on entretient une relation. Il ne s'agissait ni de romantisme ni d'animisme naïf, mais d'un savoir pratique raffiné, fondé sur des siècles d'observation des comportements végétaux complexes : temps de réponse, interactions invisibles, adaptations lentes mais cohérentes.

L'Occident, en revanche, a mis beaucoup plus de temps à accepter que la complexité ne rime ni avec la rapidité, ni avec la présence d'un centre de contrôle. Ce n'est qu'au cours de la seconde moitié du XXe siècle, avec la crise des modèles linéaires et l'émergence des sciences des systèmes complexes, qu'il est devenu possible de reconsidérer sérieusement les organismes fonctionnant « par champ », où le tout précède et conditionne les parties.

Ce n'est pas un hasard si cette réévaluation s'est produite parallèlement à une refonte culturelle plus large : l'écologie, l'anthropologie critique, voire certains courants de l'esthétique contemporaine ont commencé à remettre en question l'idée d'un sujet isolé observant un objet inerte. Les plantes, de ce point de vue, sont devenues un banc d'essai conceptuel. Accepter leur complexité, c'est accepter que la vie puisse s'organiser sans centre, que l'intelligence puisse être distribuée, que la causalité puisse être non locale.

Peut-être que le véritable retard occidental n'a pas été scientifique, mais imaginatif. Nous avons eu du mal à reconnaître ce qui ne nous ressemblait pas. Et les plantes, précisément parce qu'elles sont si radicalement « autres », nous demandaient un changement de paradigme que nous commençons seulement maintenant à aborder.

Si les plantes « savent » : une nouvelle écologie des relations.

Reconnaître aux plantes une forme d'intelligence distribuée n'est pas seulement un acte scientifique. C'est un geste culturel qui déplace l'axe de notre rapport à l'environnement. Tant que nous avons considéré le monde végétal comme un ensemble d'objets inertes — des ressources à extraire, des surfaces à occuper, de la biomasse à optimiser —, l'écologie est restée, au mieux, une gestion plus prudente de l'exploitation. Mais si nous acceptons que les plantes soient des organismes capables d'intégrer des informations, de se coordonner et de réagir de manière cohérente en tant que systèmes non locaux, alors la question change : ce n'est plus « combien pouvons-nous prélever ? », mais « avec qui interagissons-nous ? ».

Ce tournant se fait déjà sentir sur le terrain. En 1997, lors d'un projet de reboisement près de Vancouver, des écologistes ont remarqué que les plantations réalisées dans le respect de la diversité végétale locale faisaient preuve d'une résilience nettement supérieure à celle des monocultures. Ce n'était pas seulement une question de sol ou de climat. C'était le comportement de l'ensemble qui changeait : une réponse collective aux stress environnementaux. À l'époque, on parlait d'« effets émergents ». Aujourd'hui, on dirait : dynamiques de champ.

L'idée qu'un écosystème n'est pas la somme de ses espèces, mais une structure informationnelle stabilisée, a des conséquences pratiques. En agriculture, par exemple, elle modifie la manière dont on conçoit l'entretien des cultures. Dans certaines exploitations biodynamiques de la vallée de la Loire, on a choisi de réduire drastiquement les interventions chimiques, non pas par idéologie, mais par observation : les champs moins « contrôlés » faisaient preuve d'une capacité d'autorégulation surprenante. Non pas parce que les plantes sont bienveillantes, mais parce qu'un système cohérent réagit mieux qu'un système fragmenté.

Sur le plan écologique, reconnaître l'intelligence distribuée des plantes signifie également revoir la notion de dommage environnemental. Abattre une forêt ne revient pas simplement à supprimer des arbres ; cela revient à rompre un réseau de relations sensibles qui s'est stabilisé au fil du temps. En 2019, lors des incendies qui ont ravagé de vastes régions d'Australie, certains et botanistes locaux ont souligné que la perte n'était pas seulement quantitative, mais aussi qualitative : certains écosystèmes, une fois fragmentés, ne « reviennent » pas, car leur champ de cohérence est brisé.

Cette prise de conscience se répercute également dans le droit. En 2008, l'Équateur a inscrit dans sa Constitution la reconnaissance des droits de la Nature. Un acte souvent qualifié de symbolique, mais qui découle d'une vision — partagée par de nombreux peuples autochtones andins — selon laquelle le monde vivant est un ensemble de sujets interdépendants, et non une collection d'objets. Il ne s'agit pas d'attribuer des intentions humaines aux plantes, mais de reconnaître qu'agir sur un organisme ou un écosystème revient à intervenir sur un champ de relations.

Même le langage écologique évolue. Des mots tels que « gestion », « contrôle » ou « exploitation durable » commencent à montrer leurs limites. Si les plantes sont des systèmes informationnels complexes, alors l'environnement n'est pas un décor passif, mais un interlocuteur. Aldo Leopold l'avait déjà pressenti lorsqu'il parlait, en 1949, d'« éthique de la terre » : une invitation à considérer le sol, les eaux et les plantes comme les membres d'une communauté biotique. Aujourd'hui, cette intuition repose sur des bases biologiques plus solides.

Dans cette perspective, l'écologie n'est plus seulement une science de la conservation, mais une science de la coexistence. Reconnaître l'intelligence distribuée des plantes nous oblige à penser en termes de systèmes, de longues durées et de causalités diffuses.

Le mythe du commandement : ce que les organisations humaines ne comprennent pas de la vie.

Chaque fois que, dans une communauté humaine, on tente de fonctionner sans une chaîne de commandement bien définie, une méfiance presque instinctive se déclenche. « Qui décide ? », « Qui est responsable ? », « Qui assure la cohésion de l'ensemble ? ». Des questions légitimes, certes, mais aussi révélatrices. Car la biologie nous montre depuis longtemps que des systèmes hautement complexes peuvent se coordonner sans centre de commandement, alors que notre imagination sociale peine encore à l'accepter.

La comparaison avec les organismes non locaux ne sert pas à établir des analogies naïves — une coopérative n'est pas un organisme, une cellule n'est pas une assemblée — mais à mettre en lumière une limite culturelle profonde : notre difficulté à concevoir la coordination comme une propriété du système et non comme la fonction d'un sommet.

Dans le monde humain, les tentatives d'organisation non hiérarchique ont souvent été considérées comme des expériences fragiles, vouées au chaos ou à l'inefficacité. Pourtant, certains cas résistent à l'épreuve du temps. Le groupe coopératif Mondragon, fondé au Pays basque en 1956, rassemble aujourd'hui des dizaines de milliers de travailleurs au sein d'un système où la propriété et de nombreuses décisions sont réparties. Ce n'est pas une utopie sans conflits, mais un exemple concret de la manière dont la cohérence peut émerger de règles partagées et d'un retour d'information continu, plutôt que d'ordres imposés d'en haut.

Le cas des projets open source est encore différent. En 2001, lors d'une rencontre à San Diego, un développeur expliquait comment le logiciel sur lequel il travaillait s'améliorait précisément parce que personne ne contrôlait tout. Linux, souvent cité à tort comme un modèle anarchique, fonctionne en réalité grâce à une causalité distribuée : contributions locales, évaluations croisées, réputations qui se forgent au fil du temps. Il n'y a pas de « molécule directrice », mais une structure qui conserve sa cohérence tout en évoluant sans cesse.

Ce qui frappe, lorsqu'on observe ces modèles, c'est à quel point ils sont culturellement exigeants. Les assemblées du mouvement *Occupy Wall Street*, à New York en 2011, en ont été un exemple emblématique. L'absence de leaders visibles n'était pas un signe d'incapacité organisationnelle, mais un choix délibéré. Pourtant, de nombreux observateurs — journalistes, politiciens, universitaires — ont interprété cette absence de centre comme un signe d' t d'immaturité. Comme si, sans chef, aucune forme ne pouvait exister.

La biologie des champs suggère une lecture différente. Dans les systèmes vivants non locaux, la coordination ne s'opère pas parce que quelqu'un « en sait plus », mais parce que l'état global du système contraint et oriente les parties. Transposé au niveau humain, cela implique que les normes, les contextes, les valeurs partagées et les flux d'informations comptent davantage que les figures d'autorité. Une leçon que l'économiste Elinor Ostrom avait déjà tirée en étudiant, entre les années 1970 et 1990, des communautés capables de gérer des ressources communes sans autorité centrale, de l'irrigation au Népal aux forêts du Japon.

La question cruciale n'est pas de déterminer si ces modèles sont toujours préférables, mais de reconnaître que notre conception de la coordination est historiquement restreinte. Nous avons intériorisé l'idée que l'ordre doit être imposé, et non émerger ; que la cohérence exige un centre, et non un champ de relations. C'est pourquoi les modèles non hiérarchiques nous semblent instables, tandis que les modèles biologiques — qui fonctionnent selon des logiques similaires — nous paraissent « naturels ».

Peut-être que la véritable confrontation avec la non-localité biologique ne concerne pas l'efficacité, mais l'imagination. Accepter que le tout puisse précéder les parties, même dans les organisations humaines, signifie renoncer à une certaine idée de contrôle. Et cela, plus qu'une difficulté technique, est un seuil culturel que nous n'avons pas encore pleinement franchi.

Quand tout influence tout : la fin de la molécule souveraine.

Chaque époque scientifique a son fétiche. Pour la biologie du XXe siècle, ce fut longtemps l'idée de la molécule décisive : le gène clé, l'hormone maîtresse, le récepteur qui « explique tout ». Une figure rassurante, presque narrative. S'il y a un metteur en scène, le film devient compréhensible. Mais la vie, à y regarder de plus près, n'aime pas les scénarios linéaires.

L'idée qu'il existe dans les organismes une cause centrale, une sorte de marionnettiste moléculaire, découle davantage d'un besoin culturel que d'une évidence empirique. Elle reflète une mentalité qui privilégie les explications verticales : quelque chose commande, quelque chose d'autre obéit. Pourtant, plus la biologie a affiné ses outils, plus cette image s'est fissurée.

Dans les années 1980, en étudiant la régulation génique chez les levures, certains chercheurs du laboratoire EMBL de Heidelberg ont remarqué un fait gênant : les mêmes gènes pouvaient produire des effets opposés selon l'état global de la cellule. Il n'y avait pas de « gène chef de file » qui décidait du destin. C'était le contexte global qui donnait un sens à l'action locale. La causalité, plutôt que de descendre d'en haut, se répartissait latéralement.

Un exemple emblématique nous vient de l'embryologie contemporaine. En 2006, au *Karolinska Institutet* de Stockholm, une équipe de recherche a observé que des cellules embryonnaires identiques, placées dans des environnements légèrement différents, prenaient des voies de développement divergentes bien qu'elles possèdent le même patrimoine génétique. Ce n'était pas la séquence de l'ADN qui avait changé, mais le réseau de relations dans lequel ces cellules étaient immergées. Comme l'a écrit le biologiste suisse Denis Duboule, membre de l' , lors d'une conférence à Genève : « *Le génome n'est pas une partition qui joue toute seule ; c'est un système qui répond à l'état de l'orchestre* ».

Cette image met en évidence un point essentiel : dans les organismes vivants, les causes ne sont pas isolées, mais interdépendantes. Une enzyme fonctionne parce que le pH, la température, la structure cellulaire et l'état métabolique global le permettent. Si le contexte change, la fonction change. Chercher la « molécule metteur en scène », c'est confondre un nœud du réseau avec le réseau tout entier.

Le neuroscientifique Karl Friston, s'exprimant à Londres en 2012 sur le cerveau en tant que système prédictif, a observé que « les causes dans le vivant ne sont pas des événements ponctuels, mais des contraintes réparties ». Une phrase dont la portée dépasse largement le cadre des neurosciences. La vie ne fonctionne pas par ordres, mais par conditions.

Curieusement, cette idée n'est pas tout à fait nouvelle. Dès 1934, le physiologiste américain Walter Cannon, qui étudiait l'homéostasie à Harvard, insistait sur le fait que l'équilibre de l'organisme ne dépendait pas d'un centre de contrôle unique, mais d'une pluralité de mécanismes en interaction. Le terme « feedback », aujourd'hui galvaudé, a justement été créé pour décrire cette causalité circulaire, où l'effet modifie la cause.

Plus tard, dans les années 1970, le biochimiste italien Enrico Bucci disait souvent à ses étudiants que « *la cellule ne lit pas d'instructions, elle interprète des signaux* ». Un verbe révélateur. Interpréter implique un contexte, pas un ordre. La médecine clinique offre elle aussi des exemples éloquents. Certains médicaments produisent des effets différents, parfois opposés, selon l'état général du patient. Ce n'est pas seulement une question de dosage, mais d'organisation systémique. Le principe actif ne « décide » rien tout seul. Il agit au sein d'un champ biologique qui en module la signification.

Si la molécule « metteur en scène » n'existe pas, pourquoi continuons-nous à la chercher ? Parce qu'elle simplifie. Elle réduit l'incertitude, elle promet le contrôle. Mais le prix à payer est élevé : nous perdons de vue ce qui maintient réellement un organisme en vie, à savoir la cohérence dynamique de l'ensemble. La philosophe des sciences Isabelle Stengers, lors d'un dialogue public à Bruxelles en 2015, observait que « *la science moderne a souvent confondu expliquer et dominer* ». La causalité distribuée, au contraire, exige une autre attitude : comprendre sans réduire, intervenir sans prétendre commander.

Accepter qu'il n'existe pas de molécule souveraine ne signifie pas renoncer à la précision, mais changer de perspective. Cela signifie passer de la recherche de la cause unique à la lecture des configurations. Et c'est précisément ce tournant qui prépare le terrain pour les chapitres suivants du livre, où le concept de champ biologique deviendra incontournable.

Nous ne naissons pas en morceaux : car en biologie, le tout vient véritablement en premier.

Il existe un malentendu tenace qui traverse la biologie moderne comme un courant souterrain : l'idée que pour comprendre un organisme, il suffit de le démonter. Cellule après cellule, molécule après molécule, gène après gène. Une opération qui a produit des résultats extraordinaires, certes, mais qui laisse en suspens une question embarrassante : quand exactement ces parties deviennent-elles un organisme ?

La primauté de l'organisme n'est pas un slogan philosophique, mais un constat empirique de plus en plus difficile à éluder. Chez les êtres vivants, les parties ne préexistent pas au tout comme des briques prêtes à l'emploi. Au contraire, c'est l'organisme — compris comme une unité dynamique, historique et cohérente — qui rend ses parties possibles et fonctionnelles. Sans le tout, les parties ne « signifient » rien.

Dans les années 1950, le neurologue et psychiatre Kurt Goldstein, travaillant avec des soldats atteints de lésions cérébrales dans les hôpitaux de Francfort puis de New York, a observé un fait surprenant : une lésion localisée ne produisait jamais un déficit purement local. C'était l'ensemble du comportement du patient qui se réorganisait. Goldstein est parvenu à une conclusion alors dérangeante : l'organisme réagit toujours comme un tout. Il ne répare pas une partie endommagée, mais redéfinit sa propre norme vitale.

La biologie cellulaire contemporaine nous offre un exemple fascinant. Les cellules souches, étudiées de manière intensive depuis les années 1990 dans des laboratoires tels que ceux de Cambridge ou de l'Institut Weizmann, ne possèdent pas de destin intrinsèque. Elles deviennent des neurones, des hépatocytes ou des cellules musculaires non pas parce qu'elles « portent en elles » une vocation, mais parce que l'organisme — ou le tissu — les place dans un champ de relations qui oriente leur identité. La même cellule, extraite de son contexte, perd rapidement cette capacité. Mina Bissell l'avait déjà remarqué dans les années 1970 à Berkeley : les cellules mammaires cultivées in vitro cessaient de se comporter comme telles. L'ADN n'avait pas changé. C'était l'organisme, en tant que condition de sens, qui avait disparu. Ici, la primauté du tout devient évidente : les parties ne sont pas des entités absolues, mais des fonctions situées. Leur « nature » dépend du rôle qu'elles jouent dans l'ensemble.

Le système immunitaire, souvent décrit comme une armée de cellules spécialisées, nous offre lui aussi une leçon précieuse. Niels Jerne, immunologiste danois et lauréat du prix Nobel en 1984, a proposé l'idée d'un réseau immunitaire : des anticorps qui reconnaissent d'autres anticorps, dans un jeu d'équilibres réciproques. Il n'y a pas de centre de contrôle qui décide ce qui est le « soi » et ce qui est le « non-soi ». C'est l'organisme, au fil de son histoire, qui établit en permanence cette distinction. Une anecdote racontée par l'un de ses collaborateurs à Bâle rappelle que Jerne aimait dire : « *Le système immunitaire ne défend pas le corps ; c'est le corps qui, en vivant, donne forme à son système immunitaire* ». Une fois encore, le tout précède et fonde les parties.

Ce renversement a également de profondes implications sur le concept de forme. Le biologiste et mathématicien D'Arcy Wentworth Thompson, dès 1917, dans son ouvrage « *On Growth and* Form », suggérait que la forme n'est pas le résultat d'instructions ponctuelles, mais de contraintes globales. Nous savons aujourd'hui que ces intuitions étaient étonnamment visionnaires.

Un organisme n'est pas un projet assemblé, mais un processus qui s'auto-entretient. Les parties émergent, persistent ou disparaissent en fonction de la stabilité de l'ensemble. C'est pourquoi, comme l'observait Georges Canguilhem dans ses cours à la Sorbonne dans les années 1960, la normalité biologique n'est pas une moyenne statistique, mais une capacité à établir des normes. Une capacité qui n'appartient qu'à l'organisme dans son ensemble.

Accepter la primauté de l'organisme, c'est aussi changer la manière dont nous intervenons sur la vie. En médecine, en écologie, voire en biotechnologies. Il ne s'agit pas de renoncer à l'analyse, mais de reconnaître que l'unité de sens du vivant n'est pas la partie, mais la relation organisée entre les parties.

C'est une révolution silencieuse, sans manifestes, mais aux conséquences radicales. Comme l'écrivait le biologiste théoricien Robert Rosen peu avant sa mort, en 1998 à Halifax : « *Un organisme ne s'explique pas par ce dont il est fait, mais par ce qu'il rend possible* ». Une phrase qui résume avec précision le cœur de ce chapitre.

TROISIÈME PARTIE. Où la vie prend le dessus.

D'après la pensée de Michael Faraday :
Dans le petit se trouvent toujours les principes du grand. Une phrase née pour la physique, mais qui résonne aujourd'hui de manière étonnamment biologique, lorsqu'on tente de comprendre comment l'ordre du vivant émerge sans metteur en scène central.

D'après la pensée de James Clerk Maxwell :
À un certain stade, ce n'est plus la matière qui domine la scène, mais les relations qui la traversent. Dans ses études sur les champs, Maxwell a pressenti que la réalité n'est pas seulement faite d'objets, mais de configurations dynamiques qui les maintiennent ensemble.

Après avoir montré, dans les parties précédentes, les limites du paradigme réductionniste et présenté la vie comme un phénomène de cohérence globale, la troisième partie de l'ouvrage franchit une étape supplémentaire et plus audacieuse : elle ose nommer ce qui, jusqu'à présent, était resté en arrière-plan. C'est là qu'entre en scène le concept de champ biologique, non pas comme une suggestion poétique ou un vestige d'anciennes traditions vitalistes, mais comme une tentative rigoureuse de donner un langage adapté à l'organisation du vivant.

Le chapitre V aborde directement une question délicate : qu'est-ce qu'un champ biologique, au juste ? Non pas une métaphore commode pour combler les lacunes de l'explication, mais une hypothèse conceptuelle née de l'observation de phénomènes difficilement explicables en termes purement locaux. Parler de champ signifie déplacer l'attention de l'objet isolé vers la configuration qui le rend tel qu'il est, du « où » au « comment » de la forme vivante. C'est un changement de perspective qui rapproche la biologie de ce que la physique a déjà appris au XXe siècle : que l'ordre peut émerger sans contact direct, que l'action peut être distribuée, que l'unité ne coïncide pas avec la somme des parties.

Au chapitre VI, la réflexion s'approfondit encore davantage, en mettant au centre la notion d'information incarnée. Ici, l'information n'est pas un code abstrait qui flotte au-dessus de la matière, ni un simple flux de signaux mesurables. C'est quelque chose qui prend forme, qui s'exprime dans l'espace et dans le temps, qui devient tissu, rythme, orientation. La vie apparaît alors comme un événement informationnel stabilisé : non pas un message écrit une fois pour toutes, mais un processus qui se renouvelle continuellement à travers le champ qui le soutient. En ce sens, le champ biologique devient le lieu où l'information cesse d'être une donnée pour devenir un comportement.

Le chapitre VII aborde enfin un terme aussi ancien que controversé : l'énergie vitale. Non pas pour le ressusciter dans une optique nostalgique, mais pour le refonder de manière critique. L'énergie, ici, n'est pas une entité mystérieuse opposée à la biochimie, mais une t une modalité organisée d'échange, de maintien de la cohérence, de résistance à la dispersion. Relue à la lumière des champs, l'énergie vitale n'est pas ce qui s'ajoute à la matière, mais ce qui la maintient ensemble sous une forme vivante reconnaissable.

Dans le parcours global de l'ouvrage, cette troisième partie constitue un véritable tournant conceptuel. Si les sections précédentes ont montré pourquoi le réductionnisme ne suffit pas et comment la vie se manifeste comme une cohérence globale, on tente ici de répondre à la question la plus difficile : à travers quelles structures invisibles cette cohérence se stabilise-t-elle et se maintient-elle ? Les champs de la vie ne constituent pas la conclusion du discours, mais son point de plus grande densité théorique : le lieu où la biologie, la physique et la réflexion philosophique commencent à parler une langue commune.

Désormais, il ne sera plus possible de parler de santé, de maladie, de connaissance et de responsabilité sans tenir compte de cette dimension de champ, qui ne se voit pas mais organise, ne se mesure pas directement mais oriente, ne commande pas mais rend possible. C'est le passage où la biologie, enfin, cesse de se contenter de décrire ce dont est faite la vie et commence à s'interroger sérieusement sur ce qui la rend telle.

V. Qu'est-ce qu'un champ biologique ?

Arrivés à ce stade du parcours, la question n'est plus de savoir si le vivant peut s'expliquer comme une simple somme de composants, mais avec quels outils conceptuels il est possible d'en décrire l'unité. Ce chapitre V naît précisément de cette exigence : donner un nom et une consistance théorique à ce qui, dans les organismes, coordonne, stabilise et oriente les processus sans coïncider avec une seule molécule, une réaction ou un gène.

Le champ biologique est ici introduit comme une réalité physique et informationnelle, et non comme une métaphore évocatrice ni comme un vestige du vitalisme. Il s'agit d'une tentative d'introduire en biologie un concept qui s'est déjà révélé décisif dans d'autres sciences : l'idée que l'ordre ne réside pas seulement dans les objets, mais dans l'espace de relations qui les rend possibles. Parler de champ, c'est déplacer le regard de la causalité linéaire vers la configuration globale, de la partie vers le contexte qui lui donne son sens.

Dans l'histoire des sciences, le concept de champ émerge chaque fois que les explications fondées sur des entités isolées montrent leurs limites s. Un champ n'est pas un élément supplémentaire, mais une manière différente de décrire la réalité : non pas ce qui agit, mais ce au sein de quoi l'action devient possible. Appliqué à la biologie, ce concept suggère que l'organisme n'est pas seulement un ensemble de composants matériels, mais une configuration dynamique qui conserve son identité au fil du changement.

Comme l'a écrit Albert Einstein, « *un champ est une partie essentielle de la description physique de la réalité, et non un simple artifice* mathématique ». Il s'agit d'une affirmation née dans le contexte de la physique, mais qui prend une résonance particulière lorsqu'on observe la capacité des organismes à conserver leur forme et leur fonction malgré le renouvellement continu de la matière.

L'un des objectifs centraux de ce chapitre est de tracer une frontière nette. Le domaine biologique n'est pas une force mystérieuse, ce n'est pas un principe occulte qui s'ajoute à la chimie et à la physique, et ce n'est pas non plus un raccourci conceptuel permettant d'éviter des explications difficiles. Au contraire, c'est une approche qui exige davantage de rigueur, car elle oblige à envisager la causalité en termes distribués et non locaux.

C'est en ce sens que résonne l'avertissement de Richard Lewontin, lorsqu'il observait que « *les causes des phénomènes biologiques ne résident jamais dans un seul niveau d'organisation* ». Le champ biologique ne remplace pas les mécanismes connus, mais il les organise, les relie entre eux et délimite leur champ d'expression.

C'est là que réside le cœur théorique de ce chapitre : le champ biologique est décrit comme une structure de possibilités. Il ne détermine pas chaque événement, mais rend certains événements plus probables que d'autres ; il n'impose pas une forme rigide, mais stabilise une cohérence. C'est ce qui permet à un organisme de se développer de manière fiable sans être rigoureusement programmé, de répondre à l'environnement sans se dissoudre dans le chaos.

Cette idée trouve une formulation étonnamment claire dans les propos de Kurt Lewin, l'un des premiers à avoir explicitement utilisé le concept de champ dans les systèmes vivants : « *Le comportement est fonction de la personne et de son champ* ». Transposée en biologie, cette affirmation suggère que l' ntre la forme et la fonction ne sont pas des propriétés internes isolées, mais des émergences d'une interaction continue entre structure et contexte.

Dans la structure d'ensemble de l'ouvrage, ce chapitre joue un rôle de transition crucial. Après avoir montré, dans les parties précédentes, la crise des explications réductionnistes et l'importance de la cohérence comme signature du vivant, on y introduit ici le langage nécessaire pour aller plus loin. Le champ biologique devient le concept-pont qui permet de parler, dans les chapitres suivants, d'information incarnée et d'énergie vitale sans sombrer ni dans le mécanisme ni dans le mysticisme.

Champ biologique et environnement : une distinction nécessaire.

Lorsqu'on parle de champ biologique, le malentendu guette toujours : ne s'agit-il pas simplement d'une manière élégante de désigner l'environnement ? Le sol, la température, la lumière, le contexte chimique et social qui entourent un organisme ? La confusion est compréhensible, mais c'est précisément là que réside l'une des différences les plus importantes de cette nouvelle vision de la vie. Le champ biologique ne coïncide pas avec l'environnement, tout comme la musique ne coïncide pas avec l'air qui la transporte.

L'environnement est ce qui entoure un organisme : un ensemble de conditions externes, variables, souvent contingentes. Il peut favoriser ou entraver la vie, la nourrir ou la menacer. Le champ biologique, en revanche, est intrinsèque à l'organisme, même s'il n'est pas strictement confiné à ses limites matérielles. C'est une réalité organisationnelle qui précède et coordonne les interactions avec l'extérieur. L'environnement propose, le champ dispose.

Un exemple simple, mais éclairant, nous vient de la botanique expérimentale du début du XXe siècle. À Vienne, dans les années 1920, le physiologiste Gottlieb Haberlandt observait comment des cellules végétales isolées pouvaient régénérer des tissus entiers si elles étaient placées dans les bonnes conditions. L'environnement fournissait certes des nutriments et des stimuli. Mais la forme qui émergeait — feuille, tige, racine — n'était pas un t écrite dans le sol ou dans la solution nutritive. C'était comme si la plante « savait » ce qu'elle allait devenir. Aujourd'hui, nous dirions : elle suivait une structure de possibilités interne, non déductible de l'environnement lui-même.

Le champ biologique, c'est précisément cela : une matrice d'organisation, une structure informationnelle qui oriente les processus vitaux sans se réduire ni à la génétique ni au contexte extérieur. L'environnement agit comme un ensemble de conditions aux limites ; le champ comme principe d'intégration. Confondre les deux revient à confondre la scène avec le scénario.

Une analogie souvent utilisée par les scientifiques des systèmes complexes eux-mêmes — et non par des mystiques de passage — est celle de l'orchestre. La salle de concert, avec son acoustique, influence l'interprétation : c'est l'environnement. Mais la symphonie ne naît pas de la salle. C'est l'organisation interne de l'orchestre, le tempo partagé, la cohérence entre les instruments qui produisent la musique. Le champ biologique s'apparente davantage à cette cohérence dynamique qu'à l'espace physique qui l'accueille.

Cette distinction devient cruciale lorsque l'on observe des organismes capables de conserver une forme et un comportement stables dans des environnements extrêmement divers. Pensons aux tardigrades, étudiés depuis le XVIIIe siècle et devenus célèbres au XXIe siècle pour leur résistance : ils survivent au vide spatial, aux radiations, au gel extrême. L'environnement peut varier de manière radicale, mais l'organisme conserve — sous une forme latente — sa propre organisation. Il est difficile d'expliquer cette continuité en se référant uniquement aux conditions extérieures. Il est bien plus plausible d'envisager un champ biologique capable de se contracter, de se suspendre, de se réactiver, sans se dissoudre.

Préciser que le champ n'est pas l'environnement permet également de mettre un frein aux dérives pseudoscientifiques. Tout ce qui « influence » un organisme n'en constitue pas pour autant le champ. La circulation urbaine, le stress social, la pollution lumineuse ont des effets biologiques réels et documentés. Mais ils restent des facteurs environnementaux. Le champ biologique n'est pas la somme des stimuli externes, ni un nuage vague qui absorbe tout ce qui se passe autour d'un être vivant. C'est une structure spécifique, dotée de sa propre cohérence interne, qui dialogue avec l'environnement sans s'y dissoudre.

En ce sens, le champ biologique peut être compris comme une mémoire active de la forme, non localisée en un point précis, mais répartie dans l'organisme. L'environnement peut perturber cette mémoire, la faciliter ou l'entraver, mais il ne la génère pas. C'est la différence entre les conditions météorologiques et le climat : les premières changent sans cesse, le second émerge d'une cohérence à long terme.

Séparer conceptuellement le champ et l'environnement a également une conséquence culturelle non négligeable. Cela signifie reconnaître que la vie n'est pas seulement une adaptation passive à ce qui se passe à l'extérieur, mais aussi l'affirmation d'une intériorité organisée, capable de répondre sans être entièrement déterminée. À une époque qui tend à expliquer l'humain — et le vivant en général — comme le produit des circonstances, cette distinction rouvre un espace d'autonomie biologique, avant même d'être éthique.

Le champ biologique, donc, n’est pas ce qui nous entoure, mais ce qui nous tient ensemble tandis que nous traversons ce qui nous entoure. L’environnement change, le champ persiste ; l’environnement stimule, le champ organise. Les confondre, c’est perdre de vue le cœur même du phénomène vital.

Habiter le monde, et non le subir : du concept d’« Umwelt » au champ biologique.

Pour comprendre pleinement ce qu’est un champ biologique — et ce qu’il n’est pas —, il est utile de faire un pas de côté, plutôt que de revenir en arrière, et d’écouter une voix philosophique que la biologie du XXe siècle a longtemps côtoyée sans jamais l’absorber entièrement : celle de Jakob von Uexküll. Biologiste et penseur germano-balte, actif entre la fin du XIXe siècle et les années 1930, Uexküll a introduit une idée aussi simple que bouleversante : chaque organisme vit au sein de son propre *Umwelt*, un « *monde* environnant » sélectionné, significatif, taillé sur mesure à ses sens et à ses capacités d’action.

Le célèbre exemple de la chauve-souris, abordé dans son ouvrage « *Environnement et comportement des animaux* » (1934), est devenu presque un récit initiatique pour des générations de chercheurs. La punaise, suspendue à une branche, ne réagit qu’à trois signaux : l’odeur de l’acide butyrique dégagée par les mammifères, la chaleur de leur corps, la texture de leur peau. Tout le reste — la forêt, les couleurs, les sons — n’existe tout simplement pas. Son monde est extrêmement pauvre, mais parfaitement adapté à sa vie.

C’est là qu’apparaît une première affinité importante avec le concept de champ biologique : la vie ne réagit pas à un environnement objectif et neutre, mais à un monde structuré par le sens. Cependant, s’arrêter à cette similitude risque de générer un nouveau malentendu. *L’Umwelt* d’Uexküll est avant tout une construction perceptive et fonctionnelle, une bulle de significations qui émerge de la rencontre entre l'organisme et le monde. Le champ biologique, en revanche, opère à un niveau plus profond : il ne définit pas seulement ce que l'organisme perçoit, mais ce que l'organisme est capable de devenir.

En d'autres termes, l'Umwelt décrit le monde tel qu'il apparaît à un être vivant ; le champ biologique décrit la cohérence interne qui rend possible cette apparition. L'un est phénoménologique, l'autre est organisationnel. L'Umwelt change si les sens ou les fonctions changent ; le champ biologique ne change que lorsque la stabilité informationnelle de l'organisme lui-même est altérée.

Une anecdote peu connue, racontée par un élève d'Uexküll, concerne une discussion qui eut lieu à Hambourg en 1928, lors d'un séminaire informel. À la question de savoir si l'Umwelt était une propriété du monde ou de l'organisme, Jakob von Uexküll répondit par une phrase qui sonnait presque comme une provocation : « *Le monde est une partition, mais chaque organisme ne joue que sa propre mélodie* ». Une métaphore puissante, qui laisse toutefois ouverte une question décisive : qui maintient la cohésion de la mélodie dans le temps ?

C'est là que le concept de champ biologique entre en jeu sans se superposer. Le champ n'est pas la mélodie perçue, mais la structure qui rend l'exécution possible, qui maintient la cohérence même lorsque les conditions changent. Deux organismes peuvent partager un environnement similaire, voire un Umwelt partiellement superposable, tout en ayant des champs biologiques profondément différents — comme c'est le cas, par exemple, chez des espèces différentes élevées dans le même contexte artificiel, ou chez des individus d'une même espèce ayant des parcours de développement divergents.

Cette distinction a également trouvé un écho en dehors de la biologie. Le philosophe Maurice Merleau-Ponty, dans ses cours au Collège de France entre 1956 et 1959, s'est inspiré d'Uexküll pour critiquer l'idée d'un organisme considéré comme une machine réactive. Mais il est allé plus loin, en suggérant que la forme vivante possède une « logique interne » qui ne se réduit ni au stimulus ni à la perception. C'est un passage subtil mais décisif : de l'Umwelt en tant que monde vécu au champ en tant que principe d'organisation du vivant.

Le dialogue implicite entre Uexküll et la biologie des champs n'est donc pas une adhésion, mais une ligne de continuité critique. Uexküll nous a enseigné qu'il n'existe pas de monde unique pour tous les êtres vivants. La théorie des champs biologiques ajoute qu'il n'existe pas non plus d'explication purement externe de la forme et de la stabilité de la vie. Chaque organisme n'habite pas seulement un monde, mais porte en lui les règles de sa propre habitabilité.

En ce sens, le champ biologique ne remplace pas l'Umwelt, mais le présuppose et le dépasse. Si l'Umwelt est le monde tel qu'il apparaît à un être vivant, le champ est ce qui permet à cet être vivant d'avoir un monde, de le maintenir cohérent, de le reconfigurer sans se dissoudre. Une différence subtile, mais décisive, qui marque le passage d'une biologie de la perception à une biologie du sens.

La forme qui se maintient d'elle-même : développement, stabilité et champs de la vie.

L'une des questions les plus anciennes de la biologie est aussi l'une des plus désarmantes par sa simplicité : qui décide de la forme d'un organisme ? Qui « dit » à une cellule de devenir partie intégrante d'un foie et à une autre de se transformer en neurone ? Pendant longtemps, la réponse implicite a été rassurante : il doit exister quelque part un centre de contrôle, un programme, une salle de contrôle moléculaire. Mais plus la biologie a observé de près le développement, plus ce centre a commencé à s'estomper.

C'est précisément de là que naît l'idée de champ biologique : de la reconnaissance que la stabilité des formes vivantes ne nécessite pas de contrôle central, mais résulte d'une régulation distribuée, cohérente, continuellement négociée entre les parties. Il n'y a pas de chef d'orchestre, et pourtant la symphonie se poursuit.

Un épisode historique souvent évoqué dans les couloirs des départements d'embryologie remonte aux années 1920, à l'Institut Kaiser Wilhelm de Berlin. L'embryologiste Hans Spemann, futur lauréat du prix Nobel (1935), a montré qu'un embryon de salamandre, même partiellement endommagé ou réorganisé, était capable de se développer de manière étonnamment ordonnée. En coupant, en déplaçant, voire en faisant pivoter des portions de tissu embryonnaire, la forme finale avait néanmoins tendance à se recomposer. Pas parfaitement, certes, mais de manière reconnaissable.

Le point crucial n'était pas la « plasticité » en soi — un mot aujourd'hui galvaudé —, mais le fait que l'embryon semblait savoir où il allait, même lorsque les conditions initiales étaient modifiées. Spemann parlait de « champs morphogénétiques », une expression qui, à l'époque, semblait plus descriptive qu'explicative, mais que nous pouvons aujourd'hui relire comme une intuition fondamentale : le développement n'est pas une chaîne linéaire d'instructions, mais un processus régi par des contraintes globales.

Cette régulation ne fonctionne pas comme un plan d'urbanisme imposé d'en haut, mais plutôt comme l'autorégulation d'une ville historique . Quiconque s'est promené à Venise le sait : il n'y a pas de symétrie parfaite, et pourtant l'ensemble tient la route. Les ruelles s'adaptent, les espaces se compensent, les fonctions émergent de l'usage. De la même manière, dans le domaine biologique, chaque cellule répond à des signaux locaux, mais elle le fait au sein d'une configuration de possibilités qui limite et oriente les choix.

Dans les années 1970, le biologiste du développement Lewis Wolpert a proposé le célèbre modèle du « gradient », illustré par l'image du drapeau français : des cellules identiques suivent des destins différents en fonction de leur position. L'idée a connu un immense succès, mais elle laissait en suspens une question cruciale : qui maintient la stabilité du gradient ? Qui garantit que, malgré le bruit, les erreurs et les fluctuations, le schéma global ne s'effondre pas ?

C'est là que le concept de champ biologique révèle toute sa force explicative. Le champ ne donne pas d'ordres, il établit des relations. Il ne dit pas à chaque cellule ce qu'elle doit faire de manière déterministe, mais il définit l'espace des réponses possibles, rendant certaines trajectoires de développement plus probables et d'autres pratiquement inaccessibles. La forme n'est pas imposée, elle est attirée.

Un exemple moins connu mais éclairant provient d'études menées à Heidelberg au début des années 2000 sur des agrégats cellulaires tridimensionnels, aujourd'hui appelés organoïdes. Lorsque des cellules souches sont laissées libres d'interagir sans guide externe détaillé, elles génèrent souvent des structures étonnamment ordonnées : des couches, des cavités, des symétries rudimentaires. Non pas parce qu'elles « savent » ce qu'elles doivent devenir, mais parce que le champ d'interactions qui se crée entre elles canalise le développement vers des configurations stables.

En ce sens, la stabilité de la forme n'est pas de la rigidité. C'est de la résilience. C'est la capacité à absorber les perturbations sans perdre son identité. Un champ biologique efficace n'élimine pas l'erreur : il l'intègre

Cette perspective a des conséquences profondes. Si le développement est régulé par un champ et non par un centre, alors la forme vivante est le résultat d'une cohérence dynamique, et non d'un projet rigide et . L'organisme n'exécute pas un plan : il se maintient en forme tout en changeant. Et c'est précisément cette capacité à se maintenir — plutôt qu'à obéir — qui est la marque distinctive de la vie.

Les formes qui attirent : pourquoi la vie choisit certaines voies plutôt que d'autres.

Si l'on observe le développement d'un organisme — d'une cellule unique à une forme complexe —, la tentation est toujours la même : imaginer une séquence d'instructions exécutées étape par étape. Pourtant, ceux qui ont eu l'occasion de travailler avec de véritables systèmes vivants savent que le développement ressemble moins à une recette qu'à une descente dans un paysage. Certains sentiers sont glissants, d'autres mènent naturellement vers des vallées profondes. C'est là que la biologie mathématique a introduit une métaphore puissante et étonnamment concrète : celle des attracteurs.

Ce terme est né dans le contexte des systèmes dynamiques, à la croisée de la physique et des mathématiques, mais il a trouvé sa place naturelle dans la biologie du XXe siècle. Un attracteur est un état vers lequel un système tend spontanément, même en partant de conditions initiales différentes. Dans les années 1940, le mathématicien et biologiste Conrad Hal Waddington, alors qu'il travaillait à Cambridge, a proposé l'image aujourd'hui célèbre du paysage épigénétique : une petite balle qui roule le long d'une surface ondulée, s'engouffrant dans des vallées de plus en plus marquées. Chaque vallée représente une forme stable, une issue possible du développement.

Waddington dessinait ces images à la main, souvent sur des tableaux noircys par la craie, au cours de discussions animées avec ses collègues et ses étudiants. Il ne s'agissait pas de simples illustrations didactiques : c'était une manière d'expliquer que la forme ne se construit pas pièce par pièce, mais qu'elle émerge parce que certaines configurations sont intrinsèquement plus stables que d'autres. En termes modernes, on pourrait dire que le champ biologique crée le paysage, tandis que les attracteurs en constituent les vallées.

Cela aide à clarifier un point crucial du chapitre : toutes les formes ne sont pas également probables. Dans un organisme en développement, certaines architectures sont « faciles », d'autres presque inaccessibles. Non pas parce qu'elles sont interdites par une loi externe, mais parce que le champ d'interactions — génétiques, biophysiques, temporelles — rend certaines solutions extrêmement robustes. C'est le même principe qui explique que, comme l'observait le physicien Ilya Prigogine dans les années 1960 à Bruxelles, les systèmes éloignés de l'équilibre ne produisent pas un chaos aveugle, mais un ordre préférentiel.

Une anecdote racontée par un chercheur de l'Institut Pasteur au début des années 1990 illustre bien cette idée. Au cours d'expériences sur des réseaux génétiques artificiellement perturbés, le système « revenait » toujours à quelques états récurrents, comme s'il ignorait bon nombre des possibilités théoriques. « *C'était comme pousser une bille hors d'une cuvette et la voir rouler obstinément vers le même point* ». Ces points étaient des attracteurs : des états stables définis non pas par une commande, mais par la géométrie globale du système.

Dans le langage de la biologie des champs, les attracteurs ne sont pas des entités abstraites : ce sont des formes incarnées, des configurations vers lesquelles l'organisme tend parce que le champ biologique les rend cohérentes. Cela explique un phénomène bien connu de ceux qui étudient la morphologie comparée : des espèces différentes, même éloignées sur le plan phylogénétique, peuvent converger vers des formes similaires. Ce n'est pas seulement la sélection naturelle qui explique ces convergences, mais le fait que certaines solutions morphologiques occupent des régions profondes du paysage des attracteurs.

Un parallèle culturel aide à ancrer cette idée. L'historien de l'art Ernst Gombrich observait que, à différentes époques et en différents lieux, certains schémas figuratifs ont tendance à réapparaître. Non pas parce que les artistes se copient, mais parce que certaines solutions visuelles « fonctionnent » mieux que d'autres. De la même manière, en biologie, le champ n'impose pas une forme, mais favorise celles qui se maintiennent, qui résistent aux fluctuations, qui absorbent l'erreur sans perdre leur identité.

Dans cette perspective, le champ biologique peut être considéré comme le contexte qui définit le paysage des attracteurs. Non pas un programme, ni une force mystérieuse, mais une structure de possibilités qui rend certaines trajectoires de développement plus naturelles, plus accessibles, presque inévitables.

De l'ordre au sens : comment le champ transforme l'information en forme vivante.

Arrivés à ce stade du parcours, le champ biologique ne peut plus être considéré comme un simple arrière-plan, ni comme une idée élégante permettant de regrouper des phénomènes difficiles à expliquer. Si le champ est réel, s'il structure les possibilités de l'organisme et stabilise certaines formes par rapport à d'autres, alors la question devient inévitable : quel type d'information le champ véhicule-t-il ?

Il ne s'agit pas de l'information passive d'une archive, constituée de données en attente d'être lues, mais de quelque chose qui se rapproche davantage de ce que le physicien Donald MacKay appelait, dès les années 1950 à Londres, l'« information efficace » : une information qui fait la différence, qui oriente un processus. En biologie, le champ ne « contient » pas de messages comme une bibliothèque contient des livres ; il module plutôt le comportement du système au fil du temps, rendant certaines réponses probables et d'autres improbables.

Une anecdote racontée dans les couloirs du « *Marine Biological* Laboratory » de Woods Hole, dans le Massachusetts, aide à clarifier ce passage conceptuel. Dans les années 1980, en observant des cultures cellulaires apparemment identiques, certains chercheurs ont remarqué qu'une même perturbation produisait des résultats systématiquement différents selon l'histoire du système. Il n'y avait pas de nouvelle information génétique en jeu, ni de variations environnementales évidentes. Ce qui changeait, c'était l'état global d'organisation : ce que nous appellerions aujourd'hui de l'information distribuée, incorporée dans le champ des relations.

C'est là que le domaine biologique révèle son aspect le plus intéressant : il n'instruit pas, il oriente. Il ne commande pas, il prédispose. C'est une information qui opère par contraintes et possibilités, et non par des ordres explicites. Un peu comme en musique : la tonalité d'un morceau ne dit pas au musicien quelle note jouer, mais rend certaines séquences naturelles et d'autres discordantes. Le compositeur György Ligeti, lors d'une conversation à Berlin en 1969, parlait de « *champs de tension* sonore » au sein desquels la musique prend forme. La métaphore n'est pas biologique, mais le mécanisme conceptuel est étonnamment similaire.

Considérer le champ comme une information active permet également de dépasser un malentendu répandu : celui selon lequel l'information biologique coïnciderait avec l'ADN. Le génome fournit des conditions nécessaires, mais non suffisantes. C'est le champ qui transforme ces potentialités en trajectoires concrètes, en actualisant l'information dans le temps. Comme le faisait remarquer le biologiste théoricien Howard Pattee dans les années 1970, l'information ne devient biologiquement pertinente que lorsqu'elle est intégrée dans un système capable de l'interpréter et de l'utiliser. Le champ est précisément ce contexte interprétatif.

Sous cet angle, l'organisme apparaît comme une structure informationnelle stabilisée, non pas parce qu'il est immobile, mais parce qu'il est capable de conserver sa cohérence tout en changeant. L'information n'est pas ce que l'organisme possède, mais ce qui se produit à travers lui. Le champ n'est donc pas une entité supplémentaire, mais la manière dont l'information devient efficace, corporelle, située.

Ce passage conceptuel prépare naturellement le terrain pour le chapitre suivant. Si le champ est de l'information qui agit, l'étape suivante ne peut être que de se demander comment l'information prend forme, comment elle devient tissu, geste, fonction. Il ne s'agit plus du « quoi » de l'information, mais du « comment » de son incarnation. C'est là que la biologie des champs rencontre, sans contrainte, une nouvelle conception de la vie : non pas comme une machine exécutant des instructions, mais comme un processus donnant du sens à ses propres possibilités.

De l'aimant à l'organisme : brève histoire d'une idée appelée « champ ».

Pour comprendre ce que l'on entend aujourd'hui par « champ biologique », il faut faire un pas en arrière — voire plusieurs — et revenir au moment où la science a commencé à soupçonner que la réalité n'était pas seulement faite d'objets, mais aussi de relations s'étendant dans l'espace et dans le temps. Le concept de champ naît précisément de cette intuition, et non en biologie.

Au début du XIXe siècle, dans les laboratoires de fortune et souvent glacials de l'Europe industrielle, la physique se heurtait à un problème épineux : comment expliquer l'action à distance ? Lorsque Michael Faraday, fils d'un forgeron londonien et génial autodidacte, observait les lignes de limaille de fer s'agencer autour d'un aimant, il avait l'impression que l'espace lui-même était devenu actif. Il n'y avait pas de contact direct, pas d'engrenages invisibles : il y avait quelque chose qui structurait l'espace. Faraday parlait de lignes de force, et pour beaucoup de ses contemporains, il ressemblait davantage à un poète qu'à un scientifique.

C'est James Clerk Maxwell, quelques décennies plus tard, qui donna une légitimité mathématique à cette intuition. Grâce à ses équations, publiées dans les années 1860, le champ électromagnétique cesse d'être un artifice conceptuel pour devenir une réalité physique autonome. Ce n'est plus seulement une manière de décrire l'interaction entre les charges : c'est quelque chose qui existe, qui se propage, qui transporte de l'énergie. Comme l'écrira plus tard Einstein, « *le champ est la réalité physique fondamentale* ».

Ce passage est crucial. Avec le champ, la science commence à concevoir la nature non plus comme un ensemble d'objets isolés, mais comme un tissu continu d'influences, dans lequel ce qui compte ce n'est pas seulement ce qui existe, mais comment cela est réparti. Au XXe siècle, cette idée se radicalise : la mécanique quantique introduit des champs qui ne décrivent pas seulement ce qui se passe, mais les probabilités de ce qui peut se passer. À Göttingen et à Copenhague, entre les années 1920 et 1930, le champ devient une structure de possibilités avant même d'être une structure d'événements.

Le passage aux systèmes complexes s'opère lorsque cette logique est étendue au-delà de la physique fondamentale. Dans la seconde moitié du XXe siècle, des chercheurs issus de disciplines diverses commencent à utiliser le concept de champ pour décrire des phénomènes collectifs : des dynamiques atmosphériques aux réseaux écologiques, en passant par les systèmes sociaux. Au Santa Fe Institute, fondé en 1984 au Nouveau-Mexique, physiciens, biologistes et économistes partagent une conviction : certains comportements ne découlent pas des parties prises isolément, mais de la configuration globale du système.

C'est là que le champ cesse définitivement d'être une entité exotique pour devenir une manière rigoureuse d'appréhender l'organisation. Un champ n'est pas une chose, mais une condition structurante : il définit des contraintes, répartit les influences, coordonne les dynamiques sans avoir besoin d'un centre de commande. C'est une notion qui ouvre la voie à la biologie des champs, car elle montre qu'il est possible d'expliquer l'ordre et la stabilité sans recourir ni à un concepteur externe ni à une somme de causes locales.

Une anecdote racontée par un ingénieur ayant participé aux premières études sur la circulation urbaine à Stuttgart, dans les années 1970, est éclairante. En modifiant légèrement la répartition temporelle des feux tricolores — sans toucher au nombre de voitures ni aux routes —, on modifiait l'ensemble du flux de circulation de la ville. « *Nous n'avons pas agi sur les véhicules, mais sur le champ des possibilités.* » C'est ce même principe qui, transposé en biologie, permet de concevoir l'organisme comme immergé dans un champ qui oriente les processus vitaux avant même de les déterminer.

Lorsque le concept de champ fait son entrée dans les sciences de la vie, il apporte avec lui cet héritage : l'idée que la causalité n'est pas seulement linéaire, que l'espace et le temps comptent, que l'organisation possède une réalité qui lui est propre. Parler de champ biologique, c'est donc s'inscrire dans une tradition scientifique solide, qui va de Faraday aux systèmes complexes, et qui invite à considérer la vie non pas comme un assemblage de parties, mais comme une forme d'ordre étendu, dynamique et informé.

Un champ existe-t-il vraiment ? Le réalisme scientifique mis à l'épreuve de l'invisible.

Lorsque le concept de champ s'installe durablement dans la science, il n'apporte pas seulement de nouvelles équations ou des modèles plus élégants, mais il soulève une question qui traverse tout le XXe siècle : le champ existe-t-il vraiment ou n'est-il qu'une façon utile de parler du monde ? C'est une question moins abstraite qu'il n'y paraît, car elle touche au cœur du réalisme scientifique, c'est-à-dire à l'idée que les théories scientifiques décrivent — au moins en partie — la structure réelle de la nature.

Le débat s'enflamme surtout entre les années 1930 et 1960, lorsque la physique des champs devient le langage dominant pour décrire l'électromagnétisme, la gravité et, plus tard, les interactions fondamentales. À Vienne, Berlin et Cambridge, philosophes et scientifiques s'interrogent sur ce qu'ils font réellement lorsqu'ils parlent de champs. Moritz Schlick, figure centrale du Cercle de Vienne, avait tendance à les considérer comme des outils conceptuels puissants, mais dépourvus d'autonomie ontologique : ce qui compte, pour lui, c'est la capacité d'une théorie à organiser l'expérience observable.

L'attitude d'Albert Einstein est à l'opposé : dans une lettre adressée à Max Born en 1952, il écrivait que le champ n'était pas une fiction mathématique, mais « *la seule réalité physique digne de ce nom* ». Pour Einstein, réduire le champ à un langage pratique revenait à perdre ce que la physique avait péniblement conquis : l'idée que la réalité ne coïncide pas nécessairement avec ce qui est directement observable.

Cette tension traverse toute la philosophie des sciences du XXe siècle. Karl Popper, bien que critique envers toute métaphysique déguisée en science, défendait une forme de réalisme « conjectural » : les champs ne sont pas observables, mais constituent des hypothèses audacieuses qui résistent aux tentatives de réfutation. Bas van Fraassen, en revanche, dans les années 1980, avec son empirisme constructif, propose une position plus prudente : nous ne sommes pas obligés de croire que les champs existent, il suffit que les théories qui les utilisent soient empiriquement adéquates.

Une anecdote racontée par un étudiant présent à un séminaire à Princeton en 1967 rend bien compte de l'atmosphère de l'époque. Après une discussion animée sur l'ontologie des champs quantiques, un physicien d'un certain âge aurait clos le débat en déclarant : « *Je ne sais pas si le champ existe, mais je sais que sans lui, je ne sais plus travailler.* » C'est une boutade, mais elle touche un point essentiel : le champ s'impose comme une nécessité conceptuelle, avant même d'être une entité métaphysique.

Ce contexte philosophique est essentiel pour comprendre le passage à la biologie des champs. Lorsque l'on parle aujourd'hui de champ biologique, la question n'est pas de savoir si l'on introduit quelque chose de « mystérieux », mais si l'on reconnaît une structure réelle de l'organisation vivante, analogue — sur le plan épistémologique — aux champs de la physique. La leçon du XXe siècle est claire : de nombreuses entités scientifiques ont d'abord été des outils, puis des réalités reconnues. Les atomes, les gènes, voire les quarks ont franchi ce seuil.

Dans cette perspective, le champ n'est ni un objet matériel ni une simple convention linguistique. C'est une entité théorique dotée d'un pouvoir explicatif, dont la réalité se mesure à sa capacité à rendre intelligibles des phénomènes qui, sans cela, resteraient fragmentaires. Appliquée à la biologie, cette approche invite à une forme de réalisme sobre : le champ biologique ne doit pas être hypostasié, mais il ne doit pas non plus être réduit à une métaphore. Comme c'est souvent le cas dans l'histoire des sciences, son « existence » coïncide avec sa fécondité.

Car le « champ » ne se démode jamais : c'est un mot qui pense la complexité.

Il y a des mots qui vieillissent rapidement, écrasés par le progrès des théories qui les ont engendrés. Et il y en a d'autres qui, au contraire, semblent traverser les décennies — parfois les siècles — en changeant de contexte sans perdre de leur précision. « Champ » appartient sans aucun doute à cette seconde catégorie. C'est un mot que la science continue d'utiliser non par nostalgie, mais par nécessité. Et cela, pour ceux qui s'intéressent à la biologie des champs, n'est pas un détail linguistique : c'est un indice épistémologique.

Le terme fait son entrée dans la science moderne avec une certaine timidité. Michael Faraday, génial autodidacte qui travaillait en 1831 dans les sous-sols de la Royal Institution de Londres, parlait de « *lignes de* force » plutôt que de champs au sens mathématique qui s'est imposé par la suite. Il dessinait, littéralement, ce qui ne se voyait pas : de la limaille de fer qui s'agencait en formes élégantes autour d'un aimant. C'était un langage visuel, presque artisanal. Mais déjà là, on entrevoyait quelque chose de décisif : l'idée que l'espace n'était pas un vide neutre, mais une région structurée, porteuse de relations.

Depuis lors, le mot « champ » est devenu un terme à la frontière des disciplines. Il ne désigne pas un objet, ne coïncide pas avec une substance, ne se réduit pas à une force ponctuelle. Il s'agit plutôt d'un mode de description de la réalité qui permet de parler de continuité, d'influence distribuée, d'organisation sans centre. Et c'est précisément cette souplesse maîtrisée qui explique son extraordinaire longévité.

Un épisode raconté dans les années 1970 dans les couloirs du MIT par un jeune chercheur en théorie des systèmes est emblématique. Au cours d'une discussion animée sur le vocabulaire à adopter pour décrire certains comportements collectifs, quelqu'un proposa d'abandonner le terme « champ » parce qu'il était « trop vague ». La réponse, laconique, vint d'un mathématicien appliqué : « *Ce n'est pas vague, c'est général. Et la généralité, lorsqu'elle est bien ancrée, est une vertu.* » Le mot est resté.

Le fait est que le mot « champ » fonctionne bien parce qu'il maintient un équilibre rare entre imagination et rigueur. Il évoque un espace de possibilités — un champ agricole, un champ visuel, un champ d'action — mais accepte en même temps une formalisation précise lorsque cela s'avère nécessaire. Ce n'est pas un hasard si ce mot traverse des disciplines très éloignées : de la physique à la biologie, de la sociologie de Pierre Bourdieu (qui, dans les années 1990, parlait de « champs sociaux » avec une précision conceptuelle surprenante) jusqu'aux sciences cognitives. À chaque fois, ce qui remplit le « champ » change, mais la logique qui le sous-tend reste la même.

Dans le contexte biologique, cette persistance linguistique est loin d'être anodine. Parler de « champ biologique » revient à choisir un mot qui ne promet pas plus qu'il ne peut tenir, mais qui ne réduit pas non plus la vie à une liste de composants. Le terme « champ » suggère une réalité répartie, historiquement stabilisée, capable de guider des processus sans les commander.

C'est un mot qui laisse place au temps, à la forme, à la régulation, sans céder à la tentation d'un mécanisme rigide.

Le linguiste Émile Benveniste observait, lors d'un cours au Collège de France en 1969, que certains mots scientifiques survivent parce qu'ils « *organisent l'expérience avant même de l'expliquer* ». « Champ » en fait partie. Il ne décrit pas seulement ce que nous savons, mais aussi la manière dont nous sommes disposés à chercher. Et c'est peut-être pour cela que, chaque fois que la science est confrontée à des phénomènes complexes — du développement embryonnaire aux dynamiques collectives — , ce mot revient, discret mais indispensable.

En ce sens, le champ n'est pas seulement un concept : c'est un geste linguistique qui reflète un choix méthodologique. Privilégier le terme « champ » revient à accepter que la réalité biologique ne se laisse pas entièrement appréhender en entités isolées, mais exige un langage capable de rassembler relations, contraintes et possibilités. Un mot qui résiste ainsi depuis si longtemps ne le fait peut-être pas par inertie, mais parce qu'il continue d'exprimer une vérité.

Pourquoi précisément un « champ » ? Le mot juste pour décrire la vie organisée.

Lorsque la biologie s'est trouvée, au cours du XXe siècle, confrontée à des phénomènes qui échappaient à la simple somme des parties — le développement d'une forme, la stabilité d'un organisme, la capacité de régénération —, elle a souvent cherché de nouvelles métaphores. Mais le champ n'est pas une métaphore apparue par hasard : c'est un concept que la science avait déjà mis au point ailleurs, et qui semblait taillé sur mesure pour décrire des organisations distribuées, sans centre de commande, mais loin d'être chaotiques.

Le concept de champ est né en physique pour résoudre un problème concret : expliquer comment un corps peut en influencer un autre à distance sans recourir à des forces mystérieuses. Mais, ce faisant, il introduit une idée plus générale : l'action ne passe plus d'un objet à l'autre, mais à travers une structure spatiale continue, qui rend certaines configurations possibles et d'autres non. C'est cette logique — plus que les détails mathématiques — qui rend le concept étonnamment adapté à la biologie.

Un biologiste du développement qui observe un embryon ne voit pas une séquence d'instructions exécutées dans l'ordre, mais un processus dans lequel les cellules « savent » où aller et ce qu'elles vont devenir sans qu'aucune d'entre elles ne possède la carte complète. C'est une situation qui rappelle, plus qu'on ne veut bien l'admettre, celle décrite par un champ physique : des conditions locales guidées par une organisation globale.

Le point crucial est que le champ permet de concevoir l'organisme comme une unité s'étendant dans le temps et dans l'espace. Contrairement à des concepts tels que « programme » ou « machine », trop liés à une logique séquentielle et centralisée, le champ suggère un ordre émergent, capable de se maintenir même lorsque certaines parties sont perturbées. Ce n'est pas un hasard si, dans les premières études sur les systèmes complexes menées entre Santa Fe et Los Alamos dans les années 1980, le langage des champs refait surface pour décrire des dynamiques collectives robustes, dans lesquelles la forme persiste malgré le renouvellement continu des composants.

Il existe également une raison culturelle plus subtile. Le concept de champ est intrinsèquement relationnel : il ne décrit pas des « choses », mais des dispositions, des gradients, des contraintes. Et c'est précisément cela qui semble manquer lorsqu'on tente de décrire le vivant uniquement en termes de molécules. Un organisme n'est pas seulement constitué de ce qu'il contient, mais de la manière dont ce qu'il contient est maintenu ensemble. Le champ devient alors le nom de cette cohésion, de cette cohérence dynamique.

En 1973, lors d'une conférence à Heidelberg sur la morphogenèse, un physicien tourné vers la biologie fit remarquer que le champ présentait un avantage décisif : « *Il ne dit pas qui commande, mais ce qui est possible* ». Cette phrase explique pourquoi ce concept, plus que d'autres, se prête à la description du vivant. La vie ne suit pas d'ordres, elle explore des possibilités stabilisées.

Parler de champ biologique, à ce stade préliminaire, ne signifie donc pas introduire une entité exotique, mais reconnaître que l'organisation du vivant ressemble davantage à une structure de possibilités actives qu'à un mécanisme linéaire. Le champ est le concept qui concilie le mieux forme, stabilité et adaptabilité sans réduire l'une aux autres. Et c'est pour cette raison que, lorsque la biologie cherche un mot capable de rendre compte de la complexité de la vie, elle finit — une fois de plus — par y revenir.

Ce qu'un champ biologique n'est pas.

Tout concept puissant court un risque : celui d'être trop utilisé, et mal utilisé. Cela s'est produit avec le terme « énergie », cela s'est produit avec le « quantum », et cela arrive inévitablement aussi au « champ ». En biologie, où la complexité du vivant défie les explications simples, le champ biologique peut devenir un mot refuge : évocateur, rassurant, mais dangereusement ambigu. Préciser ce qu'un champ biologique n'est pas n'est pas un exercice défensif, mais un acte de rigueur scientifique.

Tout d'abord, un champ biologique n'est pas une force mystérieuse agissant de l'extérieur sur l'organisme. Ce n'est pas une entité qui « enveloppe » le corps comme une aura colorée, ni une présence invisible dotée d'intentions propres. L'idée d'un principe vital planant au-dessus de la matière s'inscrit dans une longue tradition culturelle, respectable d'un point de vue historique, mais qui ne doit pas être confondue avec un concept scientifique opérationnel. Comme le rappelait déjà le physiologiste français Claude Bernard en 1865, « *invoquer une force vitale n'explique pas les phénomènes, cela ne fait que les renvoyer* ».

Le champ biologique n'est pas non plus une substance énergétique mesurable comme un fluide, que l'on peut accumuler ou transférer à volonté. Ici, le malentendu provient souvent du langage courant de la science. Le physicien Richard Feynman, dans une célèbre conférence donnée à Caltech en 1961, mettait en garde ses étudiants : « *L'énergie n'est pas une chose, c'est un nombre qui reste constant* ». Transposer cette leçon en biologie signifie éviter d'imaginer le champ comme un « quelque chose » qui circule, s' u se consomme. Le champ n'est pas le carburant de la vie : c'est un mode d'organisation.

Une autre confusion fréquente concerne le rapport avec la physique quantique. Le champ biologique n'est pas un champ quantique déguisé, et il n'est pas nécessaire d'invoquer l'intrication ou les effondrements d'onde pour expliquer toutes les propriétés du vivant. Dans les années 1970, le physicien Wolfgang Pauli — dans une lettre privée aujourd'hui conservée au CERN — se plaignait de l'utilisation abusive du terme « quantique » en dehors de son domaine de validité. Il avait raison : le recours au quantique devient pseudoscientifique lorsqu'il remplace l'argumentation par l'allusion.

Cela ne signifie pas nier les fondements physiques de la vie, mais reconnaître que le domaine biologique opère à un niveau descriptif différent, où ce qui compte, c'est la stabilité des formes, la régulation collective, la cohérence fonctionnelle. Le confondre avec un phénomène quantique direct revient à utiliser un microscope pour s'orienter dans une ville : un instrument fascinant, mais inadapté à cet usage.

Il est également important de distinguer le champ biologique d'une simple métaphore linguistique. Ce n'est pas une façon élégante de dire « contexte » ou « environnement interne ». Si tel était le cas, cela n'ajouterait rien à la compréhension des phénomènes. Pour avoir une légitimité scientifique, le champ doit impliquer des conséquences observables : stabilité des formes, capacité de récupération, limites aux variations possibles. Lorsqu'il ne reste qu'un mot évocateur, il cesse d'être un concept et devient de la rhétorique.

Enfin, le champ biologique n'est pas un raccourci épistémologique permettant d'éviter le travail expérimental. Il ne sert pas à combler des lacunes de connaissance par des affirmations vagues. Au contraire, c'est un concept exigeant : il requiert des modèles, des prédictions, des comparaisons avec les données. Comme le faisait remarquer le biologiste britannique

Peter Medawar en 1967, « *les mauvaises explications sont celles qui expliquent tout et donc rien* ».

Préciser ce qu'un domaine biologique n'est pas revient, paradoxalement, à en renforcer la portée. Libéré des incrustations mystiques et des abus linguistiques, ce domaine peut redevenir ce qu'il promet d'être : un outil conceptuel rigoureux pour penser l'organisation du vivant sans trahir sa complexité.

De l'équilibre au signe : histoires lentes d'idées difficiles.

L'histoire de la biologie ne se construit pas seulement à travers des découvertes soudaines, mais aussi à travers des mots incertains, des concepts qui restent longtemps à la frontière entre le dire et la compréhension. Des idées qui semblent vagues, parfois suspectes, avant de devenir indispensables. Le domaine de la biologie s'inscrit dans cette généalogie. Pour en comprendre le destin possible, il vaut la peine de se pencher sur deux exemples illustres qui ont traversé des décennies d'ambiguïté avant de trouver une place rigoureuse : l'homéostasie et l'épigénétique.

Lorsque Walter Bradford Cannon a inventé le terme « homeostasis » en 1926, à Harvard, l'intention était claire mais le terrain glissant. Décrire la capacité des organismes à maintenir des conditions internes relativement stables semblait, aux yeux de nombreux physiologistes, une manière élégante de masquer l'ignorance des mécanismes réels. Dans une critique parue dans **Science** en 1933, un collègue observait avec ironie que l'homéostasie « *risquait de devenir un nouveau nom pour un vieux mystère* ». Il n'avait pas tout à fait tort : pendant des années, le concept a oscillé entre explication et description, entre principe organisationnel et simple constat empirique.

Pourtant, avec le temps, l'homéostasie s'est révélée féconde précisément parce qu'elle ne se réduisait pas à un mécanisme unique. Ce n'était ni une pompe, ni un circuit spécifique, mais une logique de régulation distribuée. Sa force résidait dans sa capacité à unifier des phénomènes divers — de la glycémie à la température corporelle — sous un principe commun. Ce n'est que plus tard, avec le développement de la cybernétique et des systèmes de rétroaction, que ce concept trouva les outils adéquats pour être formalisé sans perdre de sa généralité.

L'épigénétique a connu un destin similaire, mais encore plus mouvementé. Lorsque Conrad Hal Waddington parlait de « *paysage épigénétique* » à Cambridge dans les années 1940, dessinant des collines et des vallées pour représenter le développement embryonnaire, de nombreux généticiens l'accusaient d'utiliser des métaphores à la place des gènes. Son langage semblait plus proche de l'art que de la science pure. Et pourtant, cette métaphore recelait une intuition décisive : celle qu'il existait, entre le génotype et le phénotype, un espace de régulation qui ne pouvait se réduire à la séquence de l'ADN.

Pendant des décennies, l'épigénétique est restée un no man's land. Trop concrète pour la philosophie, trop théorique pour la génétique moléculaire naissante. Ce n'est qu'à la fin du XXe siècle, avec la découverte des mécanismes de méthylation de l'ADN et des modifications histones, que le terme a été « réhabilité ». Mais à un prix : celui d'en restreindre la signification. De nombreux biologistes utilisent aujourd'hui le terme « épigénétique » dans un sens technique, presque chimique, en oubliant la portée initiale de l'idée de Waddington. Un destin paradoxal : pour devenir acceptable, le concept a dû renoncer à une partie de son ambition.

Le domaine de la biologie se situe dans une position analogue, mais non identique. À l'instar de l'homéostasie, il concerne la stabilité globale de l'organisme ; à l'instar de l'épigénétique, il aborde la question de la forme et de la régulation sans les réduire à des instructions locales. Mais, contrairement à ces deux disciplines, ce domaine n'est pas né pour combler un vide mécaniste spécifique. Il est plutôt né d'une tentative de nommer une dimension organisationnelle qui émerge lorsque les explications linéaires montrent leurs limites.

L'histoire invite à la prudence et à la patience. Les concepts à la frontière ne s'éclaircissent pas rapidement. Ils traversent des phases d'abus, de rejet, de réduction forcée. Une anecdote racontée par l'historienne des sciences Evelyn Fox Keller rappelle que, lors d'un séminaire au MIT au début des années 1980, un chercheur a défini l'épigénétique comme « *un mot élégant pour désigner ce que nous ne savons pas encore mesurer* ». Aujourd'hui, ce même mot est au cœur de la biologie du développement et de la médecine.

La différence décisive réside dans la manière dont ces concepts sont traités. Lorsqu'ils sont utilisés comme des bouchons rhétoriques, ils deviennent fragiles. En revanche, lorsqu'ils sont considérés comme des problèmes ouverts, capables d'orienter la recherche sans prétendre y mettre un terme, ils peuvent mûrir. Le domaine de la biologie, à l'instar de l'homéostasie et de l'épigénétique avant lui, exige du temps, des outils adaptés et une discipline linguistique rigoureuse. Il ne promet pas de solutions rapides, mais une nouvelle grammaire pour décrire le vivant.

Le champ comme structure de possibilités.

Il existe un paradoxe qui accompagne depuis toujours l'étude des organismes vivants : leur régularité fiable coexiste avec une élasticité surprenante. Un embryon suit des étapes reconnaissables, et pourtant il sait corriger ses erreurs ; un tissu conserve son identité, mais peut se remodeler ; un organisme résiste aux perturbations sans se raidir. C'est précisément de là que naît l'idée de parler du champ biologique comme d'une structure de possibilités : de la tentative de décrire comment la vie conserve sa forme sans être prisonnière d'un schéma rigide.

L'idée n'est pas que l'organisme « contienne » une forme déjà écrite dans les moindres détails, mais qu'il opère au sein d'un espace de possibilités structuré, où certaines configurations sont stables, d'autres improbables, d'autres encore tout simplement impossibles. Le champ, en ce sens, n'impose pas de résultats précis : il délimite, oriente, rend plausible. C'est une grammaire plus qu'un scénario.

Un épisode souvent cité dans les séminaires de biologie du développement, et qui avait déjà eu un certain retentissement dans les années 1960, concerne les salamandres du genre Ambystoma étudiées dans les laboratoires de l'université de l'Indiana. Lorsqu'un membre est amputé, la régénération ne produit pas une masse cellulaire aléatoire, mais reconstruit une patte cohérente en termes de dimensions et de proportions. Non pas parce que chaque cellule « sait » quoi faire isolément, mais parce que l'ensemble du système opère dans un champ qui stabilise certaines solutions formelles et en exclut d'autres. Il ne se forme pas une main à la place d'une patte, ni une patte infinie.

La forme émerge comme un résultat probable, et non comme une commande centrale.

Ici, la notion de stabilité doit être comprise avec prudence. Il ne s'agit pas d'immobilité. Il s'agit plutôt de robustesse dynamique. Un organisme reste lui-même non pas parce qu'il ne change pas, mais parce qu'il change dans des limites qui préservent son organisation. En 1975, lors d'une conférence à Woods Hole, le biologiste cellulaire Paul Weiss fit remarquer, par une boutade restée célèbre parmi les spécialistes : « *La vie ne défend pas un état, elle défend une relation.* » C'est une phrase qui rend bien compte du sens du champ en tant que structure de possibilités : ce qui reste stable, ce n'est pas la matière, mais la cohérence des relations.

Même la régulation biologique, vue sous cet angle, perd son caractère de contrôle « en cascade ». Il n'y a pas de chef d'orchestre caché dans les gènes ou dans le cerveau embryonnaire. La régulation s'opère parce que le champ rend certaines déviations autocorrectrices. Lorsqu'une partie s'écarte trop, l'organisme n'a pas à « décider » quoi faire : il revient naturellement à une configuration compatible. C'est un comportement qui s'apparente davantage à l'architecture qu'à l'ingénierie de précision. Comme dans les grandes cathédrales gothiques — Chartres est souvent citée par les historiens de l'art à cet égard —, la stabilité naît de la répartition des forces, et non d'un seul pilier miraculeux.

Parler du champ comme d'une structure de possibilités aide également à éviter un malentendu fréquent : celui de confondre la forme avec un résultat esthétique ou géométrique. En biologie, la forme est toujours fonctionnelle, mais pas au sens utilitaire immédiat. Elle est fonctionnelle parce qu'elle est durable dans le temps, parce qu'elle peut résister aux fluctuations énergétiques, au bruit moléculaire, aux contraintes environnementales. Le champ sélectionne des formes qui « tiennent debout » biologiquement, avant même qu'elles ne soient avantageuses d'un point de vue évolutif.

Dans ce cadre, la stabilité n’est pas un frein à l’innovation, mais sa condition préalable. Seul un système suffisamment stable peut se permettre des variations sans s’effondrer. Le champ n’étouffe pas le possible : il l’organise, le rend habitable. C’est une vision de la vie moins mécanique et moins romantique, mais peut-être plus réaliste : la vie comme équilibre ouvert entre contrainte et liberté.

VI. L'information qui prend forme.

Si le chapitre précédent a introduit l'idée de champ biologique en tant que réalité organisatrice, ce sixième chapitre franchit une étape supplémentaire et, d'une certaine manière, plus délicate : il clarifie ce que nous entendons réellement par « information » lorsque nous parlons de vie. Ce n'est pas un détail terminologique. C'est le point où de nombreuses métaphores scientifiques — puissantes, mais souvent trompeuses — révèlent leurs limites.

Dans le langage courant et dans une grande partie de la vulgarisation scientifique, l'information biologique est encore présentée comme un ensemble de données, d'instructions ou de codes : l'ADN comme un logiciel, la cellule comme un ordinateur, l'organisme comme une machine programmée. Cette métaphore a eu une grande utilité historique, mais elle présente aujourd'hui des failles évidentes. Les données, à elles seules, ne font rien. Elles peuvent être copiées, transmises, archivées. La vie, en revanche, s'organise, se maintient, se transforme. Ce chapitre a pour but de mettre en lumière cette différence cruciale.

La thèse de fond n'est simple qu'en apparence : l'information biologique n'est pas un objet, mais une relation qui prend t de manière stable forme dans la matière. Elle ne régit pas la vie de l'extérieur, comme un code abstrait, mais émerge et opère de l'intérieur des processus vitaux. C'est de l'information parce qu'elle fait la différence ; elle est incarnée parce qu'elle n'existe jamais séparée de la structure qui la réalise.

Dans le contexte général de l'ouvrage, ce chapitre joue un rôle de charnière. Après avoir montré, dans les parties précédentes, les limites du réductionnisme biochimique et l'importance de la cohérence et des champs, on y précise ici ce qui circule, se stabilise et se transforme au sein de ces champs. Ni énergie indistincte, ni instructions numériques, mais des configurations informatives qui sont à la fois forme, dynamique et signification biologique.

Le physiologiste Denis Noble, l'un des protagonistes du débat post-génomique, s'inscrit dans la lignée critique à l'égard de la métaphore informatique lorsqu'il affirme sans ambiguïté : « *Il n'existe aucun programme dans l'ADN.* » Le génome, dans cette perspective, n'est pas un manuel d'instructions autosuffisant, mais une ressource qui n'acquiert de sens qu'au sein d'un réseau d'interactions cellulaires, tissulaires et environnementales.

Ce chapitre n'anticipe pas encore les implications cliniques ou cognitives qui seront développées plus loin. Il se limite, délibérément, à remettre de l'ordre dans un concept galvaudé, en montrant pourquoi parler d'information en biologie revient à parler de formes actives, d'organisations qui se maintiennent dans le temps et qui, précisément pour cette raison, peuvent évoluer, apprendre et parfois se désagréger.

Grandir sans mode d'emploi : l'embryon comme champ qui s'organise.

Si nous voulons vraiment comprendre ce que signifie dire que la vie est de l'information incarnée, il n'y a pas de terrain plus révélateur que le développement embryonnaire. C'est là, dans les premières heures et les premiers jours après la fécondation, que la biologie montre avec le plus d'évidence un fait gênant pour toute vision mécaniste : la forme n'est pas exécutée, mais prend corps.

L'embryon ne suit pas un projet détaillé, comme une maison construite à partir d'un plan technique. Il s'apparente plutôt à un processus qui s'oriente progressivement, en stabilisant certaines possibilités et en laissant d'autres s'éteindre. Les cellules se divisent, migrent, changent de fonction, mais elles le font sans qu'il y ait de centre de commande leur disant « maintenant, deviens foie » ou « maintenant, deviens rétine ». Et pourtant, avec une fiabilité surprenante, un organisme cohérent émerge.

Dès les années 1930, l'embryologiste allemand Hans Spemann, lauréat du prix Nobel en 1935, a montré que certaines régions de l'embryon ne contiennent pas une forme toute faite, mais activent des processus d'organisation dans le tissu environnant. Elles ne transmettent pas d'instructions détaillées : elles créent des conditions. C'est une distinction subtile mais décisive. L'information ne réside pas dans le résultat final, mais dans la capacité à orienter un processus collectif.

Dans cette perspective, l'information incarnée n'est pas quelque chose qui « se trouve à l'intérieur » d'une cellule comme un message scellé. C'est une relation qui s'étend dans l'espace et le temps de l'embryon, impliquant des gradients chimiques, des tensions mécaniques, des rythmes de division, des contraintes géométriques. La forme émerge parce que le système, dans son ensemble, reconnaît et stabilise des configurations compatibles avec sa propre cohérence.

Le biologiste théoricien Stuart Kauffman, réfléchissant à la morphogenèse, a exprimé ce point en des termes qui font fortement écho à l'idée de champ : « *Les organismes ne sont pas construits selon un plan ; ils s'auto-organisent au sein d'espaces de possibilités.* » Le développement embryonnaire devient ainsi le laboratoire naturel où l'on peut observer l'information en train de s'incarner, sans jamais se séparer de la matière qui l'exprime.

Cette vision aide également à comprendre pourquoi l'embryon possède une capacité régulatrice remarquable. Si certaines cellules sont retirées ou endommagées, le processus ne échoue pas nécessairement : souvent, il se réorganise. Non pas parce que le « programme » est redondant, mais parce que l'information est distribuée, incarnée dans le champ des relations. La forme finale n'est pas un objectif prédéfini, mais un attracteur dynamique.

En ce sens, le développement embryonnaire met en lumière l'un des points centraux du chapitre : l'information biologique ne précède pas la forme comme une idée abstraite, ni ne la suit comme une simple description. Elle coïncide avec le processus même qui génère la forme. L'embryon n'applique pas l'information : il la vit.

Car la vie ne peut pas être « redémarrée » comme un système numérique.

L'une des illusions les plus tenaces de la biologie contemporaine naît de la confrontation, souvent implicite, avec les technologies numériques. Un ordinateur plante, on le redémarre ; un fichier est corrompu, on le restaure à partir d'une copie antérieure. Mais la vie ne fonctionne pas ainsi, et ce chapitre — au cœur de la réflexion sur l'information incarnée — trouve dans le temps irréversible sa preuve la plus convaincante.

Un organisme vivant ne traverse pas le temps comme un support neutre sur lequel défilent des données. C'est le temps lui-même qui pénètre dans sa structure, qui se sédimente dans sa forme, dans ses tissus, dans ses trajectoires de développement. Chaque instant vécu modifie le champ informationnel de l'organisme, laissant des traces qui ne peuvent être effacées sans détruire le système qui les porte. L'information biologique, précisément parce qu'elle est incarnée, est toujours aussi une histoire.

C'est là que la métaphore informatique cède définitivement. Un système numérique peut revenir à un état antérieur car l'information est séparable du support. Un organisme, en revanche, est sa propre information dans le temps. Il n'existe pas d'« avant » conservé ailleurs à partir duquel repartir. Même lorsqu'une blessure guérit, on ne revient pas à l'état initial : on va de l'avant, avec une nouvelle configuration.

Dès 1944, Erwin Schrödinger, dans son célèbre ouvrage « *What Is Life ?* », avait saisi un aspect essentiel de cette asymétrie temporelle, en parlant de la vie comme d'un système qui se nourrit d'« entropie négative ». Au-delà d'un langage aujourd'hui dépassé, l'intuition reste puissante : « *Un organisme vivant maintient son ordre en augmentant le désordre de son environnement.* » Cet échange n'est pas réversible. Tout acte de maintien de la forme a un coût temporel qui ne peut être annulé.

L'information biologique n'est donc pas seulement une relation spatiale, mais un processus temporel qui laisse des traces. Pensons à la maturation d'un système nerveux, à l'empreinte précoce, ou même simplement au vieillissement cellulaire. Dans tous ces cas, l'information n'est pas « exécutée » puis archivée : elle s'incorpore dans la matière, modifiant à jamais ses possibilités futures. Redémarrer signifierait effacer l'histoire, mais effacer l'histoire revient à effacer l'organisme.

C'est pourquoi la vie ne peut être clonée au sens fort du terme, même lorsque l'ADN est identique. Comme le faisait remarquer le biologiste français Henri Atlan, en réfléchissant aux systèmes complexes : « *L'information qui compte n'est pas celle qui se répète, mais celle qui se transforme.* » Et la transformation, par définition, ne se produit qu'une seule fois.

Dans cette optique, l'irréversibilité temporelle n'est pas une limite de la vie, mais sa condition de possibilité. Sans un temps qui s'écoule dans une seule direction, il n'y aurait ni développement, ni apprentissage, ni adaptation. L'information incarnée est toujours une information qui s'est produite, et non simplement conservée. Et c'est précisément pour cette raison que chaque organisme est unique : non pas parce qu'il contient des données particulières, mais parce qu'il a traversé un temps qu'aucun autre ne pourra jamais retracer de la même manière.

De la physique à la conscience : le parcours conceptuel de l'information.

Il existe des concepts qui n'appartiennent pas à une seule discipline, mais qui fonctionnent comme des ponts épistémologiques : ils permettent le dialogue, réorganisent les problèmes, changent la manière même de poser les questions. L'information, dans le contexte de la biologie des champs, en fait partie. Non pas parce qu'elle explique tout — les explications universelles sont toujours suspectes — mais parce qu'elle oblige différentes sciences à se confronter sur ce qu'elles entendent réellement par « réalité ».

En physique, l'information a commencé à prendre toute son importance lorsqu'on s'est rendu compte qu'elle n'était pas seulement une manière de décrire les systèmes, mais quelque chose qui en déterminait le comportement. À la fin des années 1980, dans les couloirs du « *Los Alamos National Laboratory* », on discutait avec animation pour savoir si l'information était une grandeur physique à part entière ou une abstraction pratique. Le physicien Rolf Landauer, par une boutade restée célèbre, a mis les choses au clair : « *Information is physical.* » Il ne voulait pas dire que l'information était une « chose », mais qu'elle n'existe pas sans support, sans processus, sans coût. Une leçon que la biologie n'a souvent comprise qu'à moitié.

En effet, lorsque l'on aborde le monde vivant, l'information cesse d'être neutre. Elle ne se contente pas de décrire ce qui se passe : elle participe à ce qui se passe. C'est là qu'intervient l'épistémologie. En biologie, parler d'information revient à se demander qui interprète, comment et selon quelles contraintes. Un signal chimique, une répartition spatiale, une variation rythmique ne constituent pas une information en soi : ils ne le deviennent qu'au sein d'un système capable de leur donner un sens opérationnel.

C'est là le point de contact avec la philosophie de l'esprit. Dans les années 1990, le philosophe américain John Searle aimait rappeler qu'il ne suffit pas de manipuler des symboles pour obtenir du sens. L'information, sans un sujet — ou du moins un système — qui l'incarne, reste muette. La biologie des champs prend cette observation au sérieux, mais la radicalise : tout organisme est déjà, sous une forme embryonnaire, un sujet de sens, car il est un centre d'intégration informationnelle.

Une anecdote souvent racontée dans les milieux de la cybernétique européenne concerne une rencontre informelle, à Vienne, entre biologistes et philosophes au début des années 70. Au cours d'une pause-café, quelqu'un a demandé si le cerveau « stockait » des informations comme une bibliothèque. Le neurobiologiste Walter Freeman, connu pour ses études sur les schémas dynamiques cérébraux, a répondu en souriant : « *Non, le cerveau danse l'information* ». Une métaphore imparfaite, mais éclairante : l'information n'est pas un objet mental, c'est un événement structuré dans le temps.

Dans cette perspective, l'information devient le point de rencontre entre trois traditions : la physique, qui la considère comme une contrainte et une possibilité ; la biologie, qui la vit comme une forme stabilisée au sein de processus ; la philosophie de l'esprit, qui l'interroge en tant que condition du sens.

Ce n'est pas un hasard si des penseurs aussi différents que Gilbert Simondon, en France, et Thomas Metzinger, en Allemagne, ont insisté — sous des angles opposés — sur le fait que nous ne pouvons pas comprendre l'esprit sans une théorie des processus qui le génèrent. L'information, comprise non pas comme un contenu mais comme une relation opérationnelle, permet d'éviter deux écueils : le réductionnisme matériel et le mystère immatériel.

D'un point de vue épistémologique, cela signifie également reconnaître un changement de statut de l'explication scientifique. Nous n'expliquons plus la vie en disant « de quoi elle est faite », mais comment elle s'organise et maintient son sens interne. L'information ne clôt pas le discours : elle l'ouvre. Elle fonctionne comme une langue franche imparfaite, mais indispensable, entre des disciplines qui, sans elle, resteraient incommunicables.

En définitive, la biologie des champs propose un pari culturel avant même d'être un pari scientifique : que l'information puisse être le concept à travers lequel repenser ensemble la nature, la vie et l'esprit, sans les réduire les uns aux autres. Non pas un nouveau dogme, mais un espace partagé d'interrogation.

Qui observe qui ? L'observateur entre laboratoire et vie vécue.

Toute biologie commence par un regard. Un microscope allumé, un cahier ouvert, une question bien formulée. Mais lorsque l'objet de ce regard est un organisme vivant, il se produit quelque chose de singulier : nous nous trouvons face à des systèmes qui non seulement sont observés, mais qui, à leur manière, s'observent eux-mêmes. C'est là que le concept d'information incarnée révèle l'une de ses tensions les plus fécondes : celle entre l'observation externe de la science et l'autoréférence interne de la vie.

En laboratoire, l'observateur scientifique opère par séparation. Il isole les variables, contrôle les conditions, traduit les processus en mesures. C'est une approche puissante, qui a donné des résultats extraordinaires. Mais, comme le notait déjà Claude Bernard à Paris au milieu du XIXe siècle, « *la vie s'échappe dès qu'on la décompose trop* ». Bernard ne remettait pas en cause l'expérience, mais rappelait que l'organisme réagit au simple fait d'être observé, car c'est un système régulé de l'intérieur.

C'est là qu'intervient une distinction cruciale. L'observation scientifique est hétéro-référentielle : le critère de validité se situe en dehors du système observé. L'autoréférence biologique, en revanche, est constitutive : un organisme vit parce qu'il entretient une relation continue avec lui-même, en actualisant ses informations internes en fonction de sa survie. Il ne « sait » pas qu'il est observé, mais il s'observe continuellement, au sens opérationnel du terme.

Dans les années 1960, dans un Chili en proie à de fortes tensions sociales, les biologistes Humberto Maturana et Francisco Varela sont parvenus à cette intuition en étudiant la perception dans les systèmes nerveux. Leur concept d'autopoïèse — présenté officiellement en 1972 — est également né d'une donnée empirique déconcertante : le système nerveux n'enregistre pas le monde tel qu'il est, mais produit en permanence une cohérence interne. Comme l'a dit l' e Maturana lors d'une conférence à Santiago, dans une phrase restée célèbre : « *Tout ce qui est dit l'est par un observateur.* » Mais, chez les êtres vivants, cet observateur fait déjà partie du système.

Cette capacité d'autoréférence avait déjà été pressentie, sous une forme étonnamment moderne, par le biologiste balte Jakob von Uexküll au début du XXe siècle. En étudiant des animaux simples, il a introduit le concept d'Umwelt : chaque organisme vit dans un monde significatif qui ne coïncide pas avec celui de l'observateur humain. Il n'existe pas une réalité biologique unique, mais une multiplicité de mondes centrés sur l'organisme.

Du point de vue de la biologie des champs, cela implique une conséquence épistémologique subtile mais décisive : l'observateur scientifique décrit des champs informationnels, tandis que l'organisme les habite et les génère. Les deux perspectives ne sont pas en conflit, mais elles ne sont pas superposables. Les confondre conduit à des erreurs conceptuelles : soit on réduit l'organisme à une machine réactive, soit on attribue à la science une subjectivité qui ne lui revient pas.

La vie, en tant qu'information incarnée, est toujours centrée sur elle-même, même dans ses formes les plus simples. Une bactérie qui régule son propre métabolisme ne « sait » pas au sens humain du terme, mais opère des distinctions qui font toute la différence pour elle. C'est là le plus petit dénominateur commun entre la biologie et l'esprit : non pas la conscience réflexive, mais la capacité à rattacher l'information à une identité opérationnelle. En ce sens, l'observateur n'est pas un intrus dans le discours biologique, mais un terme de comparaison. La science observe la vie ; la vie se maintient en s'observant elle-même. C'est entre ces deux niveaux que se joue une grande partie de la difficulté — et du charme — d'une biologie qui souhaite véritablement aller au-delà du réductionnisme.

Quand l'information change notre façon de connaître.

Il y a eu un moment, dans la seconde moitié du XXe siècle, où la science a commencé à utiliser un mot en apparence anodin — l'information — pour dire quelque chose de radicalement nouveau sur le monde. Il ne s'agissait plus seulement de mesurer, de peser, de quantifier. Il s'agissait de comprendre comment l'ordre se maintient, se transmet et prend forme, même face à la tendance naturelle au désordre. Depuis lors, l'épistémologie — la manière même dont la science conçoit ce qu'elle connaît — n'a plus jamais été la même.

L'histoire commence dans un domaine inattendu : la thermodynamique. Dans les années 1940, alors que l'Europe sortait péniblement de la guerre, des physiciens comme Leo Szilard et Léon Brillouin ont commencé à s'interroger sur un paradoxe ancien : comment un système peut-il produire de l'ordre sans enfreindre la deuxième loi de la thermodynamique ? Le célèbre « démon de Maxwell », déjà évoqué au XIXe siècle, réapparaissait désormais sous un jour nouveau. Szilard suggéra que l'acte de connaître — distinguer, mesurer, sélectionner — avait un coût énergétique. L'information faisait ainsi son entrée en physique, non pas comme une métaphore, mais comme une grandeur épistémique.

Quelques années plus tard, en 1948, Claude Shannon, travaillant aux Bell Labs dans le New Jersey, publia « *A Mathematical Theory of Communication* ». Son objectif était technique : améliorer l'efficacité des télécommunications. Mais les conséquences furent philosophiques. En définissant l'information en termes de réduction de l'incertitude, Shannon séparait nettement l'information et le sens. Un choix méthodologique, et non ontologique. Pourtant, cette séparation allait influencer pendant des décennies la manière dont la science abordait la connaissance, l'esprit et la vie.

À la même époque, à Cambridge, Alan Turing s'interrogeait sur ce que signifie « penser ». Son célèbre test ne définissait pas l'intelligence en fonction de l'expérience subjective, mais en fonction de la manipulation cohérente d'informations symboliques. C'est ainsi qu'est née une vision computationnelle de l'esprit qui allait dominer la philosophie et les sciences cognitives pendant une bonne partie de la seconde moitié du siècle. L'épistémologie évoluait : connaître ne consistait plus à refléter le monde, mais à transformer l' e l'information selon des règles. Et pourtant, quelque chose clochait. En 1944, dans un petit ouvrage rédigé à Dublin pendant la guerre, Erwin

Schrödinger avait posé une question destinée à devenir célèbre : qu'est-ce que la vie ? Sa réponse était surprenante : un organisme est un système qui se nourrit d'« entropie négative ». Aujourd'hui, nous dirions : il conserve sa forme grâce à des flux d'informations ordonnés. Schrödinger ne parlait pas des gènes comme de codes, mais de stabilité structurelle dans le temps, ouvrant ainsi une brèche entre la physique, la biologie et l'épistémologie.

Dans les années 1950 et 1960, cette brèche s'est élargie avec la cybernétique. À New York, lors des célèbres *Macy Conferences*, des personnalités telles que Norbert Wiener, Gregory Bateson et Margaret Mead discutaient de rétroaction, de régulation et d'apprentissage. C'est là que l'épistémologie change de cap. Il ne suffit plus de se demander si une description est vraie ou fausse. Il faut se demander : pour qui est-elle informative ? Dans quel contexte ? Par rapport à quelle organisation interne ? Ces questions deviendront également centrales dans la philosophie de l'esprit des années 1970 et 1980, lorsque le fonctionnalisme d'Hilary Putnam commencera à montrer ses limites, ouvrant la voie à des conceptions plus incarnées et situées de la cognition. Une anecdote racontée par un philosophe des sciences néerlandais, qui fréquentait dans les années 1980 aussi bien des laboratoires de neurobiologie que des séminaires de philosophie analytique, rend bien compte de l'atmosphère de l'époque. « Nous parlions tous d'information », se souvenait-il, « *mais nous ne parlions plus de la même chose.* » Pour les physiciens, c'était une mesure ; pour les biologistes, une fonction organisationnelle ; pour les philosophes, un problème de sens. C'est précisément cette ambiguïté qui a fait de l'information une notion épistémologiquement féconde.

Dans le contexte de la biologie des champs, cette histoire suggère une conclusion claire : l'information n'est pas un intermédiaire neutre entre le sujet et l'objet, mais un principe qui redéfinit les deux. Nous ne connaissons plus un monde fait de choses, mais de processus informationnels qui se stabilisent sous forme de structures. La vie, dans ce cadre, ne « contient » pas d'information : c'est l'information qui a trouvé un moyen de perdurer dans la matière.

Parce que la vie ne fonctionne pas comme un ordinateur.

Il existe une image qui a profondément marqué la biologie de la seconde moitié du XXe siècle : celle de l'organisme comme une machine qui traite des informations, de l'ADN comme un logiciel, des cellules comme du matériel informatique sophistiqué. Une métaphore puissante, séduisante, extrêmement productive sur le plan technique. Mais, comme c'est souvent le cas, ce qui aide au départ à comprendre risque, avec le temps, de devenir un filtre qui déforme.

La métaphore informatique est née dans un contexte historique précis. Nous sommes entre les années 1950 et 1960, à l'époque où les premiers ordinateurs occupaient des pièces entières — comme l'IBM 7090 installé au MIT — et où la cybernétique promettait un langage commun aux machines, aux cerveaux et à la société. Parler d'« information » en biologie signifiait alors entrer dans l'avenir, s'émanciper du vitalisme et du flou philosophique. Mais le prix à payer a été élevé : l'information a été progressivement réduite à une donnée, à une séquence discrète, à une instruction à exécuter.

Le problème, c'est que les données ne vivent pas. Ce sont des entités abstraites, interchangeables, identiques à elles-mêmes quel que soit le contexte. Un fichier reste le même sur un ordinateur à Tokyo ou à Turin. Un organisme, en revanche, non. La même « information » produit des effets différents selon l'état du système qui la reçoit, son histoire, son environnement. Confondre information et donnée, c'est ignorer cette dimension fondamentale : la dépendance au contexte et à la forme.

Dans les années 1990, le physiologiste britannique Denis Noble, qui travaillait à Oxford sur des modèles mathématiques du cœur, racontait souvent un épisode curieux. Lors d'une conférence, un informaticien lui demanda : « *Où se trouve le programme du battement cardiaque ?* ». Noble répondit après une pause embarrassée, puis dit : « *Il n'y a pas de programme. Le cœur bat parce qu'il est fait d'une certaine manière.* » Non pas pour exécuter un code, mais en raison d'une dynamique distribuée impliquant des cellules, des tissus, des champs électriques, des contraintes mécaniques. L'information, dans ce cas, n'est écrite nulle part : elle émerge de l'organisation.

La métaphore informatique, appliquée à la vie, introduit également un autre malentendu : l'idée que l'information précède la matière et la régit de l'extérieur. Comme si l'ADN était un texte à lire et le corps une imprimante biologique. Mais cette vision ne résiste pas à l'épreuve des faits. Dès les années 1970, des études d'embryologie expérimentale — comme celles menées à Naples par Giuseppe Levi et son école — montraient que la forme d'un organisme dépend d'interactions spatiales et temporelles, et non d'une simple exécution linéaire d'instructions.

Une donnée, par définition, est passive. L'information biologique, en revanche, est active, performative. Elle ne décrit pas ce qui se passe : elle fait que cela se passe. C'est là que la métaphore informatique s'enraye, car dans les ordinateurs, le sens n'a aucune importance. Une séquence de bits fonctionne indépendamment de ce qu'elle « signifie ». Ce n'est pas le cas chez les organismes. Comme l'observait le biologiste chilien Humberto Maturana, lors d'une conférence à Santiago dans les années 1980, « *ce qui compte, ce n'est pas le signal en soi, mais la manière dont le système y répond* ».

Une anecdote rapportée par une biologiste française qui travaillait dans les années 2000 dans un laboratoire de génomique à Lyon est éclairante. Elle raconte comment deux cellules dotées du même patrimoine génétique réagissaient de manière opposée à un même stimulus chimique. « *Au début, nous avons pensé à une* erreur », a-t-elle déclaré, « *puis nous avons compris que nous traitions l'information comme une donnée, et que les cellules nous disaient que ce n'en était pas une* ». Il n'y avait pas de bug dans le système : il s'agissait d'une organisation vivante qui interprétait.

Critiquer la métaphore informatique ne signifie pas rejeter la technologie ou les modèles computationnels. Cela signifie les remettre à leur place. Un modèle peut simuler, décrire, approximer. Mais la vie ne « traite » pas l'information comme le fait une machine : elle l'incarne, la transforme en structure, en geste, en rythme. Tout réduire à des données, c'est perdre ce qui rend un organisme vivant : sa capacité à donner du sens, à maintenir une cohérence, à répondre de manière créative.

Dans cette perspective, la biologie des champs propose un changement de regard. L'information n'est pas une séquence à décoder, mais une relation qui prend corps. Non pas un message qui circule, mais un ordre qui se stabilise. Abandonner la métaphore informatique n'est pas un pas en arrière, mais un acte de maturité épistémologique : reconnaître que la vie n'est pas un ordinateur mal compris, mais un phénomène qui exige de nouveaux concepts.

Parce qu'un algorithme ne sait pas qu'il est vivant.

Chaque époque conçoit la vie à l'aide des outils dont elle dispose. Au XVIIe siècle, c'était l'horloge ; au XXe siècle, la machine thermodynamique ; aujourd'hui, c'est l'ordinateur. Il n'est donc pas surprenant que, à l'ère de l'intelligence artificielle, l'organisme soit souvent décrit comme un système de calcul particulièrement sophistiqué. Mais cette comparaison, aussi évocatrice soit-elle, montre rapidement ses limites. Car l'information qu'une machine calcule n'est pas la même que celle qu'un organisme vit.

En 1956, lors du célèbre « *Dartmouth Summer Research Project on Artificial* Intelligence », John McCarthy et Marvin Minsky imaginaient des machines capables, en principe, de faire tout ce que fait un esprit humain. L'optimisme était contagieux. Au cours de ces mêmes décennies, dans les laboratoires de biologie moléculaire, on parlait de « lecture », de « transcription » et de « traduction » du code génétique. Le monde vivant semblait enfin déchiffrable, à l'instar d'un langage formel.

Et pourtant, soixante-dix ans plus tard, la comparaison entre l'intelligence artificielle et l'intelligence biologique révèle une différence radicale qui va au-delà de la puissance de calcul. L'IA manipule des symboles, même lorsqu'elle le fait de manière étonnamment efficace. L'organisme, en revanche, est impliqué dans ce qu'il connaît. Pour un être vivant, l'information n'est jamais neutre : elle a une valeur vitale, elle oriente l'action, elle modifie la forme.

Une anecdote racontée par un chercheur italien ayant longtemps travaillé entre Milan et Boston dans le domaine de *l'« apprentissage automatique* » est emblématique. Lors d'un test de vision artificielle, un système reconnaissait parfaitement un visage humain même lorsque l'image était déformée ou incomplète. « *Mieux que nous* », a commenté quelqu'un. Le chercheur a rétorqué : « *Oui, mais elle ne sait pas ce que signifie croiser ce regard.* » La machine classait ; l'être humain entrait en relation.

C'est là tout l'enjeu. L'information calculée est extérieure au système qui la traite : elle peut être transférée, copiée, effacée sans conséquences ontologiques. Un algorithme ne souffre pas s'il perd une donnée. L'information biologique, en revanche, est intrinsèque : elle coïncide avec l'état même de l'organisme. Lorsqu'un animal perçoit un danger, l'information ne « parvient » pas simplement : elle se traduit par une posture, une tension musculaire, des variations hormonales. C'est une information qui prend corps.

Dès les années 1980, le neuroscientifique Gerald Edelman, prix Nobel de médecine en 1972, insistait sur ce point lors de ses cours à La Jolla : le cerveau ne fonctionne pas comme un ordinateur car il ne sépare jamais le traitement de la valeur. Tout acte cognitif est sélectif, situé, lié à l'histoire individuelle de l'organisme. Une intelligence artificielle peut optimiser une fonction ; un être vivant doit continuer à exister.

Même lorsque l'IA imite des comportements adaptatifs — comme dans les systèmes d'« apprent*issage par renforcement* » développés à partir des années 2010 —, une différence décisive subsiste. La « récompense » d'une machine est un paramètre numérique. Pour un organisme, l'enjeu est la continuité de sa propre forme vivante. L'information, ici, n'est pas une donnée parmi d'autres : c'est ce qui maintient la cohérence du champ biologique.

Un épisode peu connu, mais significatif, remonte à un atelier interdisciplinaire qui s'est tenu à Santa Fe au début des années 2000. Un biologiste évolutionniste a fait remarquer que, si un robot tombe, il se relève parce qu'il est programmé pour le faire ; si un enfant tombe, il se relève parce qu'il a appris ce que signifie tomber. Ce n'est pas seulement une différence de complexité, mais de nature de l'information en jeu. Dans le premier cas, il s'agit d'un calcul ; dans le second, d'une expérience ancrée dans le corps.

La biologie des champs offre ici une clé d'interprétation décisive. L'intelligence biologique ne réside ni dans un centre de contrôle, ni dans un algorithme caché, mais dans la cohérence globale du système. L'information est la manière dont le champ s'organise et se maintient dans le temps. C'est pourquoi elle est indissociable de la matière, de l'énergie, de la forme. Une machine peut simuler un comportement intelligent ; un organisme est ce comportement, au sens plein et risqué du terme.

Reconnaître cette différence ne signifie pas minimiser l'intelligence artificielle, mais la libérer d'attentes inappropriées. Et, surtout, cela signifie redonner à la vie sa spécificité : non pas en tant que matériel biologique exécutant des logiciels évolutifs, mais en tant que processus d'information vécue, incarnée, irréversible. Une différence subtile, mais décisive, qui marque la frontière entre ce qui calcule et ce qui vit.

Du bug au changement : deux destins opposés de l'erreur.

Dans le langage de l'informatique, l'erreur est un intrus. Un bug à détecter, à isoler, à corriger. En biologie, c'est exactement le contraire qui se produit : l'erreur n'est pas un ennemi de la vie, mais l'un de ses moteurs les plus profonds. Cette différence, apparemment subtile, illustre de manière exemplaire ce que signifie, selon , dire que la vie est de l'information incarnée et non un simple traitement de données.

Lorsque, en 1947, l'équipe de Grace Hopper trouva un papillon coincé dans un relais de l'ordinateur Mark II à Harvard, cet épisode — aujourd'hui conservé au Smithsonian — devint l'anecdote fondatrice du terme « *bug* ». L'erreur était quelque chose d'extérieur, d'accidentel, qu'il fallait éliminer pour rétablir le bon fonctionnement de la machine. Une fois la cause éliminée, le système redevenait identique à ce qu'il était auparavant. Aucune trace, aucun souvenir, aucune transformation.

Dans les organismes vivants, c'est l'inverse qui se produit. Une erreur génétique, une variation dans le développement, une réponse physiologique « erronée » ne sont pas simplement effacées : elles s'inscrivent dans l'histoire du système. Elles peuvent être réabsorbées, compensées, ou ouvrir des voies inattendues. En 1943, Conrad Waddington observait, dans ses expériences menées à Cambridge, comment des embryons soumis à un stress thermique développaient de nouvelles configurations morphologiques, dont certaines se stabilisaient avec le temps. Il ne s'agissait pas d'un dysfonctionnement à corriger, mais d'une déviation qui redéfinissait le champ des possibilités.

C'est là qu'apparaît une différence cruciale entre l'information calculée et l'information vécue. Dans une machine, l'erreur est un écart entre l'état prévu et l'état réel. Dans l'organisme, l'erreur est un événement, quelque chose qui arrive au système et au sein du système, modifiant sa cohérence interne. La vie ne revient jamais simplement à l'état antérieur : elle intègre ce qui s'est passé.

Un médecin français racontait comment une grave erreur de charge lors de la rééducation d'un patient — un mouvement anticipé, théoriquement contraire aux règles — avait déclenché une réorganisation inattendue de la posture. Le corps avait « fait une erreur », mais cette erreur avait contraint le système nerveux à trouver une solution plus stable. Dans un algorithme de contrôle, cette même erreur aurait déclenché une alarme ; dans un organisme, elle avait généré un apprentissage.

En effet, dans la biologie des champs, l'information n'est pas un message qui passe intact d'un point à un autre, mais une relation qui se restructure. L'erreur n'interrompt pas le flux d'information : elle le détourne, le met à l'épreuve, parfois l'enrichit. Comme l'écrivait Georges Canguilhem dans « *Le normal et le pathologique* » (1966), la vie n'est pas une adaptation passive à une norme, mais la capacité d'en instaurer de nouvelles. Et c'est souvent l'erreur elle-même qui rend cette invention nécessaire.

Même dans les technologies d'intelligence artificielle les plus avancées, l'erreur reste quelque chose de fondamentalement réversible. Un modèle est réentraîné, les poids sont mis à jour, la fonction de perte est minimisée. Rien de ce qui s'est passé « ne laisse de cicatrices ». Chez les organismes, en revanche, chaque erreur significative laisse une marque : une trace épigénétique, une mémoire immunitaire, une modification du comportement. Le vivant ne se contente pas de corriger : il se transforme lui-même.

En ce sens, l'erreur biologique n'est pas le contraire de l'information, mais l'une de ses modalités génératives. C'est le moment où le champ perd temporairement sa cohérence et, précisément pour cette raison, est contraint de se réorganiser à un niveau plus complexe. Les machines recherchent la perfection fonctionnelle ; la vie recherche la continuité. Et la continuité, paradoxalement, passe souvent par l'erreur.

Le code incomplet : épigénétique, espace et temps dans la biologie des champs.

Pendant plus d'un demi-siècle, nous avons raconté la vie comme une histoire de lettres : A, T, C, G. Un alphabet élégant, gravé dans la double hélice de l'ADN, capable — disait-on — d'expliquer la forme d'une feuille, le battement du cœur, voire un trait de caractère. C'est un récit puissant, né dans les laboratoires de Cambridge dans les années 1950 et devenu rapidement un mythe fondateur de la biologie moderne. Mais comme c'est souvent le cas pour les mythes à succès, il a commencé, avec le temps, à montrer des failles.

Dès les années 1970, à Woods Hole, lors des célèbres *universités d'été* fréquentées par des biologistes, des physiciens et des philosophes des sciences, circulait une boutade attribuée à un chercheur âgé : « *L'ADN, c'est comme une liste d'ingrédients. Mais où sont la recette, la cuisine et le cuisinier* ? ». C'était une provocation, bien sûr. Mais elle anticipait un véritable problème : le génome, à lui seul, n'explique pas comment l'information devient un organisme.

L'idée selon laquelle l'ADN contiendrait un « programme » complet est aujourd'hui difficilement tenable. Non pas parce que les gènes n'ont pas d'importance — ils en ont, et comment ! — mais parce que leur signification dépend du contexte. Un gène peut être désactivé, amplifié, modulé. Il peut agir dans un tissu et rester inactif dans un autre. Une même séquence génétique, dans des conditions différentes, produit des résultats différents.

C'est là qu'intervient l'épigénétique, terme inventé dès 1942 par Conrad Waddington à Édimbourg, bien avant que ce concept ne devienne à la mode. Des expériences plus récentes ont rendu son intuition presque évidente. Dans les années 2000, des études sur des jumeaux monozygotes — génétiquement identiques — ont montré que, , au fil du temps, leurs profils épigénétiques divergent. Méthylations de l'ADN, modifications des histones, microARN : de petits signes chimiques qui ne changent pas les lettres du code, mais en modifient la lecture. La vie, pourrait-on dire, annote la marge du texte génétique.

Il y a ensuite un aspect encore plus radical : l'information biologique est spatiale. Elle ne réside pas seulement dans la séquence, mais aussi dans la disposition. Un embryon ne se développe pas comme une imprimante 3D exécutant des instructions linéaires ; il se développe comme un champ de relations. Les cellules « savent » où elles se trouvent, qui se trouve à leurs côtés, quelle forme est en train d'émerger.

Dans les années 1950, le biologiste britannique Lewis Wolpert a proposé le concept d'« *information positionnelle* » : les cellules lisent des gradients chimiques et, en fonction de leur position, activent différents programmes. Une idée simple, née de l'observation du développement des insectes, qui remettait pourtant en cause l'idée d'un contrôle centralisé. La forme n'est pas imposée d'en haut ; elle émerge d'une carte distribuée.

Une anecdote souvent racontée dans les couloirs de l'université de Cambridge concerne une expérience pédagogique : on demande aux étudiants comment une cellule de la main sait qu'elle est une « main » et non un « foie ». La réponse instinctive est : « *Parce que c'est l'ADN qui le dit* ». Mais l'ADN d'une cellule de la main et d'une cellule du foie est identique. La différence réside dans l'espace, dans les interactions, dans l'histoire locale. L'information, ici, est topologique.

La dimension dynamique vient encore compliquer le tableau. L'information biologique n'est pas statique : elle se déroule dans le temps. Oscillations, rythmes, cycles. De la pulsation des gènes de l'horloge circadienne, découverts dans les années 1990 lors d'études sur la drosophile, jusqu'aux ondes d'activité électrique dans les tissus en développement, la vie s'organise comme un processus temporel.

La régénération en est un exemple fascinant. Dans les années 1960, dans les laboratoires de Chicago, on observait que les planaires pouvaient régénérer un organisme entier à partir d'un fragment. Il ne suffit pas de dire que « l'ADN sait quoi faire ». La vraie question est : comment le fragment sait-il s'il doit régénérer une tête ou une queue ? Des études plus récentes suggèrent que des signaux bioélectriques et des schémas dynamiques de membrane jouent un rôle crucial. Il s'agit d'une information qui circule, qui se stabilise, et qui peut également être perturbée. C'est là que la biologie des champs trouve l'un de ses points forts : l'organisme en tant que structure informationnelle stabilisée, maintenue par des flux continus. Non pas un objet, mais un événement qui dure.

Dire que la vie va « au-delà de l'ADN » ne signifie pas abandonner la science au profit de la métaphore. Cela signifie reconnaître que l'information biologique est incarnée : elle prend corps dans l'espace, dans le temps, dans la matière organisée. Ce n'est pas un fichier à lire, mais une relation à entretenir.

En 2001, lors de la publication du premier séquençage du génome humain, certains ont parlé du « livre de la vie ». Des années plus tard, l'un des protagonistes du projet, dans une interview accordée au New York Times, a admis avec une certaine ironie : « *Nous avons le dictionnaire, mais pas la grammaire* ». Peut-être pouvons-nous ajouter aujourd'hui : ni même la prosodie, le rythme, la disposition des phrases sur la page.

La biologie des champs propose justement ce changement de regard. L'information non pas comme une commande, mais comme une configuration active. Non pas comme une cause linéaire, mais comme une cohérence qui se maintient. Dans cette perspective, l'ADN reste fondamental, mais cesse d'être le souverain absolu. Il devient un instrument au sein d'un orchestre plus vaste, où l'espace, le temps et les relations composent la musique.

La mémoire sans archive : comment les cellules se souviennent de qui elles sont.

Lorsque nous parlons de mémoire, notre pensée se tourne immédiatement vers le cerveau, vers les souvenirs d'enfance, vers une photographie jaunie. Et pourtant, la mémoire est bien plus ancienne que l'esprit. Elle existait avant les neurones, avant les systèmes nerveux, peut-être même avant que quiconque puisse lui donner ce nom. La biologie des champs invite à considérer la vie comme une structure informative stabilisée dans le temps, et dans ce cadre, la mémoire non génétique apparaît comme l'un de ses phénomènes les plus révélateurs.

Les cellules se souviennent. Non pas au sens métaphorique, mais de manière opérationnelle : elles conservent des traces d'états passés qui influencent leur comportement futur, sans que l'ADN ne soit modifié. C'est une mémoire incarnée, distribuée, souvent silencieuse. Une mémoire qui n'a pas besoin d'être écrite pour agir.

Dans les années 1980, dans les laboratoires du Pasteur à Paris, certains chercheurs ont remarqué un fait curieux en étudiant des cultures cellulaires : des cellules soumises à un stress temporaire — une variation de température, une carence nutritionnelle — réagissaient différemment à un stress similaire appliqué quelques jours plus tard, même lorsque les conditions initiales étaient revenues à la normale. Il n'y avait pas de mutation génétique détectable, et pourtant quelque chose était resté. Une sorte d'« expérience » cellulaire.

Nous savons aujourd'hui que cette mémoire peut résider à de nombreux endroits : dans la conformation des protéines qui restent actives ou inactives, dans l'organisation du cytosquelette, dans la composition de la matrice extracellulaire, voire dans les motifs biophysiques qui traversent les tissus. La cellule ne repart jamais vraiment de zéro. Chaque état laisse une empreinte.

La différenciation cellulaire en offre un exemple fascinant. Lorsqu'une cellule souche devient, par exemple, une cellule musculaire, elle entre dans un état stable qui tend à persister. Même si elle est extraite de son contexte d'origine, elle « se souvient » souvent qu'elle est un muscle. Cette mémoire identitaire n'est pas seulement génétique : c'est une configuration globale qui implique la forme, les tensions mécaniques, les réseaux protéiques. La biologie des champs dirait : une cohérence qui s'est stabilisée.

Il existe un chapitre peu connu mais instructif de cette histoire qui concerne les *prions*. Découverts dans les années 1980 par Stanley Prusiner, qui a reçu le prix Nobel en 1997 pour cette découverte, les prions sont des protéines capables d'exister sous plusieurs conformations stables. L' t ce qui est surprenant, c'est qu'une protéine peut « enseigner » sa forme à d'autres protéines identiques, sans passer par un gène.

Chez les levures, certaines conformations prioniques ne sont pas pathologiques mais fonctionnelles : elles agissent comme une mémoire moléculaire qui modifie le comportement cellulaire pendant de nombreuses générations. C'est un exemple radical d'information sans code : la forme elle-même est mémoire.

La mémoire non génétique devient encore plus évidente au niveau des tissus. Ceux qui travaillent en chirurgie reconstructive le savent bien : un tissu cicatriciel « se comporte » différemment d'un tissu sain, même plusieurs années plus tard. Ce n'est pas seulement une question de cellules différentes, mais d'une histoire mécanique et structurelle imprimée dans la matière vivante. Dans les années 1990, à Boston, certaines études sur l'ingénierie tissulaire ont montré que les cellules cultivées sur des supports rigides ou élastiques suivaient des destins différents. Mais la découverte la plus intéressante est venue après : même lorsqu'elles étaient transférées sur un nouveau support, les cellules conservaient pendant un certain temps le « souvenir » de la rigidité antérieure. Comme si le passé mécanique continuait de parler.

Ce type de mémoire remet en question la métaphore informatique. Il n'y a pas de fichier enregistré quelque part. Il s'agit plutôt d'une histoire incorporée, semblable à celle qu'un sentier laisse dans la forêt : plus on l'emprunte, plus elle devient évidente.

Cette idée de mémoire diffuse a de profondes résonances philosophiques. Henri Bergson, dans ses cours au Collège de France, faisait la distinction entre la mémoire en tant que « dépôt » et la mémoire en tant que « durée ». Pour Bergson, la vie ne conserve pas le passé comme une archive, mais l'emporte avec elle comme un élan continu. En biologie, la mémoire non génétique semble donner corps à cette intuition. Paul Ricoeur lui-même, plusieurs décennies plus tard, en parlant d'identité personnelle, soulignait que se souvenir ne signifie pas reproduire le passé, mais en conserver une trace active dans le présent. Les cellules, à leur manière, font quelque chose de similaire : elles ne « se souviennent » pas de ce qui a été, mais l'incorporent dans ce qu'elles sont.

Dans cette perspective, l'organisme apparaît comme un champ de mémoires stratifiées. Chaque niveau — moléculaire, cellulaire, tissulaire — conserve des traces qui orientent l'avenir. La mémoire n'est pas un ajout à la vie ; elle est l'une de ses conditions.

Vu sous cet angle, se souvenir ne signifie pas rester identique, mais rester cohérent. La biologie des champs décrit l'organisme comme une structure informationnelle stabilisée, et la mémoire non génétique est l'un des mécanismes qui rendent possible cette stabilité au sein du changement.

Un biologiste italien, s'exprimant de manière informelle lors d'un congrès à Padoue au début des années 2000, a résumé ce concept par une phrase restée célèbre parmi les étudiants : « *Les cellules ne savent pas d'où elles viennent, mais elles ne l'oublient pas.* » C'est une boutade, certes. Mais elle met le doigt sur un point essentiel : la vie ne se déroule pas en instants isolés. Chaque instant est chargé de ce qui l'a précédé.

Le vieillissement comme accumulation de mémoires biologiques.

Une idée rassurante accompagne depuis des décennies notre façon d'appréhender la biologie : si l'ADN reste intact, l'identité de la cellule est préservée. Et pourtant, le vieillissement ébranle cette certitude. Des organismes génétiquement identiques — pensons aux jumeaux monozygotes — peuvent vieillir de manière étonnamment différente. La biologie des champs suggère une clé d'interprétation puissante : les cellules ne vieillissent pas seulement parce qu'elles se détériorent, mais parce qu'elles se souviennent. Et elles ne se souviennent pas toujours bien.

Dans cette perspective, l'organisme est une structure informationnelle stabilisée qui traverse le temps. Le vieillissement n'est pas seulement une usure, mais l'accumulation d'états passés qui restent opérationnels : des mémoires fonctionnelles qui permettent l'adaptation et des mémoires dysfonctionnelles qui, avec le temps, rigidifient le système jusqu'à la sénescence.

En 2013, lors d'un colloque sur la longévité organisé à Cold Spring Harbor, l'un des lieux emblématiques de la biologie moléculaire, un chercheur a présenté une série d'images de noyaux cellulaires prélevés sur des tissus jeunes et âgés. Les différences ne résidaient pas dans la séquence de l'ADN, mais dans l'architecture : hétérochromatine fragmentée, lamine nucléaire moins stable, contours flous. C'était comme observer une bibliothèque où les livres sont les mêmes, mais où les étagères se sont déformées.

Cette perte d'ordre structurel est une forme de mémoire. Chaque division cellulaire, chaque stress inflammatoire, chaque déséquilibre métabolique laisse une trace dans l'organisation interne de la cellule. Avec le temps, ces traces s'accumulent. La cellule « sait » qu'elle est vieille car sa manière de maintenir la cohérence de l'information est devenue plus laborieuse.

Un exemple emblématique nous vient de la lamine nucléaire, le réseau de protéines qui soutient le noyau. Dans la progeria — une maladie rare de vieillissement précoce décrite pour la première fois en 1886 par Jonathan Hutchinson à Londres —, l'ADN est presque normal, mais la structure qui l'organise est compromise. Il en résulte un vieillissement accéléré : une démonstration spectaculaire que la mémoire de l'âge peut être architecturale, et non génétique.

De nombreuses mémoires cellulaires naissent de stratégies de survie. Une cellule qui a subi des stress oxydatifs répétés apprend à se défendre : elle active des programmes de réponse, modifie son métabolisme, ralentit sa prolifération. À court terme, c'est un choix judicieux. À long terme, cela peut devenir une condamnation.

C'est ce qui se produit lors de la sénescence réplicative, déjà observée dans les années 1960 par Leonard Hayflick à Philadelphie. Les cellules cessent de se diviser non pas parce que l'ADN est irrémédiablement endommagé, mais parce qu'elles ont « décidé » de s'arrêter. Cette décision est une mémoire : le souvenir d'un risque passé qui continue d'influencer le présent.

Le problème, c'est que les cellules sénescentes ne se taisent pas. Elles sécrètent des signaux inflammatoires qui altèrent le champ biologique du tissu. C'est un effet domino : la mémoire d'une cellule devient l'environnement de nombreuses autres. Le vieillissement, alors, n' t la somme de cellules vieilles, mais la propagation de mémoires dysfonctionnelles dans un champ partagé.

L'une des expériences les plus controversées de ces vingt dernières années a vu le jour à l'Université de Californie, à Berkeley. En 2005, Irina et Michael Conboy ont étudié la parabiosis hétérochronique : ils ont relié les systèmes circulatoires de souris jeunes et âgées. Les tissus des souris âgées ont montré des signes de rajeunissement. L'ADN n'avait pas changé. C'est le contexte informationnel qui avait changé.

L'interprétation la plus intéressante, du point de vue de la biologie des champs, est que les cellules âgées n'avaient pas « oublié » comment fonctionner, mais qu'elles étaient piégées dans un champ appauvri. Plongées dans un environnement riche en signaux cohérents, certaines mémoires liées à l'âge devenaient réversibles. Pas toutes, bien sûr. Mais suffisamment pour suggérer que le vieillissement n'est pas une voie à sens unique. Lors d'une visite informelle au laboratoire de Berkeley, un biologiste spécialisé en biologie régénérative a fait une remarque qui est restée dans les notes de nombreux étudiants : « *Nous n'avons pas de vieilles cellules, nous avons des cellules qui vivent dans un monde vieux.* » C'est une provocation, mais elle met le doigt sur un point crucial.

Ces dernières années, on parle beaucoup d'horloges épigénétiques, comme celle proposée par Steve Horvath en 2013. Elles mesurent l'âge biologique à travers des profils de méthylation de l'ADN. Mais plus que des horloges, ce sont des enregistreurs de mémoire : elles lisent comment l'histoire vécue par l'organisme s'est imprimée dans ses systèmes de régulation.

Une personne ayant longtemps vécu dans des conditions de stress chronique peut présenter un âge biologique supérieur à son âge civil. Non pas parce que ses gènes ont changé, mais parce que le champ informationnel de l'organisme a intégré cette expérience. L'âge, en ce sens, n'est pas seulement le temps qui passe, mais la manière dont il est retenu.

Ici, le dialogue avec la culture est inévitable. Marcel Proust écrivait que le véritable temps perdu est celui qui ne laisse aucune trace. En biologie, c'est l'inverse qui se produit : le temps qui laisse trop de traces peut devenir un fardeau. Le vieillissement est une mémoire qui a cessé d'être plastique. Si la vie est de l'information incarnée, alors le vieillissement est une crise narrative. L'organisme peine à intégrer son passé sous une forme cohérente. Les mémoires cellulaires ne sont plus réélaborées, mais s'accumulent comme des chapitres non réécrits.

Sous cet angle, la sénescence apparaît moins comme un échec que comme une rigidité : la difficulté à actualiser son propre récit biologique. La biologie des champs ne promet pas la jeunesse éternelle, mais offre un changement de perspective : comprendre l'âge comme une propriété émergente de la mémoire distribuée de l'organisme.

Le système immunitaire n'oublie pas...

Pendant longtemps, nous avons décrit le système immunitaire comme une bibliothèque bien ordonnée : des rayonnages d'anticorps, chacun étiqueté au nom d'un agent pathogène rencontré. Une métaphore pratique, efficace, mais de plus en plus insuffisante. Nous savons aujourd'hui que l'immunité ne se limite pas à conserver des « copies » moléculaires du passé. Elle se souvient plutôt en se transformant elle-même.

Dans la perspective de la biologie des champs, la mémoire immunitaire n'est pas un fichier enregistré, mais une réorganisation persistante du champ cellulaire de l'organisme. Après une infection, il ne reste pas seulement des anticorps ou des lymphocytes spécifiques : il reste une nouvelle manière d'être du système immunitaire, une configuration qui oriente les réponses futures.

En 1957, Frank Macfarlane Burnet, alors qu'il travaillait à Melbourne, formula la théorie de la sélection clonale. Ce fut un tournant : l'immunité ne crée pas d'anticorps « à la demande », mais sélectionne des cellules déjà prédisposées. C'est pour ces travaux que Burnet reçut le prix Nobel en 1960. Mais, comme cela arrive souvent, une théorie brillante finit par devenir un carcan interprétatif.

La sélection clonale explique bien la spécificité, mais moins la durée systémique de la mémoire. Pourquoi, après une infection, des cellules qui n'ont jamais rencontré directement l'u l'antigène subissent-elles elles aussi des modifications ? Pourquoi les tissus réagissent-ils différemment, plus rapidement, de manière plus coordonnée ? La réponse qui se dégage ces dernières années est claire : la mémoire immunitaire est distribuée. Elle implique la moelle osseuse, les ganglions lymphatiques, les tissus périphériques, mais aussi le métabolisme cellulaire, l'état inflammatoire de base, la communication entre les cellules immunitaires et non immunitaires. C'est tout le domaine qui se reconfigure.

Pendant des décennies, on a répété que seule l'immunité adaptative possédait une mémoire. Puis, au début des années 2000, cette certitude a commencé à s'effriter. À Nimègue, aux Pays-Bas, Mihai Netea et son équipe ont observé que certaines cellules de l'immunité innée — comme les monocytes — réagissaient de manière amplifiée à des infections successives, même différentes de la première. C'est ainsi qu'est né le concept d'« *immunité entraînée* ». Il ne s'agissait ni d'anticorps ni de récepteurs spécifiques, mais d'un changement stable dans le comportement cellulaire. Métabolisme modifié, chromatine plus accessible, seuils d'activation différents. En d'autres termes : une mémoire sans archive, une compétence intégrée dans le mode de fonctionnement de la cellule.

Lors d'un séminaire à Bonn en 2016, un clinicien a évoqué le cas de patients âgés qui réagissaient mieux aux infections après un vaccin « non spécifique » tel que le BCG. Ce n'était pas de la magie, mais une réorganisation du système immunitaire. Une fois « entraîné », le système restait plus vigilant.

Une autre pièce maîtresse provient de la découverte des cellules T résidentes tissulaires (Trm). Contrairement aux lymphocytes qui circulent dans le sang, ces cellules restent aux endroits où l'infection s'est produite : la peau, les poumons, l'intestin. Elles ont fait l'objet d'études approfondies après les épidémies de grippe du début des années 2000, notamment dans les laboratoires de La Jolla, en Californie.

Les Trm ne conservent pas seulement une spécificité antigénique : elles conservent une mémoire du lieu. Elles sont façonnées par le microenvironnement tissulaire, par les signaux locaux, par l'histoire inflammatoire de cette région. Lorsque l'agent pathogène revient, la réponse n'est pas seulement plus rapide : elle est plus contextuelle, plus « située ». C'est là que la biologie des champs trouve un exemple concret : la mémoire immunitaire n'est pas abstraite, mais spatiale. Le corps se souvient de l'endroit où il a été blessé.

Il y a ensuite un acteur silencieux : le microbiote. Des études menées depuis les années 2010, entre Harvard et l'INSERM à Paris, montrent que l'équilibre microbien intestinal façonne profondément le système immunitaire. Il ne se contente pas de le stimuler, il l'éduque. Un intestin qui a longtemps cohabité avec une certaine communauté microbienne développe une tolérance active, une mémoire de la cohabitation. Lorsque cette communauté est perturbée — par des antibiotiques, des régimes alimentaires extrêmes, un stress prolongé —, le champ immunitaire perd sa cohérence. Les réactions deviennent excessives ou inefficaces. Non pas par manque d'informations, mais parce que la mémoire relationnelle a été interrompue. Un gastro-entérologue milanais racontait, lors d'une rencontre informelle, que certains patients « ne réagissaient plus comme avant » après des traitements antibiotiques répétés. Il ne s'agissait pas d'une perte de défenses, mais d'une perte d'histoire partagée.

Même le succès des vaccins, réinterprété sous cet angle, apparaît sous un jour différent. Vacciner ne signifie pas seulement induire des anticorps, mais imprimer une nouvelle configuration au système immunitaire. Certains vaccins fonctionnent mieux que d'autres non pas en raison de l'ampleur de la réponse, mais de la qualité de la réorganisation qu'ils induisent. Cela s'est clairement vu pendant la pandémie de COVID-19, lorsqu'on a constaté que la protection ne coïncidait pas toujours avec le titre d'anticorps. Des mémoires tissulaires, des réponses innées entraînées, des états inflammatoires de fond étaient en jeu. Le système immunitaire se révélait, une fois de plus, comme un champ qui conserve sa forme, et non comme un disque dur biologique.

Vu sous cet angle, la mémoire immunitaire est un acte de cohérence dans le temps. Le système ne conserve pas le passé par nostalgie, mais pour rester lui-même face au changement. Lorsque cette cohérence se rigidifie, des pathologies auto-immunes apparaissent. Lorsqu'elle se dissout, les infections se multiplient. Dans les deux cas, le problème n'est pas le manque d'information, mais sa mauvaise u intégration. Le système immunitaire, comme l'écrivait Elias Canetti à propos des masses, est une « mémoire en mouvement ». Il n'accumule pas, il se transforme. Et dans cette transformation continue, il incarne peut-être l'un des exemples les plus clairs de ce que signifie la vie en tant qu'information qui prend forme.

La mémoire des êtres vivants, du cytoplasme aux forêts.

Il existe une idée, apparemment simple, qui unit une cellule et une forêt : aucune des deux ne réagit au présent comme s'il s'agissait d'une tabula rasa. Chaque réponse, chaque adaptation, chaque crise porte en elle une histoire. Dans la biologie des champs, cette histoire n'est pas une archive cachée, mais une structure informationnelle stabilisée qui oriente ce qui est possible et ce qui ne l'est plus.

En écologie, on parle de plus en plus souvent de *« legacy* effects », d'effets d'héritage. C'est la manière dont le passé — incendies, sécheresses, cultures, espèces disparues — continue d'agir sur le présent. Non pas comme un souvenir conscient, mais comme une configuration du champ écologique qui rend certains résultats probables et d'autres presque inaccessibles. Exactement comme cela se passe dans la mémoire cellulaire.

Dans les années 1980, le biologiste canadien C.S. Holling a introduit le concept de résilience écologique en étudiant les forêts boréales et les populations d'insectes défoliateurs. Son intuition allait à contre-courant : un écosystème n'est pas sain parce qu'il est stable, mais parce qu'il est capable d'absorber des perturbations sans perdre son identité fonctionnelle.

Mais Holling a observé quelque chose de plus subtil. Deux écosystèmes apparemment similaires, touchés par la même perturbation, réagissaient de manière opposée. L'un se régénérait, l'autre s'effondrait. La différence ne résidait pas dans l'événement, mais dans la mémoire écologique : dans la séquence d'états antérieurs qui avaient façonné le système.

Un lac ayant déjà connu des épisodes d'eutrophisation, par exemple, peut plus facilement « retomber » dans un état dégradé. Les sédiments, chargés de phosphore accumulé au fil des années, fonctionnent comme une mémoire chimique et biologique qui persiste même lorsque les conditions en surface s'améliorent. Le lac se souvient.

Dans les années 1990, des études menées sur la mer des Caraïbes ont montré que de nombreux récifs coralliens, après des épisodes de blanchissement et de surexploitation halieutique, ne retrouvaient plus leur état d'origine. À la place des coraux, des algues filamenteuses se développaient. Il ne s'agissait pas d'une phase transitoire : c'était un nouveau régime stable.

Les écologistes ont parlé d'« états stables » alternatifs. En termes de biologie des champs, on pourrait dire que le champ écosystémique avait changé de forme. La mémoire des perturbations antérieures — perte d'herbivores, augmentation des nutriments, stress thermique — avait réorganisé les relations fondamentales. Revenir en arrière n'était pas impossible en théorie, mais improbable dans la pratique.

Le même phénomène s'observe dans les déserts qui s'étendent à la suite d'un pâturage intensif. Une fois la couverture végétale et la structure du sol perdues, l'écosystème entre dans un état qui « se souvient » de l'aridité même lorsque les pluies reviennent. Le sol compacté, appauvri en micro-organismes et en graines, est une mémoire incarnée de la dégradation.

Peu d'endroits illustrent mieux cette idée que le sol. Une cuillère à café de terre fertile contient des milliards d'organismes, mais surtout des histoires d'utilisation, de cultures, de fertilisation et d'abandon. Les agronomes et les pédologues le savent bien : un champ ne réagit pas immédiatement à un changement de gestion.

Dans les années 2000, des études menées dans les campagnes de l'Allemagne de l'Est, sur d'anciennes terres collectivisées, ont montré que même après vingt ans d'agriculture biologique, certains sols conservaient les « empreintes » de l'agriculture intensive chimique qui les avait précédés. Il ne s'agissait pas seulement de résidus : la structure et l t microbienne, la dynamique de l'humus, la capacité de rétention d'eau avaient changé. Le sol se souvenait de son passé industriel.

Le parallèle avec la mémoire cellulaire est ici évident. Tout comme une cellule qui a subi des stress répétés modifie de manière durable son organisation fonctionnelle, un écosystème porte en lui les expériences qui l'ont façonné.

Les forêts méditerranéennes et californiennes en sont un exemple particulièrement éloquent. Pendant des siècles, les incendies de faible intensité ont fait partie intégrante de leur cycle de vie. Puis, au XXe siècle, la politique de suppression totale du feu a bouleversé cette dynamique. Lorsque les incendies sont revenus — inévitablement —, ils l'ont fait de manière dévastatrice. Des forêts « qui avaient oublié le feu » ont brûlé avec une violence sans précédent. Les écologistes parlent aujourd'hui de « *mémoire du feu* » : la fréquence et le type des incendies passés déterminent la réponse future de l'écosystème.

En 2018, après le Camp Fire en Californie, un garde forestier racontait que certaines zones ne montraient aucun signe de régénération spontanée. Non pas parce qu'il manquait de graines, mais parce que le sol et la composition végétale avaient perdu la mémoire du cycle naturel du feu. Le peuplement forestier s'était désorganisé.

La mémoire n'est pas toujours un atout. Tout comme il existe des mémoires dysfonctionnelles dans les cellules, le passé peut aussi devenir un fardeau pour les écosystèmes. La surexploitation, la fragmentation et la pollution laissent des traces qui réduisent la capacité d'adaptation. L'effondrement de la pêche à la morue à Terre-Neuve, au début des années 1990, est souvent cité en exemple. Malgré l'arrêt quasi total de la pêche, les populations ne sont jamais revenues à leurs niveaux antérieurs. Le système avait franchi un seuil : de nouvelles espèces avaient occupé les niches libérées, le réseau trophique s'était reconfiguré. L'écosystème se souvenait de l'absence de la morue. En termes de biologie des champs, on pourrait dire que le système avait perdu une partie de sa cohérence historique.

Ce qui ressort, lorsqu'on observe les écosystèmes, c'est une leçon puissante : l'information ne réside pas dans les éléments, mais dans les relations qui perdurent dans le temps. La mémoire écologique ne se situe pas dans un organisme isolé, mais dans la manière dont les flux d'énergie, de matière et de signaux se sont stabilisés.

Comme dans la cellule, dans l'écosystème aussi, se souvenir signifie être orienté. Non pas vers le passé, mais vers un avenir limité par ce que l'on a été. La vie, à toutes les échelles, ne se contente pas de réagir : elle répond à partir de sa propre histoire incarnée.

Les pierres qui se souviennent : quand la matière conserve son histoire.

Quiconque a caressé le marbre d'une sculpture antique ou observé de près une fresque restaurée sait que la matière n'est jamais neutre. Elle porte des marques, des cicatrices, des stratifications. Elle ne se contente pas d'« occuper » l'espace : elle raconte une histoire. C'est précisément dans cette évidence, presque tactile, que l'art et l'architecture offrent une puissante métaphore culturelle de la mémoire biologique, comprise non pas comme une archive de données, mais comme une information qui prend forme et persiste dans la matière.

Dans le langage de la biologie des champs, un organisme est une structure informationnelle stabilisée. En art, on pourrait dire quelque chose d'analogue : une forme n'est jamais le résultat instantané d'une idée, mais l'aboutissement d'un dialogue long et souvent conflictuel entre le projet, la matière, le temps et les événements.

Michel-Ange le savait bien. Lorsqu'il parlait de « libérer la figure » du bloc de marbre, il n'utilisait pas une métaphore poétique quelconque. Le marbre de Carrare, déjà extrait par les Romains, présentait des veines, des microfractures, des tensions internes. Ce n'était pas une matière indifférente. Les historiens de l'art rappellent que, lors de la réalisation du Moïse (commencée en 1513), Michel-Ange a modifié à plusieurs reprises son projet précisément en réponse aux limites imposées par le bloc. La matière « se souvenait » de son , de son histoire géologique et technique, et cette information conditionnait la forme finale. Tout comme cela se passe dans un organisme, où l'histoire structurelle oriente ce qui peut émerger.

En se promenant à Rome, Istanbul ou Jérusalem, on tombe sans cesse sur des édifices qui sont de véritables palimpsestes matériels. Des églises construites sur des temples, des mosquées qui intègrent des basiliques, des remparts médiévaux greffés sur des fondations romaines. L'architecture n'efface pas : elle superpose.

Un exemple emblématique est celui de Santa Maria sopra Minerva, à Rome. Le nom lui-même est une déclaration de mémoire : une église gothique reposant sur un ancien temple dédié à la déesse Minerve. Les fondations ne sont pas seulement un support physique, mais une persistance informative qui traverse les siècles.

En biologie, on dirait que la forme actuelle ne peut être comprise sans la configuration antérieure du champ. Il en va de même en architecture : chaque intervention dialogue avec une mémoire incorporée qui résiste à la pure volonté de conception.

Au XXe siècle, le débat sur la restauration a rendu cette intuition explicite. Cesare Brandi, dans sa « *Théorie de la* restauration » (1963), insistait sur un point crucial : restaurer ne signifie pas ramener une œuvre à un état d'origine hypothétique, mais reconnaître et respecter son histoire matérielle.

Un restaurateur racontait, lors des travaux sur les fresques de Giotto à Assise après le tremblement de terre de 1997, que certaines fissures ne devaient pas être « corrigées », mais comprises. Elles étaient le résultat de siècles de tassements, de vibrations et d'interventions antérieures. Les effacer aurait signifié perdre de l'information. Le parallèle avec la biologie est évident : intervenir sur un organisme sans tenir compte de sa mémoire structurelle revient à ignorer le champ qui le maintient cohérent.

Il existe un terme cher aux restaurateurs et aux historiens de l'art : la patine. Ce n'est ni de la saleté, ni de la dégradation. C'est la marque du temps qui stabilise une forme, faisant d'elle ce qu'elle est. Walter Benjamin, parlant de l'œuvre d'art, rappelait que l'aura naît aussi de cette unicité temporelle.

La patine est une information incarnée : elle raconte l'exposition à la lumière, à l'air, au contact humain. Pensons aux marches usées des cathédrales médiévales, creusées par le passage de millions de pieds. Cette forme n'a pas été conçue : elle a émergé. C'est la mémoire rendue visible. De la même manière, en biologie des champs, la forme vivante n'est pas la simple exécution d'un code, mais le résultat d'une histoire d'interactions qui laisse des traces durables.

Un architecte japonais, Tadao Ando, racontait dans une interview des années 90 comment le béton armé, matériau en apparence anonyme, réagit différemment selon l'humidité, la température et le temps de prise. « *On ne construit pas seulement avec le projet* », disait-il, « *on construit avec la mémoire du matériau* ». Cette résistance n'est pas un défaut : c'est une forme de dialogue. Comme dans les organismes, la matière n'est pas un support passif de l'information, mais une partie active de sa stabilisation.

L'art, l'architecture et la restauration nous enseignent que la mémoire n'est pas quelque chose qui s'ajoute après coup. C'est ce qui rend la forme possible. La matière qui se souvient n'est pas de la nostalgie : c'est une structure.

Dans cette perspective, la vie apparaît moins comme une machine exécutant des instructions que comme une œuvre en constante réécriture, où chaque état présent est indissociable de son histoire incarnée. Tout comme une sculpture, un bâtiment, une fresque qui continuent de vivre parce qu'ils n'ont jamais oublié ce qu'ils ont été.

Implications philosophiques de l'espace biologique.

Si l'information biologique dépend de l'espace, alors une conséquence s'impose inévitablement : la vie n'est jamais abstraite. Elle n'existe pas sous la forme d'une formule générale, d'un algorithme reproductible partout de la même manière. La vie se déroule toujours quelque part, et ce « quelque part » n'est pas un simple réceptacle neutre, mais une composante active du processus vital. Cette idée, en apparence simple, a de profondes implications philosophiques, capables de remettre en cause certaines des habitudes les plus ancrées de la pensée scientifique moderne.

Pendant des siècles, la science a recherché des lois universelles en les dissociant de leur contexte. Cela fonctionnait bien pour les planètes et les gaz parfaits. Mais dès lors que l'on entre dans le domaine du vivant, l'espace cesse d'être une simple toile de fond et devient co-auteur. Jakob von Uexküll, biologiste et philosophe estonien-allemand, l'avait déjà pressenti dans les premières décennies du XXe siècle en parlant d'Umwelt : chaque organisme vit dans son propre monde, structuré par ses possibilités perceptives et opérationnelles.

Transposée à l'intérieur de l'organisme, cette intuition devient encore plus radicale. Si l'information prend forme à travers des relations spatiales — entre molécules, structures, champs d'interaction —, alors nous ne pouvons plus concevoir la vie comme quelque chose qui se trouve dans l'espace, mais comme quelque chose qui produit de l'espace. Chaque cellule, chaque tissu, chaque organisme construit son propre espace interne, le maintient, le défend, le réorganise. La biologie des champs suggère que vivre signifie littéralement maintenir un espace cohérent.

Cette perspective rapproche la biologie d'une tradition philosophique souvent reléguée en marge du discours scientifique. Maurice Merleau-Ponty parlait du corps non pas comme d'un objet dans l'espace, mais comme de l'origine de l'espace vécu. Le corps, écrivait-il, n'est pas « dans » un lieu : il est ce qui rend un lieu possible. Appliquée à la biologie, cette idée renverse le point de vue : l'organisme n'occupe pas un environnement, il l'articule.

Les implications ne sont pas seulement théoriques. Si la vie est indissociable de son lieu, alors l'expérimentation scientifique change elle aussi de statut. Une anecdote racontée par une biologiste cellulaire française lors d'un séminaire à Lyon en 2018 est éclairante. En étudiant des cellules cancéreuses cultivées in vitro, elle a remarqué que certains comportements « agressifs » disparaissaient lorsque ces mêmes cellules étaient réintroduites dans un tissu tridimensionnel plus proche de celui d'origine. « *Ce n' t pas les cellules qui avaient changé* », a-t-elle déclaré, « *c'était leur lieu qui avait changé* ». L'espace, dans ce cas, n'expliquait pas la vie : il la transformait.

De là naît une nouvelle responsabilité conceptuelle. Séparer un organisme de son contexte — qu'il s'agisse d'un écosystème, d'un tissu ou d'une niche micro-environnementale — n'est jamais une opération anodine. Cela revient à modifier l'information même que cet organisme incarne. En ce sens, la biologie des champs dialogue avec l'écologie profonde, mais aussi avec l'éthique de la science : si le lieu fait partie de la vie, alors intervenir sur le lieu équivaut à intervenir sur l'identité biologique.

Ce n'est pas un hasard si certaines des crises contemporaines — de la perte de biodiversité aux maladies chroniques liées à l'environnement — peuvent être interprétées comme des crises de délocalisation. Des organismes arrachés à leurs espaces de sens, contraints de fonctionner dans des champs qu'ils ne reconnaissent plus. La vie, privée de son lieu, ne cesse pas immédiatement d'exister, mais perd sa cohérence. Et la perte de cohérence, comme nous le verrons dans les chapitres suivants, est souvent le premier pas vers la disharmonie.

Penser l'espace biologique en ces termes, c'est accepter que la vie n'est ni entièrement transportable, ni totalement standardisable. C'est un événement situé, un équilibre local, une forme qui a autant besoin d'un « où » que d'un « comment ». À une époque qui rêve d'une délocalisation totale — des processus, des corps, voire de la conscience —, cette prise de conscience sonne presque comme une invitation à la prudence. Ou, peut-être, comme un retour à une sagesse ancienne : on ne peut séparer ce qui vit du lieu qui le rend possible.

Biographie incarnée : habiter un corps, devenir quelqu'un.

Il existe une idée rassurante, très moderne, selon laquelle l'identité personnelle résiderait « à l'intérieur » de nous : dans les gènes, dans le cerveau, peut-être dans un circuit profond et stable. La biologie des champs ébranle cette certitude. Si la vie est un t une information qui prend forme dans l'espace, alors l'identité n'est pas non plus un noyau isolé, mais un processus situé, qui se stabilise au fil du temps à travers les environnements, les postures, les gestes répétés, les habitudes. En d'autres termes : chacun de nous est, biologiquement, une « biographie spatiale ».

Le corps n’est pas seulement ce qui nous accompagne dans la vie ; c’est le lieu où la vie laisse des traces. Non pas au sens métaphorique, mais au sens littéral. La manière dont nous nous asseyons, marchons, travaillons, dormons ; les espaces que nous fréquentons chaque jour ; les rythmes que nous imposons à notre système nerveux et hormonal : tout cela contribue à organiser des champs d’information relativement stables, qui finissent par « nous ressembler ». L’identité, vue sous cet angle, n’est pas un programme interne, mais une configuration cohérente maintenue dans le temps.

Le sociologue Pierre Bourdieu parlait d’« habitus » pour décrire comment les structures sociales se transforment en dispositions corporelles : la manière de se tenir debout, d’occuper une pièce, d’utiliser sa voix. C’était une intuition sociologique, mais aujourd’hui, nous pouvons également l’interpréter d’un point de vue biologique. L’habitus n’est pas seulement acquis : il est incorporé. Il devient tonus musculaire, schéma postural, régulation de la respiration. En ce sens, le corps est une archive vivante qui ne conserve pas des données, mais des relations spatiales répétées.

Les exemples abondent. Pensons aux astronautes qui reviennent de *la Station spatiale internationale.* Des études menées par la NASA et l’ESA ont montré qu’après des mois passés en microgravité, ce ne sont pas seulement les os ou les muscles qui changent, mais aussi la perception de soi dans l’espace. Marcher, rester immobile, s’orienter deviennent des actions qu’il faut réapprendre. Non pas parce que le cerveau « a oublié », mais parce que le champ corporel de référence s’est reconfiguré. L’identité motrice — une composante silencieuse mais décisive de ce que nous sommes — dépend du lieu où le corps a habité.

Cela vaut également dans un contexte plus quotidien et moins extrême. Une professeure de danse contemporaine racontait dans une interview de 2016 comment, après vingt ans de pratique, elle se reconnaissait davantage à la qualité de son mouvement qu’à l’ e sa voix ou de ses pensées. « *Je sais qui je suis à la façon dont j'entre dans une* pièce », disait-elle. Ce n'est pas une posture poétique : c'est la description d'une identité qui s'est stabilisée dans l'espace corporel, à travers des milliers de micro-actes répétés.

La biologie des champs nous invite à prendre ces observations au sérieux. Si l'information qui nous constitue dépend de configurations spatiales, alors changer d'environnement, de posture ou de rythme n'est jamais neutre. Déménager, changer de travail, vivre dans des espaces confinés ou hyper-stimulants, ne signifie pas seulement s'adapter psychologiquement : cela signifie remodeler lentement le champ informationnel qui nous tient ensemble. C'est pourquoi certaines transformations semblent « nous faire devenir d'autres personnes », même lorsque nos convictions restent les mêmes.

Dans cette perspective, l'identité personnelle n'est pas quelque chose que nous possédons, mais quelque chose que nous entretenons. C'est un équilibre dynamique entre le corps et l'espace, entre répétition et variation. Et comme tout équilibre biologique, elle peut se renforcer, s'affaiblir ou perdre de sa cohérence. Non pas à cause d'un défaut interne, mais parce que le lieu où nous vivons — physique, social, symbolique — ne soutient plus la forme que nous avons prise.

Technologie et redéfinition des lieux de vie.

Pendant la majeure partie de l'histoire humaine, les lieux de vie — ceux où la vie s'organise, se développe et se reconnaît — ont été donnés plutôt que choisis. Des forêts, des plaines, des villes qui se sont lentement développées autour des fleuves et des routes commerciales. Aujourd'hui, de plus en plus souvent, c'est l'inverse qui se produit : nous concevons d'abord le lieu, puis nous y insérons la vie. Et ce renversement silencieux redéfinit les champs biologiques au sein desquels les organismes, humains ou non, stabilisent leur information.

Les biotechnologies, les environnements artificiels et les espaces numérisés ne sont pas de simples outils externes. Ils fonctionnent comme de nouveaux champs de relation, capables d'influencer les rythmes et l s biologiques, la perception, l'identité et même les trajectoires évolutives. Nous ne sommes pas face à une « interférence » technologique dans la vie naturelle, mais à la naissance d'écosystèmes hybrides, dans lesquels l'information vitale s'ancre dans des espaces conçus.

Un exemple emblématique est celui de Biosphère 2, construite dans le désert de l'Arizona et inaugurée en 1991. Elle devait être une réplique autosuffisante de la Terre, un laboratoire permettant d'imaginer la vie sur d'autres planètes. Le projet a en partie échoué — niveaux d'oxygène instables, écosystèmes déséquilibrés — mais il a révélé quelque chose d'essentiel : la vie ne se transpose pas facilement dans un environnement artificiel sans perdre de sa cohérence. Les plantes poussaient, mais les arbres se brisaient faute de vent : ils n'avaient pas « appris » la résistance mécanique. Le champ biologique n'était pas complet.

Aujourd'hui, les environnements artificiels sont moins spectaculaires, mais infiniment plus omniprésents. Pensons aux unités de soins intensifs néonatals, où les prématurés passent des semaines dans des couveuses de haute technologie. Des études menées à Stockholm et à Boston dans les années 2010 ont montré que la lumière, les sons et même la régularité des procédures médicales contribuent à façonner le développement neurobiologique. Dans ces contextes, la technologie ne soutient pas la vie : elle la structure. Elle devient l'espace principal dans lequel l'organisme organise ses propres informations.

Le cas des espaces numériques est encore plus radical. Il ne s'agit plus ici uniquement d'environnements physiques modifiés, mais de lieux immatériels, et pourtant biologiquement actifs. En 2018, un groupe de chercheurs de l'University College London a observé que l'utilisation prolongée d'environnements virtuels immersifs modifiait la perception corporelle et la réponse au stress, même en dehors de l'expérience numérique. Une fois de retour dans le monde physique, le corps continuait à « se comporter » comme si une partie de son champ se trouvait ailleurs.

Ce n'est pas un cas isolé. Un ingénieur en informatique racontait avoir souffert d'une sensation persistante de désorientation après avoir travaillé pendant des mois exclusivement en réalité virtuelle dans le cadre d'un projet industriel. « *C'était comme si mon corps avait changé d' 'échelle* », disait-il. Il ne s'agissait pas d'un trouble psychologique, mais d'une reconfiguration spatiale de l'expérience corporelle. Le champ informationnel de l'organisme s'était adapté à un lieu qui ne coïncidait plus avec le corps physique.

Les biotechnologies poussent cette transformation encore plus loin. Organoïdes cultivés en laboratoire, tissus modifiés, microbiomes conçus : des formes de vie qui naissent et s'établissent dans des espaces entièrement artificiels. En 2013, le biologiste synthétique Craig Venter a ouvertement évoqué la « vie conçue » lors d'une conférence à San Diego. Il ne faisait pas seulement référence au génome, mais au contexte du laboratoire en tant qu'environnement d'existence primaire. Ici, le champ biologique n'émerge pas : il est délibérément construit.

Ces nouveaux espaces vitaux soulèvent des questions scientifiques et éthiques inédites. Si l'information biologique est indissociable de l'espace qui la soutient, que se passe-t-il lorsque cet espace est temporaire, privé, mis à jour comme un logiciel ? Qui est responsable de la cohérence d'un champ vital artificiel ? Et surtout : quel type de vie peut émerger dans des environnements dépourvus d'histoire ?

La biologie des champs suggère une réponse prudente : la vie peut s'adapter à presque tout, mais pas sans contrepartie. Chaque champ conçu porte en lui une vision implicite de ce que devrait être la vie. Rendre cette vision explicite — et en assumer la responsabilité — est peut-être le défi le plus urgent de notre époque technologique.

Le regard qui participe : parce que la science aussi a sa place.

Si la vie est de l'information qui prend forme dans des champs de relations, alors la connaissance de la vie est elle aussi un phénomène situé. Il n'existe pas de regard « *de nulle part* », pour reprendre une expression chère à la philosophie contemporaine de la science. Tout acte d'observation biologique naît dans un contexte historique, culturel, technologique et même corporel. Le scientifique lui-même, qu'il le veuille ou non, habite un champ.

L'idée de connaissance située n'est pas née en biologie. Elle a été formulée avec force dans les années 1980, notamment par Donna Haraway, qui écrivait en 1988 : « *La vision est toujours une vision d'un certain endroit* ». Mais c'est dans la biologie des champs que cette intuition prend une nouvelle dimension. Si l'organisme n'est pas une machine démontable, mais une totalité cohérente, alors celui qui l'étudie entre en relation avec ce qu'il observe, influençant — au moins en partie — la manière dont l'information biologique se manifeste.

Une vieille anecdote racontée dans les couloirs du Laboratoire de biologie marine de Woods Hole, dans le Massachusetts, illustre bien cette idée. Dans les années 1960, deux groupes de chercheurs étudiaient le même organisme, l'oursin, afin de comprendre les premiers stades du développement embryonnaire. Les instruments étaient similaires, les techniques presque identiques. Et pourtant, les interprétations divergeaient profondément. Ce n'est que plus tard qu'on a compris que les questions initiales — ce qu'on cherchait à voir — avaient orienté l'ensemble du champ expérimental. Ce n'était pas l'embryon qui avait changé, mais l'espace conceptuel dans lequel il était observé.

La biologie des champs nous oblige à prendre cette réalité au sérieux : le savoir n'est pas extérieur à la vie, mais une de ses expressions particulières. Chaque modèle théorique, chaque protocole expérimental, chaque langage disciplinaire crée un environnement cognitif qui sélectionne certaines formes d'information et en occulte d'autres. Le laboratoire, tout comme le microscope ou l'algorithme, n'est pas neutre : c'est un lieu vital, au sens plein du terme.

Cette prise de conscience introduit une nouvelle responsabilité. Si le regard scientifique est situé, alors ses conséquences ne sont pas seulement épistémologiques, mais éthiques. En 1972, lors des auditions du Congrès américain sur l'étude de Tuskegee, il est clairement apparu à quel point une science qui se croit « objective » peut devenir aveugle à son propre champ moral. Il ne s'agissait pas , de mauvaise biologie, mais d'un savoir qui avait perdu de vue le contexte humain dans lequel il opérait.

Dans une perspective des champs, la responsabilité du scientifique ne concerne pas seulement l'utilisation des résultats, mais la forme même de la connaissance. Quel type de relation établissons-nous avec ce que nous étudions ? Traitons-nous l'organisme comme un objet isolable ou comme un interlocuteur biologique ? La différence n'est pas rhétorique. Dans de nombreuses pratiques de recherche écologique contemporaine — pensons aux travaux de Robin Wall Kimmerer auprès des communautés autochtones d'Amérique du Nord —, le savoir naît d'une écoute prolongée d'un lieu, et non de son abstraction. Ici, la science ne renonce pas à la rigueur, mais change de posture.

Une science située n'est donc pas une science « relativiste » ou faible. Au contraire, c'est une science plus exigeante, car elle reconnaît ses propres limites. Elle sait qu'elle opère au sein de champs biologiques, sociaux et symboliques qu'elle contribue à modifier. Et elle accepte que connaître la vie signifie, en partie, en être transformé.

C'est peut-être là la leçon la plus profonde de la biologie des champs : nous ne pouvons pas comprendre la vie sans nous interroger sur le lieu d'où nous l'observons. En ce sens, tout acte de connaissance est aussi un acte de participation. Et toute participation implique inévitablement une responsabilité.

Quand l'information devient organisme.

Il y a un moment, dans l'étude de la vie, où le langage des codes cesse d'être utile. C'est lorsque l'on se rend compte que la forme n'est pas le résultat final d'un processus informationnel, mais le processus lui-même à l'œuvre. La biologie des champs propose un glissement décisif : l'information ne décrit pas l'organisme, elle le constitue. Elle ne reste pas en coulisses comme une partition, mais se manifeste directement dans la structure qui lie entre elles les cellules, les tissus et les fonctions.

Un exemple classique, qu'il est utile de citer à nouveau, souvent évoqué dans les cours d'embryologie à Cambridge ou à Heidelberg, concerne les expériences de Hans Driesch à la fin du XIXe siècle. En séparant les cellules d'un embryon d'oursin au stade initial, Driesch s'attendait à obtenir des organismes « à moitié formés ». Ce fut le contraire : chaque partie donna naissance à un individu complet, plus petit mais cohérent. Il n'y avait pas de plan localisé à suivre, mais une forme globale qui se réorganisait. L'information ne se trouvait pas en un point précis : elle résidait dans le champ de relations que l'embryon incarnait.

Ici, la forme cesse d'être une géométrie passive. Elle devient une information active, capable de guider des processus, de corriger des écarts, de maintenir la cohérence. Un organisme ne « possède » pas une forme comme un objet possède une enveloppe : c'est une forme qui se maintient dans le temps, à travers des échanges continus de matière et d'énergie. Aristote l'avait pressenti en parlant de *l'eidos* comme d'un principe actif

; la biologie contemporaine, avec d'autres outils, revient sur cette piste sans nostalgie métaphysique.

Dans les années 2000, à *l'Institut Max Planck* de Dresde, certaines études sur la régénération des planaires ont révélé quelque chose de surprenant : des animaux décapités régénéraient des têtes dont l'orientation variait en fonction des conditions du champ bioélectrique. Ce n'était pas le « programme génétique » qui changeait, mais la configuration du champ qui déterminait la forme future. La tête n'était pas « inscrite » quelque part : elle émergeait comme la solution stable d'un système.

Dans cette perspective, la forme est une mémoire opérationnelle. Elle sait « quoi faire » car elle est déjà le résultat d'un savoir incarné. Comme dans une ville ancienne — pensons à Sienne ou à Fès —, les rues ne suivent pas un projet abstrait, mais la sédimentation de gestes, de besoins, d'adaptations. La forme urbaine contient de l'information parce qu'elle l'incarne. De la même manière, l'organisme est une histoire qui continue de fonctionner.

La pathologie éclaire également ce point. Dans certaines tumeurs, ce qui se perd, ce n'est pas seulement le contrôle moléculaire, mais l'appartenance à une forme commune. Les cellules « savent » encore se diviser, mais plus en tant que partie d'un tout. L'information n'a pas disparu : elle s'est découplée de la forme globale. Le problème n'est pas l'excès d'activité, mais la perte de cohérence morphologique.

Dire que l'information devient organisme, c'est donc reconnaître que la vie pense à travers les formes. Non pas au sens humain du terme, mais en tant que capacité à sélectionner des configurations stables, fonctionnelles et cohérentes par rapport à un contexte. Chaque organisme est une réponse qui a pris corps. Il ne représente pas un environnement : il l'habite activement, en se modelant et en le modelant.

Cette vision a des conséquences profondes. Si la forme est une information active, nous ne pouvons plus traiter les êtres vivants comme des assemblages réparables pièce par pièce.

Chaque intervention — thérapeutique, technologique, environnementale — touche à un équilibre formel qui porte en lui un savoir implicite. La biologie des champs n'invite pas au renoncement, mais à une plus grande attention : comprendre comment une forme fonctionne, avant de vouloir la corriger.

Au fond, comme l'écrivait Paul Valéry en 1937 après une visite dans un laboratoire de physiologie à Paris, « *le vivant est ce qui ne peut s'expliquer sans perdre quelque chose d'essentiel* ». Peut-être que ce « quelque chose » est justement cela : la forme comme geste continu de l'information, le moment où le savoir cesse d'être abstrait et devient vie.

L'œil et le champ : voir la beauté, percevoir la vie.

Quiconque a observé une diatomée au microscope ou s'est promené le long d'une falaise atlantique en contemplant l'alternance des algues brunes a probablement éprouvé une sensation familière : cette forme « fonctionne », et c'est précisément pour cela qu'elle semble belle. Il ne s'agit ni d'un jugement sentimental, ni d'un reflet culturel secondaire. Dans la perspective de la biologie des champs, l'expérience esthétique devient un mode de reconnaissance de la cohérence biologique.

La beauté naturelle ne se confond pas avec l'ornement. Elle est rarement redondante. Elle est plutôt le signe perceptible d'une organisation réussie, d'une forme qui réunit de multiples contraintes sans fractures apparentes. En 1917, D'Arcy Wentworth Thompson publiait l'ouvrage déjà cité **On Growth and* Form*, écrit entre Dundee et St Andrews, dans lequel il montrait comment les formes vivantes émergent d'équilibres physiques et mathématiques avant même de résulter d'instructions génétiques. Thompson ne parlait pas de beauté, mais ses dessins — méduses, coquillages, os — ont exercé une influence profonde, y compris sur les artistes et les architectes.

Une forme convaincante est une forme qui n'a pas besoin de s'expliquer.

Goethe, plus d'un siècle auparavant, avait pressenti quelque chose de similaire en étudiant les plantes dans les jardins de Padoue et de Palerme. Sa morphologie ne recherchait pas des lois abstraites, mais des transformations reconnaissables : la feuille qui devient pétale, le pétale qui devient fruit. L'œil humain, qu'il soit formé ou non, perçoit cette continuité comme une harmonie. Non pas parce qu'elle est « décorative », mais parce qu'elle manifeste un ordre interne lisible.

Les neurosciences contemporaines apportent un éclairage intéressant. Des études menées à Londres et à San Diego au début des années 2000, associées aux travaux de Semir Zeki et de V.S. Ramachandran, ont montré que le cerveau humain réagit positivement aux configurations qui optimisent l'information et la simplicité sans perdre en complexité. Les formes vivantes — une branche, un réseau vasculaire, un alvéole pulmonaire — possèdent exactement cette qualité : elles sont complexes, mais pas chaotiques. Notre système perceptif semble reconnaître, presque immédiatement, quand une forme « tient la route ».

Dans cette optique, l'esthétique naturelle n'est pas un luxe évolutif, mais une compétence cognitive incarnée. Reconnaître la beauté revient souvent à reconnaître une bonne intégration entre les parties, les fonctions et l'environnement. Un biologiste qui observe une culture cellulaire sait, avant même de mesurer les paramètres, si quelque chose ne va pas : il le « voit ». Cette intuition visuelle n'est pas un manque de précision, mais le fruit de l'expérience sur le terrain. Comme le racontait un chercheur italien travaillant dans les années 1990 à l'Institut Pasteur, « *quand une culture est saine, on le comprend à la sérénité de sa forme* ».

Cette sensibilité transparaît également dans l'art. Ernst Haeckel, biologiste et illustrateur, a publié en 1904 « *Kunstformen der Natur* », un atlas d'organismes marins qui a influencé l'Art nouveau européen. Il ne s'agissait pas d'une opération d'esthétisation : Haeckel voulait montrer que la forme vivante est déjà une expression d'ordre, et non un chaos à dompter. Aujourd'hui, nous pouvons lire cet ouvrage comme un pont entre la science et la perception : la beauté comme trace visible de l'information qui s'est stabilisée.

Dans la biologie des champs, tout cela revêt une signification précise. Si la forme est une information active, alors notre capacité à en percevoir l'harmonie est une manière — partielle mais réelle — d'entrer en contact avec le fonctionnement du vivant. Le beau n'est pas le contraire du vrai, mais l'un de ses signes. Il ne garantit pas la vérité, certes, mais il l'oriente.

C'est peut-être pour cela que les formes vivantes nous impressionnent davantage que les machines les plus sophistiquées. Une aile de papillon ou une feuille de fougère ne sont pas « parfaites » : elles sont cohérentes. Et la cohérence, lorsqu'elle se manifeste sans effort apparent, engendre la beauté. À ce moment-là, l'œil ne se contente pas de regarder : il connaît.

VII. Quand la tradition rencontre la science.

Il y a un moment, dans le parcours de ce livre, où il devient inévitable d'aborder un mot dérangeant. Un mot qui a traversé les siècles, les cultures et les systèmes de pensée, mais que la biologie moderne a progressivement banni de son vocabulaire officiel : l'énergie vitale. Ce septième chapitre se situe exactement ici, comme un seuil. Non pas pour ressusciter d'anciennes métaphysiques ni pour se livrer à des nostalgies pré-scientifiques, mais pour mener à bien une entreprise plus ambitieuse et, à certains égards, plus risquée : refonder conceptuellement ce que ces traditions tentaient de nommer.

Dans le contexte général de l'ouvrage, ce chapitre joue un rôle de charnière. Après avoir montré, dans les parties précédentes, les limites du réductionnisme biochimique et introduit l'idée de la vie comme phénomène de cohérence et de champ, on aborde ici la question la plus délicate : s'il existe un noyau réel, observable et traduisible en langage scientifique derrière des concepts tels que *le qi, l' u le prana, la force vitale.* En d'autres termes, si ce qui a été raconté pendant des siècles sous une forme symbolique n'est pas, en réalité, une description intuitive des dynamiques organisationnelles profondes des organismes vivants.

La première approche de ce chapitre est de nature culturelle. On est en effet frappé par l'universalité interculturelle de l'idée d'énergie vitale. De la Chine à l'Inde, du monde grec au monde arabe, jusqu'aux traditions médicales européennes prémodernes, c'est toujours la même intuition qui émerge : la vie n'est pas seulement de la matière en mouvement, mais un ordre dynamique qui traverse la matière. Les noms changent, les cosmologies de référence changent, mais le phénomène décrit semble étonnamment similaire. Ce constat, à lui seul, ne prouve rien sur le plan scientifique, mais soulève une question légitime : est-il plausible que des civilisations entières, indépendantes les unes des autres, aient construit des concepts complexes autour d'une simple erreur de perception ?

Ce chapitre insiste sur un point crucial : ces concepts ne doivent pas être pris au pied de la lettre, mais ils ne doivent pas non plus être écartés comme de la superstition. Ils doivent être compris comme des langages phénoménologiques, des tentatives de donner forme à des expériences réelles — la vitalité, la résilience, la capacité d'auto-organisation des organismes — en l'absence des outils conceptuels et mathématiques dont nous disposons aujourd'hui. C'est la même attitude que la science adopte lorsqu'elle relit l'alchimie comme une préhistoire de la chimie, ou l'astronomie ptolémaïque comme une étape nécessaire vers une compréhension plus affinée du cosmos.

En ce sens, ce chapitre s'inscrit dans le prolongement d'une réflexion d'Erwin Schrödinger, qui écrivait déjà en 1944 : « *Ce que nous appelons la vie semble se comporter comme un phénomène ordonné maintenu à l'écart de l'équilibre* » (*What Is Life ?*). Schrödinger ne parlait pas d'énergie vitale, mais indiquait clairement que la vie ne peut se réduire à un simple flux d'énergie chimique : c'est un ordre qui se conserve, une forme qui persiste dans le temps.

C'est précisément là que réside le cœur théorique de ce chapitre : traduire l'énergie vitale en termes de cohérence dynamique. Non pas une « force » t mystérieuse qui s'ajoute aux lois physiques, mais un mode particulier d'organisation des processus énergétiques et informationnels au sein d'un organisme. Une cohérence qui implique des oscillations, des synchronisations, des champs électromagnétiques faibles mais structurés, et qui permet au système vivant de fonctionner comme un tout intégré.

Dans cette perspective, les paroles prononcées par Ilya Prigogine, prix Nobel de chimie, reprennent toute leur actualité lorsqu'il affirmait : « *La vie est le royaume des structures dissipatives, où l'ordre émerge du flux* ». Là encore, aucune référence à l'ésotérisme : seulement la reconnaissance que l'énergie, dans la vie, n'est jamais neutre, mais toujours organisée selon des schémas cohérents.

Ce chapitre explique clairement pourquoi parler d'énergie vitale ne revient pas à introduire des entités non mesurables. Cela signifie plutôt reconnaître que la biologie a affaire à des champs, des relations et des configurations globales, et pas seulement à des molécules isolées. C'est une position qui trouve également un écho dans les propos du biologiste théoricien Brian Goodwin, lorsqu'il écrivait : « *La forme biologique n'est pas imposée de l'extérieur, mais émerge des propriétés collectives du système* ». Si la forme émerge, alors il existe un principe d'organisation qui précède la réaction chimique individuelle.

L'objectif de ce chapitre, dans le cadre global de l'ouvrage, est donc double. D'une part, désamorcer le faux conflit entre science et tradition, en montrant que de nombreuses intuitions anciennes peuvent être réinterprétées sans trahir la rigueur scientifique. D'autre part, préparer le terrain pour les parties suivantes, dans lesquelles la santé et la maladie seront considérées comme des états de plus ou moins grande cohérence du champ biologique. L'énergie vitale, ainsi redéfinie, n'est plus un concept vague, mais une clé d'interprétation puissante pour comprendre pourquoi un organisme « fonctionne » ou se désagrège.

En définitive, ce chapitre ne demande pas au lecteur de croire, mais de mettre ses préjugés de côté. D'accepter l'idée que la science, lorsqu'elle progresse, n'efface pas nécessairement le passé, mais le relit. Et que peut-être, derrière des mots anciens et imprécis, se cachait déjà une perception aiguë de ce que nous appelons aujourd'hui, avec plus de prudence, la cohérence biologique.

Le mot « énergie » : d'une grandeur physique à une métaphore de la vie.

Au XXIe siècle, peu de mots circulent avec autant d'aisance – et d'ambiguïté – que le mot « énergie ». Nous l'utilisons pour décrire une centrale électrique, une formule physique, l'état d'esprit d'une personne, la vitalité d'un organisme ou même l'ambiance d'une pièce. C'est un mot-pont, qui traverse différents langages sans jamais vraiment s'arrêter dans un seul. Et c'est précisément cette omniprésence qui le rend crucial pour le thème de ce chapitre : comprendre comment le lexique influence notre compréhension de la vie.

Du point de vue de la physique moderne, « l'énergie » est l'un des concepts les mieux définis dont nous disposons : une grandeur mesurable, conservatrice, formalisée avec une rigueur mathématique. Et pourtant, comme le notait déjà Richard Feynman dans ses célèbres « *Lectures on* Physics », « *nous ne savons pas ce qu'est l'énergie, nous savons seulement comment la calculer* ». Une phrase qui, loin d'être une provocation, révèle un paradoxe profond : même au cœur de la science la plus exacte, l'énergie reste en partie un concept opérationnel, plutôt qu'ontologique.

Lorsque ce mot entre dans le discours biologique, le terrain devient encore plus glissant. La biologie du XXe siècle a hérité de la physique une conception de l'énergie essentiellement quantitative : ATP, gradients électrochimiques, flux métaboliques. Tout cela est exact, mais insuffisant pour rendre compte de ce que nous entendons lorsque nous disons qu'un organisme est « plein d'énergie » ou, au contraire, « à plat ». Dans ces cas-là, nous ne parlons pas seulement de calories ou de réactions chimiques, mais de la qualité de l'organisation, de la capacité à conserver une forme, à répondre de manière cohérente à l'environnement.

C'est là que le langage traditionnel – qi, prana, force vitale – continue d'exercer une attraction silencieuse sur l'imaginaire collectif. Non pas parce qu'il offre de meilleures explications, mais parce qu'il désigne quelque chose que le langage scientifique peine encore à rendre intuitif. Le succès contemporain de ces mots, même dans des contextes urbains hypertechnologiques comme Berlin, San Francisco ou Milan, n'est pas un retour à l'irrationnel, mais le symptôme d'une lacune sémantique : il manque un terme commun pour désigner la dimension globale et qualitative du fait d'être vivant.

Dans les années 1970, le philosophe Ivan Illich observait que le langage technique, tout en augmentant la précision, peut réduire l'expérience vécue à ce qui est mesurable. Il en va de même aujourd'hui avec le mot « énergie » : plus nous le définissons dans un sens strictement physique, plus nous risquons de perdre le lien avec l'expérience concrète du vivant. Ce n'est pas un hasard si, dans le langage courant, l'énergie est toujours relationnelle : elle se « transmet », elle se « perd », elle se « rétablit ». C'est un mot qui évoque des processus, et non des objets.

Cette ambivalence a des conséquences culturelles importantes. D'une part, elle alimente les malentendus et les dérives simplificatrices, lorsque l'énergie devient une explication magique bonne pour tout. D'autre part, cependant, elle met en évidence un besoin authentique : celui de concevoir la vie non seulement comme un ensemble de composants, mais comme un événement dynamique, structuré et significatif. En ce sens, le lexique n'est pas un simple ornement de la pensée scientifique, mais l'un de ses outils les plus puissants.

La refonte du concept d'énergie vitale proposée dans ce chapitre s'inscrit précisément dans cet espace intermédiaire. Elle ne demande pas d'abandonner la précision de la physique, mais de reconnaître qu'en biologie, le mot « énergie » fonctionne comme un indicateur de cohérence, un signal linguistique qui renvoie à des phénomènes systémiques, à des champs de relations, à des organisations collectives. Il s'agit d'un usage du langage plus proche de celui de la théorie des systèmes ou de la biologie théorique que de celui de la physique classique.

Comme l'écrivait le linguiste et philosophe Ludwig Wittgenstein, « *les limites de mon langage sont les limites de mon monde* ». Appliqué à la biologie, cela signifie que tant que nous ne parlerons de la vie qu'avec le vocabulaire de la machine, nous ne verrons que des machines. Si, au contraire, nous commençons à utiliser des mots qui évoquent des processus, des champs et des relations, nous serons peut-être capables de penser le vivant d'une manière plus adaptée à sa nature.

En définitive, le mot « énergie », au XXIe siècle, est un champ de tension culturel avant même d'être scientifique. C'est à nous de décider si nous voulons le laisser glisser dans l'indétermination ou l'utiliser comme une occasion d'affiner notre manière de comprendre la vie. Le redéfinir ne signifie pas le vider de son sens, mais lui redonner une précision nouvelle, à la hauteur de la complexité du vivant.

De la vulgarisation scientifique au mythe pop : l'imaginaire médiatique de l'énergie.

Chaque époque raconte la vie avec les moyens dont elle dispose. À notre époque, plus que dans les traités ou les cercles universitaires, l'idée d'énergie et de vitalité prend forme dans les documentaires télévisés, les podcasts scientifiques, les festivals de la science, mais aussi dans les talk-shows, sur les plateformes numériques et même dans les algorithmes des réseaux sociaux. C'est là que le concept d'énergie vitale, reformulé par la science contemporaine, est filtré, simplifié, amplifié ou parfois déformé.

La vulgarisation scientifique a joué, au cours des dernières décennies, un rôle ambivalent. D'une part, elle a contribué à rendre accessibles des concepts complexes tels que l'organisation des systèmes vivants, l'autorégulation ou la complexité. D'autre part, elle a souvent cédé à la tentation d'un récit spectaculaire, où l'énergie devient un mot-clé émotionnel, capable d'évoquer le mystère et la puissance plus que la compréhension.

Un moment symbolique de ce tournant peut être situé dans les années 1980, lorsque Carl Sagan, avec la série *Cosmos* (1980), a fait découvrir à des millions de téléspectateurs une vision de l'univers dynamique, dans laquelle la vie était considérée comme une expression rare mais profondément intégrée aux processus cosmiques. Sagan parlait des étoiles, des molécules et des cellules avec le même ton narratif, créant ainsi une continuité imaginative entre la physique et la biologie. Il n'utilisait pas le langage de l'« énergie vitale », mais contribuait à construire une image de la vie en tant que phénomène organisé et processuel, qui ne se réduit pas à une simple mécanique.

Au cours des années suivantes, cependant, la multiplication des canaux médiatiques a entraîné une fragmentation du récit. Parallèlement à une vulgarisation rigoureuse – pensons aux documentaires de David Attenborough, où la vitalité des organismes transparaît à travers leur comportement, leurs relations écologiques, leurs cycles –, un vaste marché de la communication s'est développé, dans lequel le mot « énergie » est devenu une marque narrative. L'énergie comme promesse de bien-être, d'harmonie, d'épanouissement personnel.

Une anecdote racontée par une journaliste scientifique italienne lors du Festival de la Science de Gênes (édition 2016) est révélatrice : après une conférence sur les systèmes complexes en biologie, une spectatrice a demandé si ces « *réseaux d'interaction* » constituaient la preuve scientifique de l'aura. Cette question ne relevait pas de la naïveté, mais d'un imaginaire hybride, construit par l'exposition simultanée à des contenus scientifiques et parascientifiques, souvent présentés avec le même langage visuel et rhétorique.

En effet, les médias ne se contentent pas de transmettre des informations : ils façonnent les attentes cognitives. Lorsque la vulgarisation utilise des métaphores énergétiques sans en clarifier le contexte, elle contribue à maintenir une zone grise dans laquelle différents concepts – physiques, biologiques, expérientiels – se chevauchent. Il n'en résulte pas nécessairement de la désinformation, mais une compréhension intuitive et émotionnelle, qui peut être féconde ou trompeuse selon la manière dont elle est orientée.

Un exemple intéressant nous vient du monde des TED Talks (une plateforme mondiale où des idées innovantes et inspirantes sont partagées à travers de courtes conférences accessibles à tous). Depuis les années 2000, des idées comme celles-ci ont eu une influence considérable sur l'imaginaire culturel mondial. De nombreuses interventions sur la vie, l'esprit ou la santé évoquent « l'énergie », la « connexion », la « vibration », souvent de manière évocatrice mais peu précise. Ce langage fonctionne car il répond à un besoin réel de sens, mais il risque de substituer l'inspiration à l'argumentation.

Et pourtant, c'est précisément là qu'une opportunité s'ouvre. Une vulgarisation mûre pourrait utiliser le pouvoir narratif des médias non pas pour simplifier à outrance, mais pour éduquer à la complexité. Parler de l'énergie vitale non pas comme d'une force mystérieuse, mais comme d'un moyen de décrire l'organisation dynamique des organismes, demande du temps, de la patience et de la confiance dans l'intelligence du public. Ce n'est pas un hasard si certaines des meilleures expériences de vulgarisation contemporaines – podcasts de longue durée, livres-reportages, séries documentaires approfondies – s'orientent dans cette direction.

En ce sens, le rôle des médias n'est pas secondaire par rapport à la refondation du concept d'énergie vitale : il fait partie intégrante du processus. Car ce qu'une société croit au sujet de la vie dépend aussi de la manière dont la vie est racontée.

De la page au métaverse : comment le récit de l'énergie de la vie va-t-il évoluer ?

Chaque tournant technologique s'accompagne d'une transformation silencieuse mais profonde : elle modifie la manière dont nous racontons le monde, et donc la manière dont nous le comprenons. La biologie des champs, avec sa conception des organismes comme des structures informationnelles stabilisées, arrive à un moment historique où la vulgarisation scientifique entre dans une nouvelle phase, suspendue entre intelligence artificielle, réalité augmentée et environnements immersifs. La question n'est plus seulement de savoir quoi raconter sur la vie, mais comment le faire sans trahir sa complexité.

Ces dernières années, l'intelligence artificielle est devenue un acteur incontournable dans la production et la diffusion du savoir. Des systèmes capables de synthétiser des articles, de générer des images scientifiques ou de simuler des processus biologiques sont déjà utilisés dans les universités, les musées et les rédactions. En 2023, par exemple, la *Wellcome Collection* de Londres a expérimenté des installations interactives basées sur des modèles informatiques pour montrer la dynamique des systèmes vivants : il ne s'agissait pas de simples panneaux d'information, mais d'environnements qui réagissaient aux choix du visiteur. L'énergie de la vie n'était pas expliquée, mais mise en scène comme un processus.

Cette évolution est cruciale. La vulgarisation scientifique de demain ne sera plus seulement narrative ou descriptive, mais expérientielle. La réalité augmentée et la réalité virtuelle permettent d'ores et déjà de « pénétrer » dans un tissu biologique, d'observer des flux, des rythmes, des synchronisations. À Stanford, un laboratoire de visualisation scientifique a développé des environnements de réalité virtuelle destinés aux étudiants en biologie, dans lesquels les phénomènes cellulaires n'apparaissent pas comme des chaînes d'événements linéaires, mais comme des champs dynamiques d'interaction. C'est un langage qui se rapproche étonnamment de l'idée d'énergie vitale en tant que cohérence, sans recourir à des métaphores ésotériques.

Pourtant, cette puissance communicative comporte un risque subtil : la séduction d'un excès de clarté. Un algorithme a tendance à simplifier, à rendre fluide ce qui est intrinsèquement ambigu. Mais la vie, comme le savent bien les biologistes théoriciens, est aussi faite d'instabilité, de marges, de zones d'ombre. Le physicien et vulgarisateur Philip Ball, lors d'une conférence publique à Oxford en 2019, faisait remarquer que les meilleures visualisations scientifiques ne sont pas celles qui expliquent tout, mais celles qui « *laissent entrevoir ce que nous ne comprenons pas encore* ». Une leçon précieuse pour ceux qui souhaitent raconter l'énergie de la vie à l'aide d'outils intelligents.

Il y a ensuite un autre aspect, plus culturel que technique. L'intelligence artificielle n'est pas seulement un moyen, mais un nouvel acteur symbolique. Lorsque nous confions à une machine la tâche d'expliquer la vitalité d'un organisme, nous redéfinissons implicitement la frontière entre la connaissance humaine et la connaissance automatisée. Une anecdote rapportée par un conservateur scientifique français concerne une exposition itinérante sur la biologie du futur : de nombreux visiteurs déclaraient faire davantage confiance aux explications générées par l'IA qu'à celles rédigées par les experts, car elles étaient perçues comme « plus neutres ». C'est un signal qui interpelle directement la responsabilité de la vulgarisation.

Dans ce contexte, décrire l'énergie vitale comme une cohérence dynamique devient un défi narratif autant que scientifique. Les nouvelles technologies peuvent aider à montrer la vie comme un réseau, comme un champ, comme un processus informationnel incarné. Mais elles exigent une mise en scène culturelle consciente, capable d'éviter tant la réduction mécaniste que la dérive spectaculaire.

Peut-être que l'avenir de la vulgarisation ne réside pas dans la recherche d'une définition définitive de l'énergie de la vie, mais dans la construction de contextes de compréhension, d'espaces où le lecteur, le spectateur ou le visiteur puisse faire l'expérience de la complexité sans en être écrasé. En ce sens, l'intelligence artificielle et la réalité augmentée ne sont pas la solution, mais des outils puissants : comme tout langage, elles en disent long sur ce que nous choisissons de raconter, et encore plus sur ce que nous décidons de laisser en suspens.

Qi, prana, force vitale.

Il y a un fait qui frappe quiconque observe l'histoire des idées sans préjugés : des cultures très éloignées dans l'espace et dans le temps ont conçu la vie comme traversée par un principe dynamique invisible, essentiel mais non réductible à la matière. Les noms changent — *qi* dans la Chine classique, *prana* dans l'Inde védique, *pneuma* dans le monde grec, *ruach* dans la tradition juive, jusqu'à la « *force vitale* » de la médecine européenne prémoderne — mais la structure conceptuelle reste étonnamment similaire. Non pas un objet, mais un processus ; non pas une substance, mais une circulation.

Dans le « Neijing », texte fondateur de la médecine chinoise (entre le IIIe et le Ier siècle av. J.-C.), le qi n'est jamais défini de manière statique. C'est ce qui circule, qui relie, qui met en relation les organes, les saisons, les émotions. De même, dans *les Upaniṣads* indiens, le *prana* ne coïncide pas avec le souffle physique, mais avec ce qui lui donne son sens : une tension ordonnatrice qui soutient la vie et la conscience. À Athènes, Hippocrate (Ve siècle av. J.-C.) parlait de *la physis* comme d'un principe interne de mouvement et de régulation, une idée qui fait écho de manière surprenante à ces visions orientales.

Cette convergence ne résulte pas d'échanges culturels systématiques — qui, dans de nombreux cas, n'ont pas eu lieu — mais d'une expérience phénoménologique partagée : l'évidence que les organismes vivants ne sont pas des agrégats aléatoires de parties, mais des totalités dynamiques, reconnaissables à leur rythme, à leur capacité à conserver forme et fonction au milieu du changement. C'est là que le concept d'énergie vitale révèle toute sa force : non pas en tant qu'explication u causale, mais en tant que description globale de ce qui rend le vivant vivant.

Réduire le qi ou le prana à des superstitions revient à projeter rétroactivement des critères scientifiques modernes sur des époques qui opéraient avec d'autres outils conceptuels. C'est une erreur historique avant même d'être épistémologique. Comme l'observait l'anthropologue britannique Joseph Needham, qui a consacré sa vie à l'étude de la science chinoise, ces concepts n'étaient pas des tentatives naïves d'expliquer la chimie du corps, mais des cartes opérationnelles de l'expérience, capables d'orienter les pratiques médicales, corporelles et spirituelles pendant des siècles.

Une anecdote racontée par un médecin italien ayant longtemps travaillé au Népal dans les années 1990 est éclairante : lors d'une visite dans un village himalayen, il s'est rendu compte que les guérisseurs locaux décrivaient les symptômes des patients en termes de « vent bloqué » ou de « respiration perturbée ». Ils ne parlaient pas de molécules ou de nerfs, mais reconnaissaient avec une grande précision des états de stress, de fatigue chronique, de déséquilibre fonctionnel. C'était le langage qui changeait, pas l'attention clinique.

Le dénominateur commun de ces concepts n'est pas une force mystérieuse qui enfreint les lois de la physique, mais l'intuition que la vie est une organisation en cours, un maintien de la cohérence dans le temps. En termes contemporains, on pourrait dire que le qi et le prana sont des noms différents pour désigner ce que nous décrivons aujourd'hui comme des dynamiques d'intégration systémique : des flux, des synchronisations, des régulations distribuées qui ne résident pas en un point unique, mais émergent du champ de l'organisme dans son ensemble.

En science, l'universalité d'une intuition est toujours un signe à prendre au sérieux. Ce n'est pas une preuve, mais un indice. Le fait que des civilisations sans contacts directs aient élaboré des concepts analogues suggère qu'elles répondaient à une structure réelle de l'expérience biologique. Comme l'écrivait le philosophe de la biologie Hans Jonas en 1966, la vie se manifeste avant tout comme une « auto-affirmation fragile », comme un effort continu pour rester elle-même au milieu du changement.

La biologie des champs s'inscrit dans cette longue tradition, non pas pour ressasser de vieux mots, mais pour reconnaître que ces mots désignaient quelque chose que nous pouvons aujourd'hui reformuler avec plus de précision. Parler d'énergie vitale en termes de cohérence dynamique, c'est traduire, et non contredire. C'est un acte de continuité culturelle, et non de nostalgie.

Peut-être, alors, que la véritable question n'est pas de savoir pourquoi toutes les cultures ont parlé d'une énergie de la vie, mais pourquoi, pendant un certain temps, nous avons cru pouvoir nous en passer. Ou, plus radicalement, si la science du vivant ne revient pas aujourd'hui — avec d'autres outils et une autre rigueur — à reconnaître ce que l'expérience humaine avait toujours intuitivement compris : que la vie est relation, flux, champ.

Le savoir des mains et du souffle : le yoga, le tai-chi et les arts martiaux comme biologie vécue.

Bien avant que l'énergie vitale ne devienne un problème théorique — et avant même qu'elle ne soit critiquée comme un concept vague ou pré-scientifique —, le corps l'avait déjà comprise. Ou, mieux encore, il la pratiquait. Yoga, tai-chi, qi gong, arts martiaux traditionnels : toutes ces disciplines partagent une caractéristique décisive. Elles n'expliquent pas la vie, elles la mettent en œuvre. Dans le geste lent, dans la respiration régulée, dans la posture apparemment immobile, ce que les doctrines appelaient le qi ou le prana prend forme en tant qu'expérience concrète, vérifiable, reproductible.

Ce n'est pas un hasard si bon nombre de ces pratiques sont nées ou se sont consolidées dans des contextes où la transmission écrite était secondaire par rapport à la transmission orale et corporelle. En Chine, le tai-chi-chuan s'est développé entre le XVIIe et le XVIIIe siècle dans les villages du Henan, notamment à Chenjiagou : une pratique familiale avant d'être philosophique, où le savoir se transmet de corps à corps. En Inde, les *asanas* du yoga classique — codifiées seulement tardivement, entre l t le XIXe et le XXe siècle — existaient depuis des siècles sous forme de séquences corporelles, avant même d'être des chapitres d'un traité.

Ici, le langage n'est pas symbolique, mais proprioceptif. Comme le notait l'anthropologue Marcel Mauss dans son célèbre essai sur les techniques du corps (1934), chaque culture apprend à ses membres à ressentir, à bouger et à respirer de manière spécifique. Les pratiques liées à l'énergie vitale sont, en ce sens, des pédagogies de la perception : elles entraînent à reconnaître la continuité, les tensions, les flux, les seuils. Elles n'expliquent pas ce qu'est la vie ; elles enseignent ce que l'on ressent lorsqu'elle est en équilibre.

Observer un maître âgé de tai-chi tôt le matin, dans les parcs de Pékin ou de Shanghai, est une expérience instructive, même pour un biologiste. Les mouvements sont minimes, et pourtant rien n'est isolé : chaque rotation du poignet implique l'ensemble de l'assiette posturale. C'est l'idée, profondément biologique, que le tout précède les parties. Le même principe imprègne le yoga de B.K.S. Iyengar qui, dans les années 1960, à Pune, insistait sur la précision de l'alignement non pas pour des raisons esthétiques, mais parce que « *un corps mal positionné perturbe l'esprit* ». Une affirmation que l'on pourrait aujourd'hui traduire en termes d'intégration sensorimotrice.

Dans les arts martiaux japonais également, cette intuition est centrale. Lorsque Jigoro Kano fonde le judo en 1882 à Tokyo, en reformulant des techniques anciennes, il parle de « *seiryoku zen'yō* » : la meilleure utilisation de l'énergie. Il ne s'agit pas de force musculaire, mais de coordination, de timing, d'économie du geste. Un principe qui anticipe, sous une forme pratique, ce que nous appellerions aujourd'hui l'optimisation systémique. L'énergie vitale, ici, n'est pas un fluide mystérieux, mais la capacité de l'organisme à agir comme une unité cohérente.

Ces disciplines ont joué, souvent à leur insu, un rôle de préservation culturelle. Alors que le langage théorique de l'énergie vitale était progressivement écarté de la science occidentale entre le XVIIIe et le XIXe siècle, le corps continuait d'en conserver l'expérience. Dans les monastères, les salles de sport, les cours à l'aube. Un médecin français qui a étudié le qi gong dans les années 1970, J.-C., racontait avoir compris la signification du terme « énergie » non pas en lisant des textes, mais en constatant qu'après des mois de pratique, il respirait mieux et se fatiguait moins. Pas de métaphysique : seulement un changement global, difficile à localiser, impossible à réduire à une cause unique.

C'est là que la biologie des champs trouve un allié inattendu. Ces pratiques montrent que la vie ne se manifeste pas seulement à travers des paramètres mesurables, mais aussi dans la qualité de l'organisation. Le geste devient une fenêtre sur des dynamiques profondes : synchronisation, stabilité, adaptation. En ce sens, le yoga et le tai-chi ne sont pas des reliques spirituelles, mais des archives somatiques de connaissances sur la vie en tant que processus intégré.

Peut-être que, pour refonder véritablement le concept d'énergie vitale, la science devra apprendre non seulement à mieux mesurer, mais aussi à observer différemment. Accepter que, parfois, le corps précède la théorie. Et que certains savoirs, pour survivre, ont choisi la voie la plus discrète et la plus résistante : celle du mouvement.

Du temple au supermarché : le destin ambigu de l'énergie vitale.

Il existe un risque symétrique, moins discuté mais tout aussi insidieux, dans la tentative de refonder scientifiquement le concept d'énergie vitale : sa banalisation commerciale. Si, pendant des siècles, le qi et le prana ont été accusés d'être des superstitions, ils subissent aujourd'hui le sort inverse : ils deviennent des étiquettes séduisantes, imprimées sur des tapis de yoga, des compléments alimentaires, des stages intensifs de « rééquilibrage énergétique » le week-end. Non plus rejetés, mais consommés.

En se promenant parmi les stands de certains salons du bien-être — de Bologne à Munich, de Rimini à San Francisco —, on a l'impression que l'énergie vitale est devenue une marchandise comme une autre. On promet de l'« activer », de la « potentialiser », de la « débloquer » en quelques étapes. Un langage rassurant, car simple, mais qui trahit une perte de profondeur. Nous ne sommes pas loin ici de ce que l'anthropologue Marc Augé aurait appelé un non-lieu culturel : des concepts arrachés à leur contexte, rendus interchangeables, privés de leur densité historique.

Les grandes traditions qui ont élaboré les concepts de qi et de prana n'étaient en rien hâtives ni réductrices. Dans le « Neijing », texte fondateur de la médecine chinoise (IIIe-Ier siècle av. J.-C.), l'apprentissage du qi est indissociable de l'observation des saisons, du rythme de la respiration, de l'éthique du médecin. De même, dans les textes du yoga classique, tels que les Yoga Sutra attribués à Patañjali (IIe–IVe siècles apr. J.-C.), le prana n'est pas une « énergie à utiliser », mais un principe à discipliner par des années de pratique.

Un maître de tai-chi de Pékin, interrogé dans les années 1980 par une équipe de chercheurs français, a répondu à une question insistante par une phrase désarmante : « *Vous, les Occidentaux, vous voulez savoir ce qu'est le qi. Nous, nous apprenons quand il ne faut pas le déranger*. » C'est une différence subtile, mais décisive. La commercialisation moderne tend au contraire à promettre un contrôle immédiat, des résultats rapides, la maîtrise. Exactement ce contre quoi les traditions mettaient en garde.

Distinguer l'héritage culturel authentique des simplifications « New Age » ne signifie pas défendre une pureté imaginaire. Les traditions vivent parce qu'elles se transforment. Mais certains indices sont révélateurs. L'authenticité ne promet pas de raccourcis, elle ne sépare jamais le travail sur le corps de celui sur l'attention et le comportement, elle ne réduit pas l'énergie vitale à une ressource individuelle à maximiser.

Un exemple historique éclairant nous vient du Japon du début du XXe siècle. Jigoro Kano, fondateur du judo, s'est ouvertement opposé à la transformation des arts martiaux en simple spectacle ou en marchandise. En 1922, au Kodokan de Tokyo, il rappelait à ses élèves que le ki n'était pas une force magique, mais le résultat de la coordination, de la posture et de l'intention. Lorsqu'une pratique perd cette complexité, lorsqu'elle se réduit à un slogan, nous ne sommes probablement plus face à un héritage vivant, mais à une caricature de celui-ci.

Le paradoxe est évident : alors que la biologie contemporaine redécouvre, à l'aide d'outils rigoureux, l'importance des schémas globaux et de la cohérence systémique, une partie de la culture populaire réduit ces concepts à des formules rassurantes. L'énergie vitale est ainsi privée de sa dimension la plus dérangeante : elle exige du temps, de l'écoute, une transformation personnelle.

En 1998, lors d'un colloque à Londres sur la science et la spiritualité, le physicien David Bohm — figure de passerelle entre différents mondes — a fait remarquer que « *le problème n'est pas d'utiliser des mots anciens, mais de les utiliser sans discipline* ». Une phrase qui reste d'actualité aujourd'hui. La refondation scientifique de l'énergie vitale ne passe ni par sa négation ni par sa marchandisation, mais par un travail patient de traduction culturelle.

Réhabiliter le qi et le prana en tant que descriptions pré-scientifiques de phénomènes de cohérence ne signifie pas mieux les vendre, mais mieux les comprendre. Cela signifie leur redonner de la profondeur, les soustraire autant au dogmatisme qu'au marketing. En ce sens, la biologie des champs offre un critère précieux : ce qui est vital n'est pas ce qui promet le plus, mais ce qui conserve sa cohérence dans le temps.

Peut-être que le véritable héritage des traditions n'est pas un concept à exhiber, mais une attitude à cultiver. À une époque qui mesure tout en termes de performance et de consommation, c'est une leçon étonnamment d'actualité.

Ce n'est pas de la magie, mais de l'expérience : car l'énergie vitale a traversé les siècles.

Qualifier de « superstition » les concepts traditionnels d'énergie vitale relève souvent d'un geste d'impatience culturelle. Cela revient à juger, à l'aune de catégories issues du laboratoire moderne, ce qui a émergé dans des contextes où l'observation était directe, corporelle, répétée au fil du temps. Les civilisations qui ont parlé de qi, de prana, de pneuma ou de *vis vitalis* ne formulaient pas des théories physiques alternatives, mais consignaient les régularités de l'expérience du vivant.

Avant même de se demander comment fonctionne la vie, ces traditions s'interrogeaient sur la manière dont elle se manifeste. Et ce qui en ressortait, avec une cohérence surprenante, c'était l'idée qu'un organisme vivant ne se définit pas seulement par ce dont il est fait, mais par la manière dont il maintient sa continuité, son rythme et son unité au sein du changement. Il ne s'agit pas d'une hypothèse métaphysique, mais d'un constat empirique maintes fois répété.

Un élément souvent négligé est que ces concepts ne naissent pas dans les temples, mais dans les métiers. Le qi prend forme dans la médecine et l'agriculture chinoises ; le prana dans l'observation de la respiration et de l'effort physique ; le pneuma dans la pratique médicale hellénistique. Galien (IIe siècle après J.-C.) parlait du pneuma comme de ce qui rend le corps capable de réagir, de s'adapter, de guérir. Il ne s'agissait pas d'une entité mystique, mais d'une fonction descriptive : ce qui est présent lorsque le corps réagit comme un tout.

Une anecdote rapportée dans les archives de la Royal Navy raconte que, lors des longues traversées du XVIIIe siècle, certains médecins de bord distinguaient les marins « encore en bonne santé » de ceux proches du scorbut non pas tant par des symptômes évidents, , que par une sorte de « affaiblissement général » : posture, tonus, capacité de coordination. Ils ne disposaient pas du vocabulaire de la vitamine C, mais reconnaissaient une perte du principe organisateur. C'est exactement ce que les concepts d'énergie vitale tentaient de désigner.

Ce qui rend ces concepts non superstitieux, c'est leur noyau phénoménologique commun. Partout où ils apparaissent, ils décrivent trois aspects récurrents : la continuité de l'organisme dans le temps, sa capacité à coordonner différentes parties, et sa sensibilité au contexte. Ils ne parlent pas de causes ultimes, mais d'états globaux.

La superstition, au sens propre, attribue les événements à des causes arbitraires et incontrôlables. Les concepts d'énergie vitale font le contraire : ils redonnent une régularité à ce qui semble chaotique. Un médecin ayurvédique du Kerala, interrogé dans les années 1970 par une équipe de l'université de Madras, expliquait que parler de prana servait à ne pas perdre de vue la situation globale du patient, surtout lorsque les symptômes individuels changeaient. C'était un antidote à la fragmentation, et non un produit de celle-ci.

Il est significatif que ces concepts émergent précisément là où le réductionnisme montre ses limites : dans les processus de guérison, de développement, d'adaptation. Des domaines dans lesquels le comportement de l'ensemble ne se déduit pas immédiatement des parties. La biologie des champs ne fait que reconnaître, avec des outils plus raffinés, cette même difficulté.

Il existe un dernier élément qui éloigne le qi et le prana de la superstition : leur sobriété explicative. Ils ne promettent pas de miracles, ne garantissent pas un contrôle total. Au contraire, ils insistent sur la fragilité de l'équilibre vital. Dans de nombreux textes classiques, l'énergie vitale n'est pas quelque chose à accumuler, mais à ne pas disperser. Une idée étonnamment proche de la notion moderne de stabilité dynamique.

En 1932, le physiologiste Walter Cannon a introduit le concept d'homéostasie. Il ne parlait pas d'énergie vitale, mais décrivait le même phénomène : la capacité d'un organisme à rester lui-même à travers des fluctuations continues. Les mots changent, l'expérience sous-jacente demeure. C'est dans cette continuité que se joue la légitimité des concepts traditionnels.

Peut-être, alors, ne s'agit-il pas de décider si le qi et le prana « existent » au sens physique du terme, mais de reconnaître qu'ils désignent quelque chose qui se produit réellement : la manière dont la vie se maintient. Les rejeter comme de la superstition revient à perdre une trace précieuse de notre longue observation du vivant.

Compter ne suffit pas : le préjugé mathématique et l'ombre jetée sur l'énergie vitale.

Dans la culture scientifique moderne, il existe une règle tacite : ce qui ne se traduit pas en chiffres est, sinon faux, du moins peu fiable. C'est une règle puissante, qui a produit des résultats extraordinaires, mais qui, au fil du temps, s'est transformée en préjugé épistémologique. Dans ce contexte, des concepts tels que le qi ou le prana ne sont même pas examinés : ils sont classés sans suite. Non pas parce qu'ils ont été réfutés, mais parce qu'ils parlent une langue différente de celle de l'équation.

Pourtant, cette identification entre connaissance et mathématisation est historiquement récente. Galilée, dans le *Saggiatore* (1623), écrit que le livre de la nature est écrit en langage mathématique. Mais Galilée ne dit pas que seul ce qui est mathématique est réel ; il dit que c'est le langage approprié pour décrire certains phénomènes. Au cours des siècles suivants, cette prudence s'est perdue, et la méthode est devenue métaphysique.

L’un des effets secondaires de ce glissement est la confusion systématique entre le symbolique et l’irrationnel. Dans le langage courant, le terme « symbolique » a une connotation vague, poétique, et donc suspecte. Mais dans l’histoire de la connaissance, le symbole a toujours eu une autre fonction : rendre visible ce qui n’est pas immédiatement décomposable.

Ernst Cassirer, philosophe de la culture actif dans les années 1920 et 1930, rappelait que le mythe, le langage et l’ t la science ne sont pas des degrés d’erreur progressive, mais des formes symboliques différentes. Chacune organise l’expérience selon ses propres critères. Dire que le qi est symbolique ne signifie pas dire qu’il est faux ; cela signifie reconnaître qu’il est né pour orienter l’expérience du vivant, et non pour se substituer à une théorie physique.

Un exemple éclairant nous vient de l’art. Lorsque, en 1912, Kandinsky publia « *Le spirituel dans l’art* », il fut accusé de mysticisme. Ce n’est que des décennies plus tard que l’on comprit qu’il tentait de décrire des champs perceptifs, des tensions, des résonances visuelles. Pas des chiffres, mais des structures. Personne aujourd’hui ne dirait que Kandinsky était irrationnel ; pourtant, il parlait un langage symbolique.

En médecine, ce préjugé a eu des conséquences concrètes. Michael Polanyi, chimiste et philosophe des sciences, parlait de « *tacit knowledge* » : un savoir qui guide l’action mais qui ne peut être entièrement explicité. Un chirurgien expérimenté « sent » si un tissu est sain ou non, avant même de pouvoir le mesurer. Personne n’appelle cela de la superstition. Et pourtant, lorsque des compétences analogues s’expriment à travers des concepts symboliques, comme c’est le cas dans les médecines traditionnelles, le jugement change.

Dans les années 1950, dans les hôpitaux parisiens, certains cliniciens chevronnés distinguaient les patients « bien tenus » des patients « effilochés », en utilisant un langage que l’on qualifierait aujourd’hui d’imprécis. Mais les jeunes médecins savaient que ces mots anticipaient souvent l’évolution clinique. Il s’agissait d’une description globale, non quantifiée, mais loin d'être arbitraire. Le problème n'était pas le manque de rigueur, mais l'absence d'une grammaire scientifique adaptée à ce type de phénomène.

Le cœur du préjugé moderne réside peut-être là : avoir confondu l'outil avec le critère ultime de la réalité. Les mathématiques sont un moyen extrêmement puissant, mais elles ne sont pas neutres : elles sélectionnent ce qui est mesurable et laissent dans l'ombre ce qui est relationnel, qualitatif, dynamique. Les concepts d'énergie vitale naissent précisément dans cette ombre, comme des tentatives de donner une expression à des configurations complexes qui échappent à la décomposition.

Le philosophe napolitain Giambattista Vico, dès 1725, mettait en garde contre l'idée que seule la méthode géométrique produisait la vérité. « *Verum ipsum factum* » : nous comprenons véritablement ce que nous sommes capables de faire, de vivre, de traverser. Le vivant, avant d'être calculé, est expérimenté. Les traditions qui parlent de qi ou de prana ne rejettent pas la rationalité ; elles rejettent l'idée qu'une seule forme de rationalité épuise le réel.

Refonder le concept d'énergie vitale, c'est aussi cela : redonner une dignité cognitive au symbolique, sans le transformer en dogme. Le symbole n'est pas un vestige archaïque à éliminer, mais un pont provisoire entre l'expérience et la théorie. Lorsque la biologie des champs parle de cohérence, d'information, d'organisation globale, elle effectue une opération analogue : elle traduit dans un langage plus précis ce qui, pendant des siècles, a été exprimé sous forme symbolique.

Le véritable obstacle n'est pas le manque de données, mais l'habitude mentale de ne reconnaître comme réelles que celles qui s'inscrivent dans une formule. Surmonter ce préjugé ne signifie pas renoncer à la science, mais élargir son vocabulaire. Et peut-être, comme cela arrive souvent dans l'histoire des idées, le pas en avant consiste-t-il à récupérer ce qui avait été exclu trop hâtivement.

QUATRIÈME PARTIE. Vie, santé et désharmonie.

D'après la pensée de Georges Canguilhem
La santé n'est pas un état idéal à préserver, mais une capacité créative de l'organisme à établir de nouvelles normes lorsque le contexte change.

D'après la pensée d'Henri Atlan
Le vivant n'est pas défini par la stabilité de ses composants, mais par la cohérence des processus qui les relient entre eux.

D'après la pensée de Francisco Varela
La maladie n'est pas une simple défaillance locale, mais une rupture de la continuité par laquelle l'organisme se produit et se reconnaît comme une unité.

Après avoir remis en question le réductionnisme biologique et introduit l'idée de la vie comme phénomène de cohérence et de champ, cette quatrième partie aborde un terrain à la fois plus délicat et plus concret : celui de la santé et de la maladie. C'est là que les hypothèses théoriques cessent d'être seulement un nouveau langage pour décrire la vie et deviennent une lentille différente pour interpréter ce qui se passe lorsque la vie fonctionne, s'adapte, résiste ou, au contraire, se désorganise.

Dans le paradigme classique, la santé est souvent considérée comme l'absence d'anomalies mesurables, tandis que la maladie est assimilée à une lésion, un défaut moléculaire ou un dysfonctionnement localisé. La perspective des champs biologiques renverse cette approche sans en nier l'utilité : avant même de se manifester dans les tissus, les gènes ou les paramètres cliniques, la santé et la maladie apparaissent comme des états globaux de cohérence ou de désalignement informationnel de l'organisme.

Dans ce cadre, la santé n'est ni immobilité ni équilibre parfait, mais une capacité dynamique à maintenir un ordre flexible, à absorber les perturbations sans perdre son identité fonctionnelle. Il s'agit d'un processus continu d'ajustement, d'une résilience qui concerne l'ensemble du champ biologique et non seulement ses parties individuelles. Être en bonne santé ne signifie pas rester inchangé, mais réussir à changer sans se fragmenter.

La maladie, par conséquent, n'apparaît plus comme un événement ponctuel, soudain et isolé, mais comme une perte progressive de cohérence. Les parties de l'organisme continuent d'exister, mais cessent de dialoguer de manière harmonieuse ; l'information qui coordonnait autrefois l'ensemble se disperse, se déforme ou se localise. Il en résulte une disharmonie qui précède et accompagne les altérations matérielles, les rendant compréhensibles en tant qu'expression d'un processus plus profond.

Cette partie de l'ouvrage ne propose ni raccourcis thérapeutiques ni simplifications suggestives. Au contraire, elle évolue avec prudence le long d’une frontière délicate : d’une part, elle montre les potentialités d’une vision systémique et informationnelle de l’ t de la santé ; d’autre part, elle en reconnaît les limites, en revendiquant la nécessité d’une rigueur scientifique et d’une intégration avec la médecine fondée sur les preuves. Le champ biologique n’est pas une explication magique, mais un niveau supplémentaire de compréhension.

Dans le parcours global de l’ouvrage, la quatrième partie représente un passage clé : elle traduit les fondements théoriques de la biologie des champs en une réflexion sur la vie concrète, le bien-être et la souffrance. C’est le point où la vie, comprise comme un phénomène de cohérence, montre ce qui se passe lorsque cette cohérence se maintient, se fissure ou se reconstruit. Et c’est aussi le point où la biologie se heurte inévitablement à une responsabilité plus large : comprendre la santé non seulement comme un fait individuel, mais comme l’expression de relations plus vastes, biologiques et écologiques, qui rendent la vie elle-même possible.

VIII. La santé comme cohérence,

Dans le langage courant, la santé est souvent décrite par la négation : se sentir bien signifie ne pas présenter de symptômes, ne pas montrer d'altérations, ne pas s'écarter des paramètres considérés comme normaux. Mais cette définition, apparemment rassurante, s'avère fragile dès lors que l'on observe la vie de près. Les organismes vivants ne sont jamais immobiles, ni parfaitement alignés sur une norme fixe. Ils changent continuellement, oscillent, compensent, anticipent. La santé ne peut donc pas coïncider avec la stabilité d'un état, mais avec la capacité de traverser le changement sans perdre sa cohérence.

Ce chapitre présente une vision de la santé cohérente avec l'idée centrale de la biologie des champs : l'organisme en tant que structure informationnelle stabilisée, capable de conserver son identité grâce à des flux continus d'énergie, de matière et d'information. Dans cette perspective, être en bonne santé signifie parvenir à intégrer les perturbations internes et externes dans un ordre dynamique, sans que le champ biologique ne perde sa capacité à coordonner l'ensemble.

Le concept d'équilibre est ici radicalement repensé. Il ne s'agit plus d'un équilibre statique, assimilable à un calme idéal, mais d'un équilibre dynamique, semblable à celui d'un système qui s'autorégule tout en étant en mouvement. Un organisme sain n'est pas celui qui ne change pas, mais celui qui change bien. La cohérence informationnelle n'élimine pas la variation, elle la rend vivable.

Au sein du parcours proposé par l'ouvrage, ce chapitre représente un tournant décisif : après avoir décrit la vie comme un phénomène de cohérence et de champ, il montre comment cette cohérence se manifeste concrètement dans l'expérience biologique de la santé. C'est le point où la théorie rencontre la physiologie, sans s'y réduire. La santé devient ainsi une propriété globale de l'organisme, et non la simple somme de fonctions correctes.

Une attention particulière est accordée à la résilience du champ biologique : la capacité d'adaptation, d'autoréparation, de réorganisation après une perturbation. Ici, la santé apparaît comme une intelligence distribuée, impossible à localiser dans un organe ou une molécule, mais reconnaissable dans la manière dont l'ensemble du système répond aux défis. Il s'agit d'une compétence émergente, plutôt que d'un état mesurable une fois pour toutes.

Enfin, ce chapitre ouvre la voie à des implications qui vont au-delà de la médecine individuelle. Si la santé est une cohérence de champ, alors elle dépend également du contexte : relationnel, environnemental, écologique. Sans tirer de conclusions pratiques prématurées, on entrevoit la nécessité d'une médecine plus systémique, capable de lire les signes de la santé non seulement dans des valeurs isolées, mais dans la qualité de l'organisation globale de l'être vivant.

Le chapitre VIII traduit le langage théorique de la cohérence et des champs biologiques en une clé d'interprétation applicable à l'un des concepts les plus délicats de la biologie et de la médecine. Préparant le terrain pour le chapitre suivant sur la maladie en tant que perte de cohérence, ce texte précise que la santé n'est pas le point zéro de la pathologie, mais un mode spécifique d'organisation du vivant.

En ce sens, ce chapitre ne propose pas une définition alternative de la santé, mais un changement de perspective : de la correction « » des erreurs à la compréhension des processus ; du contrôle des paramètres à la lecture de l'ordre global ; de la réparation des parties à la prise en charge des relations qui maintiennent l'ensemble.

La santé, c'est être en phase : l'orchestre invisible des rythmes biologiques.

Si la santé est cohérence, alors son véritable banc d'essai est le temps. Non pas le temps abstrait des montres, mais le temps biologique, pluriel et stratifié, qui traverse l'organisme comme un entrelacement de rythmes différents. Tout être vivant est, avant tout, une architecture temporelle : des cycles rapides et lents, des oscillations quotidiennes et saisonnières, des micro-variations qui se coordonnent sans avoir besoin d'un chef d'orchestre central. La santé se manifeste lorsque ces rythmes — métaboliques, endocriniens, neuronaux — parviennent à se synchroniser, en maintenant une relation stable tout en restant flexibles. La chronobiologie a montré que le corps humain fonctionne selon une organisation temporelle interne qui ne se limite pas à réagir à l'environnement, mais l'anticipe et l'interprète. Les recherches qui ont conduit, en 2017, à la reconnaissance du rôle des mécanismes moléculaires de l'horloge circadienne ont mis en évidence un point décisif : ce n'est pas seulement ce qui se passe dans le corps qui compte, mais quand cela se passe.

Un organisme en bonne santé n'est pas celui où chaque processus fonctionne de manière isolée, mais celui où les rythmes des processus dialoguent entre eux. C'est une cohérence temporelle qui permet à l'ensemble de rester lui-même tout en changeant, comme dans une partition musicale où différents thèmes entrent et sortent sans rompre l'unité du morceau. Dans cette perspective, le domaine biologique apparaît également comme un champ de synchronisation, capable d'intégrer différents rythmes dans un ordre dynamique. La santé ne coïncide donc pas avec une régularité rigide, mais avec une ponctualité intelligente : la capacité de l'organisme à être au bon moment , à accorder ses rythmes internes avec ceux du monde sans perdre son identité.

De l'organisme à l'écosystème : une même grammaire de la cohérence.

Une comparaison entre les systèmes biologiques et les écosystèmes aide à mettre en lumière, presque par réflexe, ce que nous entendons réellement lorsque nous parlons de santé en termes de cohérence. Un organisme vivant et un écosystème naturel fonctionnent à des échelles différentes, mais semblent obéir à des principes d'organisation étonnamment similaires. Dans les deux cas, ce qui compte, ce n'est pas l'efficacité parfaite de chaque élément pris isolément, mais la qualité des relations qui maintiennent l'ensemble. Une forêt mature, étudiée par les écologistes depuis les années 1970, n'est pas « saine » parce que chaque espèce y prospère au maximum, mais parce que le système dans son ensemble parvient à absorber les perturbations — un incendie, une sécheresse, l'arrivée d'une espèce envahissante — sans perdre son identité fonctionnelle. De la même manière, un organisme humain en bonne santé n'est pas celui qui est dépourvu de fluctuations ou d'asymétries, mais celui qui est capable d'intégrer des variations locales dans un ordre global.

Cette analogie n'est pas seulement suggestive. Gregory Bateson, en observant les systèmes vivants et les systèmes écologiques, parlait d'une « écologie de l'esprit », soulignant que la stabilité émerge toujours de circuits de rétroaction et non d'un contrôle linéaire. Dans un écosystème, une simplification excessive — la réduction drastique de la biodiversité — le rend fragile ; dans un organisme, une rigidité fonctionnelle analogue compromet la capacité d'adaptation. Dans les deux cas, la santé coïncide avec une cohérence distribuée, et non avec l'optimisation d'une fonction unique.

La notion de « champ biologique » permet de saisir cette parenté sans forcer l'analogie. Tout comme un écosystème non « » ne se réduit pas à la somme de ses espèces, un organisme ne s'explique pas comme un simple agrégat d'organes ou de réactions. Dans les deux cas, un ordre informationnel agit, orientant les processus locaux tout en conservant une forme reconnaissable au fil du temps. C'est pourquoi, en observant certains milieux naturels — une lagune, un récif corallien, une prairie stable —, de nombreux biologistes ont parlé de « systèmes en bonne santé » en utilisant un langage étonnamment proche de celui de la physiologie. Non pas parce que l'écosystème est un organisme au sens strict, mais parce qu'il partage avec l'être vivant individuel la logique de la cohérence dynamique.

Cette remarque vise à suggérer une continuité des principes : la santé individuelle et la santé environnementale ne sont pas la même chose, mais semblent émerger d'une même grammaire du vivant, dans laquelle l'équilibre n'est jamais une fixité et l'ordre n'est jamais imposé d'en haut.

Soigner, ce n'est pas réparer : le lexique vivant de la santé.

Dans le langage courant, « soigner » signifie souvent intervenir pour éliminer un problème. On soigne une blessure, on soigne une maladie, comme si le corps était une machine défectueuse et que la santé coïncidait avec la suppression du défaut. Et pourtant, si l'on observe attentivement le vocabulaire du soin — celui qui traverse la médecine, l'écologie, voire l'éthique —, une signification plus profonde et moins technique se dégage : soigner, c'est prendre en charge une relation dans le temps. Il ne s'agit pas d'une action ponctuelle, mais d'une pratique continue d'attention, d'écoute et d'ajustement. Dans cette perspective, la biologie des champs offre une clé d'interprétation puissante : la santé ne concerne pas l'élimination d'éléments indésirables, mais la préservation de la cohérence relationnelle qui maintient la cohésion d'un système vivant.

Un parallèle éclairant nous vient du monde de la conservation de l'environnement. Lorsque, dans les années 1990, les grands projets de renaturalisation du delta du Rhin aux Pays-Bas ont débuté, les écologistes ont pris conscience que « soigner » le fleuve ne signifiait plus l'endiguer rigoureusement ni le contraindre à suivre un tracé idéal, mais lui redonner de l'espace, permettre à ses dynamiques de s'exprimer sans perdre son équilibre. L'entretien du paysage est ainsi devenu un travail d'accompagnement, et non plus de contrôle. Il en va de même pour le corps : les soins, au sens profond du terme, n'imposent pas un ordre venant de l'extérieur, mais créent les conditions permettant à l'organisme de rétablir sa propre cohérence informationnelle.

Ce n'est pas un hasard si cette idée refait surface dans différents domaines. La philosophe Joan Tronto, dans les années 1980, définissait les soins comme une activité qui englobe « *tout ce que nous faisons pour entretenir, perpétuer et réparer notre monde* ». Un monde qui englobe les corps, les environnements, les relations. Appliquée à la santé, cette définition change la donne : il ne s'agit pas de lutter contre le corps, mais de collaborer avec son intelligence systémique. Certains médecins généralistes racontent — souvent en marge des congrès officiels — que les parcours de soins les plus efficaces commencent lorsqu'on cesse de se focaliser sur un paramètre isolé et qu'on commence à observer comment le patient vit, travaille, dort, respire. Ce n'est pas du romantisme : c'est une reconnaissance implicite du fait que la santé émerge d'un réseau de relations cohérentes.

Le langage agricole traditionnel conserve lui aussi des traces de cette vision. Dans de nombreuses régions des Apennins, on parle encore de « soigner la terre » pour désigner la rotation des cultures, l'entretien des murs en pierres sèches, le soin apporté aux sources. On ne « répare » pas un sol : on l'accompagne, saison après saison. Transposée sur le plan biologique, cette métaphore devient étonnamment précise. Le champ biologique de l'organisme ne nécessite pas d'interventions radicales ponctuelles, mais une attention constante, de petits ajustements qui maintiennent les relations fonctionnelles entre les différentes parties.

En ce sens, la santé en tant que cohérence est aussi une question de langage. Parler de soins comme d'entretien des relations change notre façon de concevoir le corps et l' t notre rapport à celui-ci. Ce n'est plus un territoire à conquérir ou à corriger, mais un environnement vivant à habiter en pleine conscience. C'est un changement de paradigme silencieux, mais décisif, qui rapproche la médecine de la sagesse écologique sans confondre les niveaux : ce qui les unit, ce n'est pas l'objet, mais le principe d'organisation. La santé, à l'instar d'un écosystème bien entretenu, ne s'impose pas. Elle se cultive.

La santé n'est pas statique : c'est l'art biologique de rester soi-même tout en changeant.

Pendant longtemps, tant en médecine que dans le sens commun, la santé a été imaginée comme un état de quiétude : des paramètres dans la norme, des valeurs stables, des fonctions régulières. Un idéal rassurant, presque géométrique. Mais la biologie contemporaine — et plus encore la perspective de la biologie des champs — suggère une vérité moins confortable et plus fascinante : un organisme sain n'est pas celui qui ne change pas, mais celui qui change sans perdre sa cohérence. La santé, en somme, ressemble davantage à une oscillation bien régulée qu'à une ligne plate.

Un exemple classique, souvent cité dans les cours de physiologie mais rarement approfondi, concerne le rythme cardiaque. Dans les années 1980, certains cardiologues américains ont remarqué qu'un cœur parfaitement régulier — comme un métronome — est souvent un signe de risque, et non de bonne santé. Un cœur sain présente une variabilité continue, des micro-irrégularités qui indiquent la capacité du système à s'adapter à chaque instant aux demandes de l'organisme. L'immobilité rythmique est, paradoxalement, une forme de rigidité. En ce sens, la santé ne coïncide pas avec l'absence de fluctuations, mais avec leur intégration dans un ordre dynamique.

Cette idée trouve un écho surprenant même en dehors de la médecine. Le biologiste évolutionniste Stephen Jay Gould racontait, dans un essai des années 1990, que les espèces les plus longévives ne sont pas celles qui sont les plus spécialisées, mais celles qui sont capables de tolérer des variations, d'habiter un large éventail de conditions sans s'effondrer. Il en va de même pour l'organisme individuel : l'équilibre statique — celui qui tente de préserver à tout prix un état idéal — est fragile ; l'équilibre dynamique, en revanche, est une forme d'intelligence du système.

Du point de vue de la biologie des champs, cette distinction revêt une signification encore plus radicale. Si l'organisme est une structure informationnelle stabilisée, sa santé ne peut consister en un gel de l'information, mais en la capacité du champ biologique à se réorganiser tout en conservant une forme reconnaissable. À l'instar d'un musicien de jazz qui improvise sans perdre la tonalité, le corps en bonne santé modifie en permanence ses configurations internes sans perdre le sens de l'ensemble. Ce n'est pas un hasard si le musicologue Leonard Meyer parlait d'équilibre dynamique également à propos de la musique : la tension et la résolution ne sont pas des accidents, mais les conditions de l'harmonie.

L'histoire des sciences offre elle aussi des pistes éclairantes. Walter Cannon, le physiologiste qui a introduit le concept d'homéostasie dans les années 1930, concevait déjà l'équilibre comme un processus actif, et non comme un état passif. Avec le temps, cependant, son intuition a été simplifiée, transformant l'homéostasie en une sorte d'idéal statique. La biologie des champs reprend et radicalise cette intuition originelle : l'équilibre est un verbe, pas un nom. C'est quelque chose que l'organisme fait, pas quelque chose qu'il possède.

Dans cette optique, la santé apparaît comme une forme de mouvement réussi dans le temps. Non pas l'absence de crises, mais la capacité à les traverser. Non pas l'immobilité, mais la continuité du sens à travers le changement. Un organisme sain n'est pas celui qui reste identique à lui-même, mais celui qui parvient à rester lui-même tout en changeant.

Résilience du champ. Adaptation et auto-réparation.

Si l'équilibre biologique n'est pas l'immobilité, alors la résilience n'est pas une simple résistance. Dans la perspective de la biologie des champs, la résilience apparaît plutôt comme la capacité d'un organisme à traverser une perturbation sans perdre sa forme informative, en se réorganisant de l'intérieur. Ce n'est pas une défense passive, mais un processus actif, créatif, qui implique la mémoire, la flexibilité et une économie de moyens surprenante.

Un exemple emblématique — souvent cité dans les laboratoires de biologie cellulaire mais rarement évoqué auprès du grand public — concerne les tissus épithéliaux. Lorsqu'une blessure rompt la continuité d'un tissu, les cellules ne se contentent pas de proliférer au hasard. Des études menées depuis les années 2000, notamment celles du groupe de Pazhuh Benoît Ladoux à Paris, ont montré que les cellules « ressentent » le vide, modifient leur géométrie, rééquilibrent les tensions mécaniques et reconstruisent la forme avant même la fonction. Comme si le champ informationnel de l'organisme contenait déjà une carte implicite de ce qui doit être restauré.

Ce phénomène d'autoréparation ne se limite pas à l'échelle microscopique. Après l'incendie qui a ravagé une partie du parc national de Yellowstone en 1988, de nombreux observateurs ont parlé d'une catastrophe irréversible. Pourtant, au cours des années suivantes, les écologistes ont remarqué que le système ne « revenait pas en arrière », mais qu'il se réorganisait : de nouvelles successions végétales, des équilibres différents, une biodiversité qui, dans certains cas, avait même augmenté. La résilience, ici, ne coïncidait pas avec le rétablissement de l'état antérieur, mais avec la capacité du système à conserver son identité tout en traversant l' e transformation. Le même principe, à une autre échelle, s'applique à l'organisme vivant.

Du point de vue de la biologie, l'adaptation n'est pas une réponse locale à un stimulus local. C'est une réponse globale à une perturbation qui est « lue » par le système dans son ensemble. Le neuroscientifique Kurt Goldstein, en observant des soldats atteints de lésions cérébrales pendant la Première Guerre mondiale, a remarqué que la récupération fonctionnelle ne dépendait pas seulement de la zone endommagée, mais de la capacité de l'organisme tout entier à réorganiser son comportement. Il ne s'agissait pas de retrouver ce qui avait été perdu, mais de trouver une nouvelle manière cohérente d'être au monde. Une leçon qui trouve aujourd'hui un écho puissant dans la biologie des champs.

La résilience, en ce sens, implique une forme de mémoire qui n'est pas une archive, mais une trace opérationnelle. Le corps se souvient non seulement de ce qui s'est passé, mais aussi de la manière dont il y a réagi. Certains immunologistes parlent d'« empreinte » fonctionnelle : chaque infection, chaque traumatisme laisse une modulation dans le champ biologique qui peut renforcer ou affaiblir la capacité future d'adaptation.

Parler de résilience du champ, c'est déplacer l'attention du préjudice vers la compétence de l'être vivant. L'organisme n'est pas fragile parce qu'il est exposé à des perturbations ; il n'est fragile que lorsqu'il perd sa capacité à se réorganiser. La santé, sous cet angle, apparaît comme une propriété émergente : non pas l'absence de blessures, mais la possibilité de les traverser sans se dissoudre.

Ce dont la vie se souvient : mémoire, identité et continuité biologique.

Tout organisme vivant est une archive. Mais pas au sens poussiéreux d'une bibliothèque immobile : plutôt comme une mémoire vivante, qui sélectionne, réélabore et utilise le passé pour rester cohérent dans le présent. Dans le chapitre consacré à la santé en tant que cohérence, le thème de la mémoire biologique devient central car il n'y a pas de continuité sans souvenir, et il n'y a pas de santé sans une mémoire capable d'orienter l'adaptation.

La forme de mémoire la plus connue est la mémoire génétique. L'ADN, avec son langage à quatre lettres, est souvent présenté comme le grand livre de la vie. Il l'est en partie : il conserve des instructions anciennes, sédimentées au fil de millions d'années. Lorsque, en 1953, Watson et Crick annoncèrent à Cambridge la structure en double hélice, Francis Crick eut l'audace célèbre de déclarer qu'ils avaient « découvert le secret de la vie ». Avec le temps, nous avons compris qu'il s'agissait d'un secret important, mais insuffisant. Le génome n'est pas une partition que l'on interprète toujours de la même manière, mais une partition ouverte, qui nécessite des interprètes, un contexte et une mémoire.

C'est là qu'intervient la mémoire épigénétique. À partir des années 1990, des études menées en Suède, dans la région d'Överkalix, ont montré que les périodes de famine ou d'abondance alimentaire vécues par les grands-parents pouvaient influencer la santé de leurs petits-enfants. Ce n'était pas la séquence de l'ADN qui changeait, mais la manière dont certains gènes étaient activés ou désactivés. En d'autres termes, l'organisme se souvenait d'événements qu'il n'avait pas vécus directement, en les traduisant par une régulation de l'expression génétique. La mémoire épigénétique ne conserve pas de contenus symboliques, mais des traces opérationnelles : des instructions sur la manière d'exister au monde en fonction de ce qui s'est déjà produit. Pourtant, même cette mémoire n'épuise pas le tableau. Il existe une troisième dimension, plus subtile et controversée, que la biologie des champs propose d'appeler « mémoire de champ ». Elle n'est pas inscrite dans une molécule spécifique, ni ne se réduit à un mécanisme local. Il s'agit d'une continuité informationnelle qui concerne la forme globale de l'organisme, la manière dont les parties se coordonnent dans le temps. Un exemple frappant provient des études sur la régénération : lorsqu'un planaire est sectionné, chaque fragment peut régénérer un organisme complet. Mais ce qui surprend, ce n'est pas seulement la repousse des tissus, mais la reconstruction correcte de la forme. Comment le système « sait-il » où se trouvent la tête et la queue ? Les généticiens apportent une partie de la réponse, mais pas toute. Quelque chose semble conserver la mémoire de l'ensemble. Dans les années 1970, le biologiste Rupert Sheldrake — figure controversée mais culturellement influente — a évoqué les « champs morphiques » comme porteurs de mémoire. Au-delà des interprétations les plus spéculatives, l'idée que la forme possède sa propre inertie informationnelle fait aujourd'hui l'objet de recherches plus rigoureuses, par exemple dans les études sur les gradients bioélectriques menées par Michael Levin à l'université Tufts. Ici, la mémoire n'est pas un dépôt, mais une condition de possibilité : ce qui permet au système de redevenir reconnaissable après une perturbation.

Un médecin généraliste lyonnais racontait que certains patients, après des interventions chirurgicales techniquement réussies, continuaient à « se sentir mal » pendant des mois, comme si leur corps avait besoin de temps pour actualiser son image interne. À l'inverse, d'autres, présentant des lésions plus graves, retrouvaient rapidement un sentiment d'unité. Des expériences cliniques difficiles à quantifier, mais qui suggèrent que la santé dépend aussi de la continuité du champ de sens corporel, et pas seulement de la réparation des éléments. Distinguer la mémoire génétique, épigénétique et de champ ne signifie pas multiplier les entités abstraites, mais reconnaître différents niveaux de conservation de l'information. La génétique conserve le possible, l'épigénétique le probable, la mémoire de champ le reconnaissable. C'est cette dernière qui permet à l'organisme de dire, pour ainsi dire : « c'est toujours moi », même après le changement. Dans cette perspective, la santé apparaît comme une fidélité dynamique à une forme d'identité qui n'est jamais identique à elle-même.

Il y a là un curieux parallèle culturel. L'écrivain W.G. Sebald observait que la mémoire n'est jamais une reproduction fidèle du passé, mais une construction au service du présent. Il en va de même pour le vivant : il ne se souvient que de ce dont il a besoin pour continuer à vivre. La mémoire biologique n'est pas de la nostalgie, c'est une orientation. Et c'est peut-être là que la biologie des champs trouve l'un de ses aspects les plus féconds : en montrant que la vie ne persiste pas parce qu'elle résiste au temps, mais parce qu'elle sait se souvenir de manière créative.

Implications médicales et écologiques.

Si la santé est cohérence, comme le suggère la biologie des champs, alors la médecine ne peut plus se limiter à réparer des éléments isolés. Elle doit s'interroger sur les relations qui maintiennent le vivant, à l'intérieur et à l'extérieur du corps. Ce tournant n'est pas une utopie théorique : il est déjà en marche, souvent de manière fragmentaire, parfois inconsciemment, mais avec des conséquences concrètes tant en clinique que dans la relation entre l'homme et l'environnement.

En médecine, l'idée de système s'est imposée en silence. Un cardiologue de Stockholm racontait comment certains patients souffrant d'insuffisance cardiaque voyaient leur état s'améliorer davantage grâce à un changement de leur cadre de vie — rythmes, relations, qualité du sommeil — que grâce à un énième ajustement pharmacologique. Il ne s'agissait pas de nier l'utilité des médicaments, mais de reconnaître que le cœur ne « bat pas tout seul » : il répond à un champ de signaux nerveux, hormonaux, émotionnels et environnementaux. Soigner l'organe sans s'interroger sur ce champ revient, pour reprendre une métaphore chère aux cliniciens anglo-saxons, à accorder un violon en ignorant l'orchestre.

Ces dernières années, des disciplines telles que la psychoneuroimmunologie ont démontré, à l'aide de données solides, ce que l'expérience clinique pressentait depuis longtemps : l'état immunitaire varie en fonction de la qualité des relations sociales, du stress perçu, voire du sentiment de contrôle sur sa propre vie. Les études de Sheldon Cohen à l'université Carnegie Mellon, dès les années 1990, ont démontré que la probabilité de tomber malade après une exposition à un virus respiratoire était plus élevée chez les personnes socialement isolées. Le virus était le même, mais le contexte biologique qui l'accueillait ne l'était pas.

Cette vision a également des implications radicales pour la prévention. Une médecine systémique ne se contente pas de demander « quel facteur de risque éliminer ? », mais « quelle cohérence soutenir ? ». Il s'agit d'un changement de questionnement qui déplace l'attention de la guerre contre l'ennemi vers le maintien des relations vitales. Dans certains hôpitaux japonais, par exemple, les programmes de rééducation destinés aux personnes âgées intègrent des activités communautaires et le contact avec des espaces verts, sur la base de données qui établissent un lien entre la qualité de l'environnement et la régulation neurovégétative. Il ne s'agit pas de folklore oriental : c'est la physiologie du champ.

Le même raisonnement s'étend naturellement à l'écologie. Si l'organisme est un système cohérent, l'écosystème l'est également. La santé humaine ne peut être dissociée de la santé des contextes dans lesquels nous vivons. L'épidémiologie environnementale nous le rappelle avec des données de plus en plus difficiles à ignorer : l'augmentation des maladies respiratoires dans la plaine du Pô, documentée par l'OMS dès 2019, n'est pas seulement une question de poumons individuels, mais de contextes environnementaux chroniquement déséquilibrés. L'air, le sol, le bruit, la densité urbaine : tout contribue à moduler la cohérence biologique.

Un épisode emblématique remonte à la crise de l'eau à Flint, dans le Michigan, qui a débuté en 2014. L'exposition au plomb n'a pas seulement affecté les organismes individuels, mais a provoqué une fracture systémique : biologique, sociale, cognitive. Les lésions neurologiques chez les enfants ont été aggravées par le stress, la pauvreté et la méfiance envers les institutions. C'est un exemple dramatique de la manière dont la perte de cohérence d'un champ — en l'occurrence socio-environnemental — se traduit par une pathologie généralisée.

Aucune thérapie individuelle ne peut compenser un champ dégradé.

S'orienter vers une médecine systémique signifie donc également repenser la responsabilité du médecin. Il n'est plus seulement un technicien de la réparation, mais le gardien des connexions. Certains programmes de médecine familiale au Canada et aux Pays-Bas vont dans cette direction, en intégrant des compétences cliniques à des connaissances environnementales et soci s. Le médecin redevient, dans un sens presque hippocratique, un observateur du bios, et pas seulement du symptôme.

Il y a enfin une dimension culturelle profonde. Une médecine fondée sur les champs ne peut promettre ni un contrôle total ni une guérison automatique. Elle offre cependant quelque chose de peut-être plus réaliste : la possibilité de réduire les dissonances qui, s'additionnant, poussent le système vers la maladie. Comme l'écrivait Ivan Illich dans « *Némésis* médicale » (1975), le risque ne réside pas dans la technique en soi, mais dans la perte de proportion. La médecine systémique tente de rétablir cette proportion, en reconnaissant que la santé naît de l'harmonie entre les différents niveaux du vivant.

Une seule santé, plusieurs êtres vivants : quand le champ biologique transcende les espèces.

Il y a une image qui revient souvent dans les récits de ceux qui travaillent sur le terrain, loin des laboratoires rutilants : un vétérinaire rural qui détecte une épidémie imminente en observant d'abord le comportement des animaux plutôt que les symptômes cliniques chez l'homme. C'était déjà le cas au début du XXe siècle, lorsque le médecin allemand Rudolf Virchow — plus connu pour ses travaux en pathologie cellulaire — affirmait qu'« *il ne devrait pas y avoir de frontières entre la médecine humaine et la médecine vétérinaire* ». Ce n'était pas une métaphore : c'était une intuition systémique avant l'heure.

Aujourd'hui, cette intuition porte un nom précis : *One Health*. Ce n'est pas un slogan, mais un cadre conceptuel qui reconnaît que la santé humaine, la santé animale et celle des écosystèmes sont différentes manifestations d'un même champ biologique étendu, traversé par des flux d'informations, des agents pathogènes, des substances chimiques, des pratiques agricoles et des choix culturels. Dans cette perspective, la maladie n'est plus seulement un événement individuel, mais un signal émergeant d'un réseau de relations interspécifiques.

L'exemple le plus connu — et souvent cité uniquement dans un contexte d'urgence — est celui des zoonoses. Mais réduire One Health à la question des « sauts d'espèce » serait réducteur. Lorsque, en 2006, l'épidémie de grippe aviaire H5N1 a alerté l'OMS et la FAO, le problème ne résidait pas seulement dans le virus, mais dans l'ensemble du dispositif des systèmes d'élevage intensif : densité animale, homogénéité génétique, stress chronique. L'agent pathogène trouvait un terrain favorable, amplifié par des choix économiques et environnementaux, avant même d'être d'ordre biologique.

En ce sens, l'approche « One Health » est en profonde résonance avec la biologie des écosystèmes : la santé émerge là où les relations sont durables. Un biologiste de la conservation travaillant dans le parc du Serengeti racontait comment la disparition de certaines espèces de vautours — due à l'utilisation vétérinaire du *diclofénac* — avait entraîné une augmentation du nombre de chiens errants et, par conséquent, des cas de rage chez l'homme dans certaines régions de l'Inde au début des années 2000. Un événement apparemment « faunistique » avait bouleversé l'ensemble du secteur sanitaire. Une fois de plus, la santé n'appartenait pas à une seule espèce.

D'un point de vue médical, cela implique un changement d'échelle et de responsabilité. Il ne s'agit pas de demander au clinicien de devenir écologiste, mais de reconnaître que chaque acte de santé a des répercussions au-delà du corps du patient.

L'utilisation massive d'antibiotiques en élevage — documentée *par* l'Agence *européenne des médicaments* dans son rapport de 2014 — a contribué de manière significative à la résistance aux antibiotiques, aujourd'hui considérée comme l'une des principales menaces mondiales pour la santé. Ici, le domaine biologique est littéralement partagé : les bactéries ne font pas la distinction entre une salle d'hôpital et un élevage industriel.

One Health introduit également une nouvelle grammaire éthique. En 2021, à Marseille, lors d'un colloque international sur l'écologie de la santé, un épidémiologiste français a fait remarquer que « *protéger une forêt peut être un acte de prévention sanitaire plus efficace que de nombreuses campagnes pharmacologiques* ». Ce n'était pas une provocation, mais un constat : la destruction des habitats accroît les contacts forcés entre les espèces, altère les réservoirs naturels et l s des agents pathogènes et déstabilise des systèmes écologiques qui, pendant des siècles, avaient fonctionné comme des tampons biologiques.

Cette vision se reflète également dans les politiques publiques les plus avancées. Dans les pays nordiques, certains programmes d'aménagement du territoire intègrent des indicateurs de santé humaine, de biodiversité et de bien-être animal dans un même modèle décisionnel. Ce n'est pas du romantisme vert : c'est de la biologie appliquée à grande échelle. Si la santé est une question de cohérence, alors elle doit être cultivée là où elle naît : dans les relations entre les êtres vivants.

En définitive, « One Health » représente peut-être l'expression la plus concrète de la biologie des champs dans le monde contemporain. Elle nous rappelle que nous ne sommes pas des îlots biologiques, mais des nœuds temporaires d'un tissu plus vaste. Soigner l'homme sans soigner l'environnement et les animaux revient à intervenir sur un fragment en ignorant la structure qui le soutient. Et toute structure informationnelle, lorsqu'elle est brisée, finit tôt ou tard par présenter la facture.

Les gardiens invisibles du champ : quand la santé s'adresse d'abord aux bergers.

Dans le lexique de la biologie des champs, habitué à parler d'information, de cohérence et de résonance, il existe une figure qui figure rarement dans les manuels mais qui revient avec obstination dans la réalité : l'observateur incarné. C'est le berger qui connaît son troupeau un par un, l'agriculteur qui reconnaît un sol « fatigué » à la façon dont il retient l'eau, l'aîné d'une communauté autochtone qui perçoit un changement dans la forêt avant même qu'il ne soit mesurable. Ce ne sont pas des métaphores poétiques : ce sont des capteurs biologiques à haute résolution, formés au fil du temps par une relation continue avec le champ vivant.

En 1972, lors d'une grave sécheresse au Sahel, des anthropologues ont remarqué que les éleveurs avaient commencé à déplacer leurs troupeaux plusieurs semaines avant que les indicateurs météorologiques officiels ne signalent l'anomalie. Ils ne se fiaient pas à des prévisions, mais à des détails infimes : la qualité des pâturages, le comportement des insectes, la façon dont le bétail se disposait pendant la nuit. C'était comme s'ils lisaient une grammaire subtile du milieu, faite de micro-variations qui échappent au regard instrumental.

Ce type de savoir n'est pas « alternatif » à la science : il est pré-analytique, au sens le plus noble du terme. Il naît d'une immersion prolongée dans un système vivant et d'une mémoire collective qui intègre des générations d'observations. Gregory Bateson, qui n'était certainement pas un nostalgique du passé, rappelait que l'information la plus importante dans un système est souvent celle qui n'est pas codée en chiffres. Les communautés locales vivent précisément dans cet espace : là où l'information est encore une forme vécue.

Un exemple emblématique nous vient des Andes péruviennes. Dans les années 1990, certains paysans quechuas ont signalé une augmentation anormale des parasites dans les cultures de pommes de terre en haute altitude, traditionnellement protégées par le froid. Les agronomes parlaient de cas isolés ; eux, parlaient de « montagnes qui ne dorment plus ». Ce n'est que des années plus tard que les données ont confirmé la hausse des températures nocturnes. Une fois de plus, le déséquilibre de la campagne avait d'abord été perçu dans les corps, les gestes, le langage symbolique.

En Europe, un épisode moins connu mais significatif concerne la propagation de *la fièvre catarrhale ovine* en Sardaigne (maladie virale des ovins transmise par les insectes Culicoides) au début des années 2000. Certains éleveurs avaient remarqué des changements dans le comportement des ovins et la présence d'insectes vecteurs bien avant que l'épidémie ne soit officiellement reconnue. Les premiers signalements ont été sous-estimés car ils ne correspondaient pas aux protocoles standard. Pourtant, ils décrivaient avec précision une perte de cohérence du champ agro-pastoral, et non pas seulement un problème vétérinaire.

Ce qui unit ces expériences, c'est la qualité de la relation. Le savoir traditionnel ne sépare pas l'observateur de l'observé : la connaissance, c'est la participation. En termes de biologie des champs, on pourrait dire que ces communautés fonctionnent comme des systèmes de rétroaction à faible latence, capables de capter les fluctuations avant qu'elles ne se transforment en bruit pathologique. Non pas parce qu'elles disposent de meilleurs outils, mais parce qu'elles font partie intégrante du système qu'elles observent.

Cela soulève une question cruciale pour la santé entendue comme cohérence : ignorer ces connaissances revient à perdre une partie de l'information disponible dans le champ. Ce n'est pas un hasard si, ces dernières années, certains programmes de santé environnementale et agricole ont commencé à intégrer des observations locales aux données satellitaires. En Alaska, par exemple, des chercheurs et des communautés inuites collaborent depuis 2008 pour surveiller les changements de la banquise, en combinant des images radar et des récits oraux. Les résultats montrent que les divergences entre ces deux niveaux constituent souvent le premier signe de déséquilibre.

Reconnaître la valeur de ces savoirs ne signifie ni les idéaliser ni les figer dans un folklore romantique. Cela signifie comprendre que la santé, lorsqu'elle est véritablement systémique, a besoin de multiples canaux sensoriels. La biologie des champs nous invite à concevoir l'organisme — et par extension la communauté — comme une structure informationnelle stabilisée. Les savoirs traditionnels constituent l'une des formes historiques les plus sophistiquées de cette stabilisation : fragiles, certes, mais extraordinairement sensibles.

À une époque dominée par les modèles prédictifs et l'intelligence artificielle, le risque ne réside pas tant dans la technologie que dans la perte de l'écoute. Si la santé est la capacité à rétablir la cohérence, alors les premiers signes de déséquilibre doivent être recherchés là où le langage est moins technique mais plus proche de la vie. Parfois, le diagnostic le plus précoce vient de ceux qui ne parlent pas des champs biologiques, mais qui les habitent.

Métropoles vivantes : quand l'espace construit pénètre dans le corps.

Il y a un moment, souvent imperceptible, où une ville cesse d'être un simple décor pour devenir un agent biologique. Cela se produit lorsque le trafic nocturne s'immisce dans le sommeil, lorsque l'absence d'arbres amplifie la chaleur jusqu'à l'épuisement, lorsque le bruit constant redessine, sans nous demander la permission, les rythmes du système nerveux. Dans une perspective de biologie des champs, la ville n'est plus un simple réceptacle de vies humaines, mais un champ biologique complexe, capable de moduler — de manière harmonieuse ou dissonante — la cohérence des organismes qui l'habitent.

Dès les années 1960, l'urbaniste Kevin Lynch avait remarqué que la forme de la ville influençait la « lisibilité » mentale des espaces. Nous savons aujourd'hui que cette lisibilité n'est pas seulement cognitive, mais aussi physiologique. Les quartiers chaotiques, dépourvus de repères visuels et d'espaces de détente, génèrent un flux d'informations continu que le corps peine à assimiler. Ce n'est pas un hasard si, depuis les années 2000, certaines études épidémiologiques ont mis en évidence une incidence plus élevée de troubles anxieux et cardiovasculaires dans les zones urbaines à forte densité et à faible qualité environnementale. En d'autres termes, la ville s'immisce dans la sphère biologique de l'individu.

Le bruit est peut-être l'exemple le plus évident de cette interférence. En 2011, l'Agence européenne pour l'environnement estimait que le bruit urbain était responsable de dizaines de milliers de cas annuels d'hypertension et de troubles du sommeil. Mais ce qui frappe, d'un point de vue systémique, ce n'est pas seulement le préjudice spécifique, mais la perte de cohérence : le corps ne trouve plus de répit, ne reconnaît plus le silence. Le philosophe allemand Peter Sloterdijk a parlé d'« atmosphères sonores » comme d'enveloppes invisibles qui façonnent l'expérience humaine. Dans une ville hyperbruyante, cette enveloppe devient constamment abrasive.

À l'opposé, les espaces verts agissent comme des stabilisateurs de l'environnement. Non seulement parce qu'ils améliorent la qualité de l'air ou atténuent les îlots de chaleur, mais aussi parce qu'ils introduisent des rythmes biologiques non artificiels. En 1984, le chercheur Roger Ulrich a observé que les patients hospitalisés ayant vue sur des arbres guérissaient plus rapidement que ceux qui donnaient sur un mur d' . Depuis lors, des études ultérieures ont confirmé que la présence de verdure urbaine réduit les niveaux de cortisol et améliore la régulation émotionnelle. C'est comme si le milieu végétal offrait à l'organisme humain un souvenir de cohérence, un rappel de schémas vitaux plus anciens.

Certaines villes ont commencé à prendre ces constatations au sérieux. À Copenhague, dès les années 1990, l'urbanisme a intégré des corridors verts continus, conçus non pas comme une décoration mais comme une infrastructure biologique. À Milan, après l'été caniculaire de 2003, la question de la verdure est revenue au cœur du débat sanitaire avant même d'être abordée sous l'angle esthétique. Les résultats n'ont pas toujours été homogènes, mais une nouvelle prise de conscience s'est imposée : l'urbanisme est une forme de médecine préventive.

Sous cet angle, la ville apparaît elle-même comme un organisme : traversée par des flux, dotée de rythmes, capable de soutenir ou d'éroder la cohérence biologique de ses habitants. Il n'est pas surprenant que Lewis Mumford, dès 1938, ait défini la ville comme « *un fait biologique avant d'être économique* ». Aujourd'hui, cette intuition trouve de nouveaux fondements scientifiques. Réfléchir à la santé urbaine, c'est donc s'interroger non seulement sur les hôpitaux et les cabinets médicaux, mais aussi sur les rues, les sons, les arbres, les distances, et sur la manière dont tout cela influence le corps, jour après jour.

IX. La maladie comme perte de cohérence.

Après avoir défini la santé comme la capacité à maintenir et à régénérer la cohérence de son propre champ biologique, ce chapitre opère un passage nécessaire et délicat : porter le regard sur la maladie, non pas comme une simple défaillance localisée, mais comme un processus de désorganisation progressive. La question fondamentale n'est pas « où quelque chose s'est-il cassé ? », mais « quand et comment le champ a-t-il cessé de maintenir ses parties ensemble ? ».

Dans le cadre de la biologie des champs, la maladie ne coïncide pas immédiatement avec une altération moléculaire observable. Ces altérations, souvent décisives pour le diagnostic, surviennent plus tard. Il y a d'abord une perte d'alignement informationnel : des signaux qui ne sont plus intégrés, des rythmes qui ne se synchronisent plus, des fonctions qui agissent en solistes, incapables d'écouter l'orchestre. Le langage de la pathologie, tel que le connaît la médecine classique, décrit les résultats. Ce chapitre tente d'interroger la genèse dynamique de ces résultats.

C'est là que la notion de désalignement informationnel prend toute son importance. Un organisme sain tolère les fluctuations, les erreurs locales, voire les dommages temporaires, car l'ensemble parvient à se réorganiser. Lorsque cette capacité diminue, les parties continuent de fonctionner, mais plus ensemble. La maladie apparaît alors comme une perte de coordination, avant d'être un défaut structurel. Dans cette perspective, la pathologie n'est pas un événement ponctuel, mais une trajectoire : quelque chose qui se produit dans le temps, souvent bien avant d'être nommé.

C'est pourquoi ce chapitre insiste sur l'idée de la maladie en tant que processus. Un processus qui peut s'accélérer ou ralentir, se stabiliser ou dégénérer, selon la résilience résiduelle du champ. Cette vision ne nie pas l'importance de la clinique, ni celle des explications biochimiques ; elle les replace plutôt dans un cadre plus large, où la donnée moléculaire devient une photographie tardive d'une histoire qui a commencé ailleurs. C'est une perspective qui exige une rigueur conceptuelle, car le risque de dérives simplificatrices est réel : parler de « champ » n'autorise ni raccourcis thérapeutiques ni explications vagues.

L'objectif de ce chapitre, dans le contexte général de l'ouvrage, est précisément celui-ci : montrer la continuité logique entre la santé et la maladie, en évitant de les traiter comme des états opposés et distincts. Si la santé est une cohérence dynamique, la maladie est une cohérence qui se rétrécit, se rigidifie ou se fragmente. Comprendre ce passage est essentiel pour préparer le terrain aux chapitres suivants, dans lesquels la vie sera interprétée comme un processus cognitif et comme un événement porteur de sens, même dans ses moments de crise.

Certaines voix de l'histoire de la pensée médicale et scientifique aident à orienter cette lecture, sans qu'il soit nécessaire de recourir à des interprétations forcées. Georges Canguilhem, philosophe et médecin, écrivait en 1943 : « *La maladie n'est pas une variation quantitative de la normale, mais une nouvelle norme de vie.* » Une phrase qui trouve un écho puissant dans la vision de terrain : la pathologie n'est pas une simple soustraction, mais une réorganisation — souvent plus pauvre, mais toujours organisée.

René Leriche, chirurgien et penseur de la médecine du XXe siècle, proposait une définition tout aussi éclairante : « *La santé, c'est la vie dans le silence des organes*. » Lorsque ce silence est rompu, il n'y a pas toujours immédiatement de douleur ou de lésion : parfois, il n'y a qu'un bruit de fond, une interférence, un désaccord.

Enfin, s'inspirant de la physique des systèmes complexes, Ilya Prigogine rappelait : « *La vie n'est possible qu'à l'écart de l'équilibre.* » Si la vie existe dans des conditions d'instabilité contrôlée, alors la maladie peut être interprétée comme l'échec de ce contrôle, et non comme un simple retour à un ordre plus simple.

Ce chapitre se présente donc comme un seuil conceptuel : il invite le lecteur à abandonner l'idée de la maladie comme un ennemi extérieur ou un accident soudain, et à la considérer comme un langage du champ, parfois obscur, parfois susceptible d'être mal interprété, mais rarement aléatoire. Sans romantisme ni promesses faciles, la vision du champ propose un changement de perspective : passer de la réparation de la pièce à la compréhension de la dynamique.

Quand les cellules ne se comprennent plus : le silence qui précède la maladie.

Au cœur du chapitre IX, le thème du décalage informationnel représente peut-être le point le plus radical — et en même temps le plus concret — de la biologie des champs. Ici, la maladie est observée dans son moment le plus discret et le moins spectaculaire : lorsque les parties de l'organisme continuent de fonctionner, mais cessent de se parler véritablement. Il n'y a pas encore d'organe « malade », ni de paramètre hors normes. Il y a plutôt une difficulté croissante d'intégration, une perte de langage commun.

Dans cette perspective, l'organisme n'a jamais été une somme d'unités isolées, mais une communauté de processus communicants. Hormones, signaux électriques, oscillations métaboliques, rythmes circadiens : tout concourt à maintenir une sorte de conversation permanente. Le décalage informationnel apparaît lorsque cette conversation devient fragmentaire. Les messages arrivent en retard, ou avec une intensité qui n'est plus adaptée ; les réponses sont correctes localement, mais inappropriées au regard du contexte global.

Un exemple bien connu des spécialistes, mais peu discuté en dehors des milieux spécialisés, concerne les études sur les rythmes biologiques menées à partir des années 1970. Lorsque Franz Halberg, pionnier de la chronobiologie, observait que des altérations minimes dans la synchronisation des rythmes pouvaient précéder des troubles métaboliques ou immunitaires, il ne parlait pas d'une cause directe, mais d'un signe de désaccord interne. Le système n'était pas défectueux : il était désynchronisé.

Ce « décalage » est une bonne métaphore du désalignement informationnel. Les parties ne sont pas endommagées, mais elles ne partagent plus la même mesure du temps, de l'espace, de la fonction. En biologie des champs, cela revient à dire que le champ informationnel ne parvient plus à assurer une coordination efficace. La maladie, à ce stade, n'est pas visible en tant qu'objet, mais perceptible comme une perte d'orientation.

Ce n'est pas une idée tout à fait nouvelle. Déjà, Claude Bernard, au milieu du XIXe siècle, pressentait que la stabilité de l'organisme dépendait davantage de la qualité des relations internes que de la robustesse de ses éléments individuels. Dans un cours donné en 1865, il notait : « *La fixité du milieu intérieur est la condition de la vie libre.* » Lorsque cette fixité dynamique se fissure, la liberté de l'organisme s'amenuise, et avec elle sa capacité d'adaptation. Le désalignement informationnel survient précisément lorsque les différences ne produisent plus d'effets appropriés, lorsque les signaux ne génèrent plus de réponses cohérentes.

La neurophysiologie offre elle aussi des exemples éloquents. Dans les années 1990, des études sur l'épilepsie ont montré que les crises ne résultent pas simplement d'une hyperactivité neuronale, mais d'une perte de coordination entre les réseaux. Les neurones s'activent, mais pas ensemble ; ils communiquent, mais sans contexte partagé. Une fois encore, le problème n'est pas l'énergie, mais son organisation informationnelle.

L'intérêt de ce regard, dans le contexte de l'ouvrage, réside dans le fait de désamorcer l'idée de la maladie comme une trahison soudaine du corps. Le décalage informationnel suggère une histoire plus lente et plus compréhensible : une série de micro-incompréhensions qui, s'accumulant, rendent l'organisme de moins en moins capable de répondre comme un tout. La pathologie devient ainsi une conséquence, et non un point de départ.

Il ne s'agit pas, il convient de le rappeler, d'une lecture consolatrice. Reconnaître le désalignement ne signifie pas pouvoir toujours le corriger. Mais cela signifie redonner à la maladie une dimension intelligible, en la soustrayant tant au fatalisme biologique qu'aux simplifications thérapeutiques. Le champ ne se « guérit » pas par un acte d' , mais se réoriente — lorsque c'est possible — à travers des processus qui exigent du temps, un contexte et de la mesure. Comme l'observait le physiologiste Walter Cannon, en introduisant le concept d'homéostasie en 1932 : « *Le corps possède une sagesse qui opère au-delà de la conscience.* » Le décalage informationnel est peut-être l'un des moments où cette sagesse peine à se faire entendre.

La maladie n'arrive pas : elle prend forme.

Il existe une habitude bien ancrée, tant en médecine que dans le sens commun : considérer la maladie comme un événement. Un avant et un après. Un examen qui « devient positif », un symptôme qui « apparaît », un diagnostic qui « tombe » sur la vie du patient comme une date sur le calendrier. Mais la biologie des champs, et plus généralement une vision dynamique de l'organisme, invite à un changement radical de regard : la pathologie ne survient pas, elle se développe.

Considérer la maladie comme un processus signifie déplacer l'attention du moment où quelque chose se brise vers la longue période durant laquelle quelque chose se transforme. La perte de cohérence n'est pas un accident soudain, mais une dérive. Un lent glissement hors de l'équilibre, souvent imperceptible, au cours duquel l'organisme continue de fonctionner tandis que sa manière de fonctionner change.

Un exemple emblématique nous vient de l'oncologie. Dans les années 1990, Bert Vogelstein et son équipe de l'université Johns Hopkins ont montré que le cancer du côlon n'était pas le résultat d'une seule mutation, mais d'une séquence d'altérations progressives, réparties dans le temps. Pas un coup du sort, mais une histoire biologique. Chaque étape était nécessaire, mais non suffisante ; chaque phase ouvrait des possibilités et en fermait d'autres. La tumeur, dans cette interprétation, est un processus de réorganisation pathologique, et non un objet apparu soudainement.

Cette idée a des précédents illustres. En 1913, William Osler — l'un des pères de la médecine clinique moderne — rappelait à ses étudiants de Baltimore que « *la médecine est une science de l'incertitude et un art de la probabilité* ». Des mots qui résonnent aujourd' ement comme une invitation à reconnaître la temporalité intrinsèque de la maladie. Si la pathologie est une dynamique, alors le diagnostic est toujours une photographie partielle, prise au milieu d'un mouvement.

La biologie des champs renforce cette intuition : ce qui évolue, ce n'est pas seulement une lésion ou un paramètre, mais l'ensemble de la structure informationnelle de l'organisme. Une inflammation chronique, par exemple, n'est pas simplement une inflammation qui dure trop longtemps, mais un système qui a appris — pour ainsi dire — une réponse rigide, répétitive, incapable de revenir à son état de base. Le problème n'est pas l'intensité du signal, mais sa persistance dans le temps.

Une anecdote souvent racontée dans les services de gastro-entérologie concerne la découverte de *Helicobacter pylori*. Lorsque, en 1982, Barry Marshall et Robin Warren ont émis l'hypothèse que de nombreux ulcères résultaient d'une infection chronique et non seulement du stress ou d'une hyperacidité, ils se sont heurtés au scepticisme. L'ulcère était considéré comme un événement aigu. En réalité, il s'agissait d'un processus lent d'interaction entre la bactérie, la muqueuse et la réponse immunitaire. La pathologie n'était pas le trou dans l'estomac, mais l'histoire qui l'avait rendu possible.

Considérer la maladie comme un processus a des conséquences profondes, y compris sur le plan conceptuel. Cela signifie reconnaître qu'il n'existe pas de point zéro absolu de la pathologie, tout comme il n'existe pas d'équilibre statique de la santé. Il existe des trajectoires. Des courbes. Des tendances. Le domaine biologique, lorsqu'il perd sa cohérence, ne s'effondre pas : il se réorganise sous des formes moins fonctionnelles, parfois plus stables, mais biologiquement plus pauvres.

En 1977, lors d'une conférence à Bruxelles, le biologiste théoricien Conrad Waddington a utilisé une métaphore efficace : « *Le développement et la maladie sont deux façons différentes de dévaler la même colline.* » La pathologie, dans cette image, n'est pas une chute, mais une déviation progressive du parcours.

Limites et possibilités de la vision globale.

Tout changement de paradigme s'accompagne d'une tentation : celle d'expliquer tout, et trop vite. La vision de champ appliquée à la biologie — et en particulier à la maladie — ne fait pas exception. C'est précisément parce qu'elle est puissante, évocatrice et capable d'unifier des phénomènes dispersés qu'elle exige une discipline conceptuelle plus rigoureuse que la moyenne. Reconnaître la maladie comme une perte de cohérence du champ biologique n'autorise ni raccourcis thérapeutiques ni simplifications salvatrices.

Les limites de la vision de champ ne sont pas un défaut, mais une condition de maturité. La première limite est épistémologique : un champ biologique n'est pas un objet isolable, pesable ou photographiable comme un tissu ou une molécule. C'est une description de l'ordre, une manière de lire la relation entre les processus. Prétendre que cette vision offre la même prédictibilité linéaire que la biochimie serait une erreur de catégorie.

Karl Popper, lors d'une conférence à Londres en 1965, rappelait que « *la science ne progresse pas en accumulant des certitudes, mais en éliminant les erreurs* ». Appliqué à la biologie des champs, cela signifie distinguer ce que le modèle peut éclairer — la dynamique globale, la perte d'intégration, les seuils d'instabilité — de ce qu'il ne peut pas encore garantir : protocoles thérapeutiques directs, délais de guérison, résultats individuels.

Le risque historique est bien connu. Chaque fois que des concepts tels que « champ », « énergie » ou « information » sortent du laboratoire sans la prudence nécessaire, ils finissent par être récupérés par le discours du bien-être facile. Cela s'est produit à plusieurs reprises au XXe siècle. Dans les années 1930, à Vienne, les théories sur les champs s morphogénétiques faisaient l'objet de débats dans des milieux scientifiques sérieux, mais presque simultanément circulaient des versions populaires promettant des guérisons vagues et universelles. Le problème n'était pas l'idée, mais son utilisation désinvolte.

La possibilité d'une vision de champ, en revanche, réside ailleurs. Elle réside dans la capacité à offrir un cadre interprétatif qui rassemble des données diverses sans les réduire à une cause unique. Georges Canguilhem, philosophe et médecin, écrivait en 1966 : « *La maladie n'est pas une variation quantitative de la santé, mais une nouvelle norme de vie.* » La biologie des champs reprend cette intuition et la réinterprète dans une perspective systémique : lorsque le champ se réorganise de manière dysfonctionnelle, l'organisme n'est pas « moins vivant », mais vivant selon une cohérence plus pauvre.

La rigueur, dans ce contexte, consiste à distinguer les niveaux : interprétatif, descriptif, thérapeutique. La biologie des champs peut aider à comprendre comment une pathologie émerge et se stabilise ; elle ne peut, à elle seule, indiquer comment intervenir dans chaque cas particulier. Ici, le dialogue avec la médecine fondée sur les preuves n'est pas facultatif, mais nécessaire.

Thomas Kuhn observait en 1962 qu'« *un nouveau paradigme ne résout pas immédiatement tous les problèmes : il change le type de problèmes qu'il vaut la peine de poser* ». C'est précisément là que réside la possibilité la plus féconde de la vision des champs : reformuler les questions. Non plus « où se situe la défaillance ? », mais « quelle cohérence s'est établie ? ». Non pas « comment éliminer le symptôme ? », mais « quelle dynamique le rend stable ? ».

Accepter les limites de la vision de champ, c'est la protéger des dérives idéologiques et la rendre, paradoxalement, plus percutante. C'est dans le refus des promesses faciles que cette perspective montre son sérieux scientifique. Elle n'offre pas de raccourcis, mais des horizons de compréhension.

Penser en termes de champs, sans toute-puissance : ce que la biologie peut apprendre de la planète.

Chaque fois qu'une science cesse de considérer des objets isolés et commence à penser en termes de champs, de systèmes et de relations, elle gagne en profondeur mais perd une illusion : celle du contrôle total. C'est une leçon que la biologie des champs est encore en train d'apprendre, mais que l'écologie et la climatologie connaissent bien depuis des décennies. Et c'est précisément de leur rigueur, souvent peu spectaculaire mais féconde, que la vision des champs en médecine peut tirer une boussole fiable.

L'écologie moderne est officiellement née après la Seconde Guerre mondiale, lorsque des chercheurs comme Eugene Odum, dans les universités du sud des États-Unis, ont commencé à décrire les écosystèmes non pas comme des ensembles d'espèces, mais comme des réseaux de flux énergétiques et d'informations. Odum insistait sur un point étonnamment d'actualité aujourd'hui : l'écosystème n'est pas prévisible dans le détail, mais il est compréhensible dans ses tendances. Ceux qui lui demandaient des modèles précis, des réponses ponctuelles, des solutions rapides, étaient déçus. Mais ceux qui acceptaient l'incertitude découvraient quelque chose de plus solide : les limites au-delà desquelles un système s'effondre.

Une anecdote célèbre raconte que, lors d'une conférence à Woods Hole dans les années 1960, Odum répondit à un jeune chercheur qui lui demandait comment « remettre en état » un marais dégradé : « *Demande-toi d'abord si tu fais partie du problème ou du système.* » Ce n'était pas une boutade philosophique, mais un rappel méthodologique. L'écologie de terrain fonctionne parce qu'elle ne promet pas d'interventions simples, mais exige des diagnostics minutieux, à plusieurs niveaux, souvent dérangeants.

La climatologie a suivi un parcours similaire. Lorsque, dans les années 1980, les premiers grands modèles climatiques mondiaux ont vu le jour, aucun des scientifiques impliqués — de Syukuro Manabe à James Hansen — ne pensait pouvoir « soigner » le climat. Le langage était prudent, presque modeste : scénarios, probabilités, intervalles de confiance. La force du GIEC, créé en 1988, ne réside pas dans le fait d'offrir des solutions immédiates, mais dans le fait d'avoir établi un consensus rigoureux sur les limites du système Terre.

Le parallèle avec la biologie des champs est ici éclairant. Dans le corps humain comme dans le climat, la pensée par champs n'est féconde que si elle accepte de ne pas se traduire immédiatement en recettes opérationnelles. La climatologie a résisté — non sans peine — à la tentation de se transformer en une technologie salvatrice. Elle n'a pas promis de « refroidir la planète », mais de comprendre les seuils critiques, les points de non-retour, les dynamiques lentes mais irréversibles. Et c'est précisément cette rigueur qui lui a conféré sa crédibilité scientifique.

Un autre exemple nous vient du concept de résilience, introduit en écologie par C.S. Holling en 1973. Holling a montré qu'un écosystème peut paraître stable tout en s'approchant dangereusement d'un seuil d'effondrement. Stabilité ne signifie pas santé ; tout comme en biologie, une cohérence pathologique peut être très résistante. L'écologie des champs n'a jamais confondu résilience et invulnérabilité. Au contraire, elle a appris à se méfier des systèmes qui semblent fonctionner « trop bien ».

L'intérêt de la vision des champs, en biologie, réside ici : dans le fait de changer la nature des questions, et non dans celui d'apporter des réponses immédiates. L'écologie et la climatologie ont appris que penser en termes de champs signifie avant tout apprendre à ne pas intervenir de manière inappropriée. Reconnaître quand une action locale produit des effets globaux imprévisibles. Faire la distinction entre compréhension et contrôle.

Il existe un lieu symbolique de cette maturité scientifique : l'Antarctique. Là-bas, dans des stations de recherche comme McMurdo ou Concordia, on étudie des systèmes extrêmes en sachant que chaque donnée est partielle et chaque modèle incomplet. Personne ne parle de « soigner » la glace. On parle de surveiller, d'interpréter, d'anticiper. C'est une science qui progresse en éliminant les illusions, et non en accumulant les promesses.

La biologie des champs, si elle veut éviter les dérives thérapeutiques faciles, doit faire preuve de la même humilité. Accepter qu'un champ biologique ne soit pas un interrupteur à actionner, mais un é t un équilibre dynamique à comprendre. Les disciplines qui ont fait de la pensée systémique leur pilier enseignent une leçon simple et sévère : la rigueur naît du respect des limites.

CINQUIÈME PARTIE. Au-delà du réductionnisme.

D'après la pensée de Gregory Bateson :

« L'esprit n'est pas confiné au cerveau, mais il est immanent dans les circuits qui relient l'organisme et l'environnement. »

D'après la pensée de Francisco Varela :

« Vivre, c'est connaître, et connaître est une manière d'exister. »

D'après la pensée de Hans Jonas :

« Dans le phénomène de la vie, l'être s'expose pour la première fois au risque du sens. »

D'après la pensée d'Erwin Schrödinger :

« La vie semble échapper aux lois connues, mais c'est peut-être le signe que nos lois sont incomplètes. »

Après avoir traversé la crise du paradigme biologique classique, exploré la vie en tant que phénomène de cohérence et appréhendé la santé et la maladie comme des états du champ biologique, le parcours de cet ouvrage aboutit à une conclusion inévitable : repenser ce que nous entendons par vie, connaissance et responsabilité scientifique. La cinquième partie ne se contente pas d'ajouter de nouveaux concepts, mais change le point de vue. C'est là que la biologie des champs révèle ses implications les plus profondes.

« Au-delà du réductionnisme » ne signifie pas rejeter la science analytique, ni dévaloriser la contribution de la biologie moléculaire ou des neurosciences. Cela signifie reconnaître que, une fois admis que les organismes sont des structures informationnelles stabilisées, nous ne pouvons plus considérer la cognition comme un accident évolutif apparu tardivement avec le cerveau humain. La cognition devient plutôt une propriété généralisée du vivant, une manière par laquelle la vie s'oriente, évalue, anticipe et maintient sa cohérence dans le monde.

Le chapitre X se situe précisément à ce seuil. Ici, la connaissance ne coïncide ni avec la pensée réflexive, ni avec le langage ou la conscience tels que nous les entendons couramment. Connaître, dans cette perspective, signifie être sensible aux différences qui font la différence, répondre de manière appropriée, construire une relation active avec l'environnement. Tout organisme, du plus simple au plus complexe, connaît parce qu'il vit et vit parce qu'il connaît. Il s'agit d'un renversement silencieux mais radical, qui soustrait la cognition à l'exclusivité de l'humain sans pour autant la banaliser.

Le chapitre XI pousse cette réflexion un peu plus loin, en abordant les conséquences culturelles et épistémologiques de la biologie des champs. Si la vie n'est pas seulement de la matière organisée, mais un processus doté de sens, alors la science est elle aussi appelée à redéfinir son statut. Les modèles changent, certes, mais ce sont surtout les questions légitimes qui évoluent : il ne s'agit plus seulement de « comment cela fonctionne-t-il ? », mais de « quel type d'être étudions-nous ? ». C'est dans cet espace que s'ouvre un dialogue renouvelé entre l' , la science et la métaphysique, non pas comme un retour à des explications mystiques, mais comme la reconnaissance que toute connaissance du vivant implique une ontologie, explicite ou implicite.

Cette partie de l'ouvrage s'inscrit ainsi comme le point d'achèvement de l'ensemble du parcours. Après avoir montré que la vie ne se réduit pas à des réactions, que l'organisme précède ses parties, que la santé et la maladie sont des états de cohérence du champ, il devient inévitable de s'interroger sur la place de l'homme dans ce scénario. Il n'est plus un observateur extérieur, ni le maître du vivant, mais un acteur de processus cognitifs plus vastes, responsable des images de la vie qu'il produit et diffuse.

L'objectif de cette cinquième partie n'est pas d'apporter des réponses définitives, mais d'établir un nouveau terrain de réflexion. Un terrain où la biologie puisse rester rigoureuse sans être réductionniste, ouverte au sens sans perdre en précision. C'est là que la biologie des champs cesse d'être seulement une théorie du vivant et devient, inévitablement, une réflexion sur l'homme, sur son savoir et sur sa manière d'habiter le monde.

X°. La vie en tant que processus cognitif.

Ce chapitre marque un tournant conceptuel décisif dans le parcours de l'ouvrage. Après avoir montré que la vie ne se limite pas à la chimie, que l'organisme est une totalité cohérente et que les champs biologiques organisent une information incarnée, une conséquence inévitable se dessine ici : vivre, c'est déjà connaître. Non pas au sens élevé et réflexif que nous attribuons à la pensée humaine, mais dans un sens plus originel, plus sobre et en même temps plus radical.

La thèse qui traverse ce chapitre n'est simple qu'en apparence : la cognition ne naît pas avec le cerveau, mais accompagne la vie dès ses formes les plus élémentaires. Tout organisme, du simple fait de maintenir sa cohérence dans le temps, discrimine, sélectionne, répond, anticipe. En d'autres termes, il mesure le monde et lui-même dans le monde. Cette activité n'est pas un ajout fonctionnel, mais le cœur même du processus vital.

Si, dans les chapitres précédents, la vie a été décrite comme une structure informationnelle stabilisée, ici l'information révèle son aspect dynamique : non seulement une forme, mais un acte. Non seulement un ordre, mais une orientation. La biologie des champs ne peut se limiter à une description e s configurations ; elle doit s'interroger sur la manière dont ces configurations parviennent à persister, à s'adapter, à se transformer.

Quand on parle de « connaître sans penser », il ne s'agit pas d'une métaphore poétique, mais d'un constat biologique : la sensibilité d'un organisme aux conditions de son environnement n'est pas passive. C'est une relation active, structurée, sélective. La réponse n'est jamais purement réactive ; elle contient toujours une part d'anticipation. En ce sens, l'organisme apparaît comme un système qui mesure, non pas parce qu'il possède des instruments, mais parce qu'il est lui-même un instrument de mesure vivant, continuellement calibré sur sa propre survie et sa cohérence.

Cette idée déplace le centre de gravité de la biologie. La connaissance n'est plus un événement qui se produit à l'intérieur d'un sujet séparé, mais un processus qui émerge entre l'organisme et son environnement. La cognition devient une propriété relationnelle, distribuée, incarnée. C'est là que le chapitre s'ouvre, avec prudence mais détermination, vers une biologie possible de la conscience : non pas comme une explication réductrice de l'expérience, mais comme un élargissement du cadre conceptuel au sein duquel l'expérience elle-même devient pensable.

Ce chapitre X prépare le terrain pour la dernière partie de l'ouvrage. En montrant que la cognition est une dimension intrinsèque de la vie, il rend inévitable la question qui suivra : quel type de science est possible lorsque l'objet d'étude est aussi, dans une certaine mesure, un sujet ? La biologie des champs ne conduit pas à une dissolution des frontières disciplinaires, mais à leur renégociation responsable. C'est ici que s'achève le discours sur la vie en tant que phénomène naturel et que s'ouvre celui sur la vie en tant que porteuse de sens.

Lorsque l'information est vie, et non calcul.

À ce stade, la distinction entre information calculable et information vécue devient décisive pour comprendre ce qui rend un organisme vivant radicalement différent de tout système artificiel, même le plus sophistiqué. L'information calculable est celle qui peut être formalisée, codifiée, transférée sans perte de sens : c'est l'information des codes, des algorithmes, des séquences qui peuvent être traitées indifféremment par une machine aujourd'hui ou demain, ici ou ailleurs. C'est la même information que Claude Shannon définissait explicitement, en 1948, comme indépendante du sens, axée sur la transmission efficace des signaux.

L'information vécue, en revanche, n'existe jamais « dans l'abstrait » : elle est toujours située, incarnée, chargée de valeur pour celui qui la reçoit. Un organisme ne traite pas des données, mais des différences qui comptent pour sa propre survie et sa cohérence. Gregory Bateson parlait d'« une différence qui fait une différence », et ce n'est pas un hasard si cette formule revient aujourd'hui au cœur du débat sur la cognition biologique. Un thermomètre enregistre une variation de température ; un organisme ressent la chaleur ou le froid comme quelque chose qui concerne son équilibre interne.

Même les systèmes d'intelligence artificielle les plus récents, capables d'apprendre et de s'adapter, restent confinés dans un domaine de l'information sans enjeu existentiel : ils peuvent optimiser une fonction, mais ne risquent rien. Comme l'observait déjà Hans Jonas dans les années 1970, « *dans le métabolisme, la forme ne se maintient qu'en mettant en jeu sa propre matière* » : c'est ce risque permanent qui transforme l'information en expérience.

Ce n'est pas un hasard si, lorsque Norbert Wiener, père de la cybernétique, réfléchissait aux limites des machines, il admettait qu'elles « ne paient pas le prix de leurs décisions ». L'organisme, lui, le paie. Et c'est précisément ce prix – la vulnérabilité, la finitude, l'exposition au monde – qui fait de l'information biologique quelque chose qui ne peut être réduit à un calcul, car elle est toujours liée à un point de vue, à une histoire, à un corps.

Vivre, c'est devancer le monde.

Parler de cognition sans aborder la question du temps reviendrait à laisser le tableau incomplet. Car la vie ne connaît jamais le présent pur : elle connaît toujours ce qui se situe entre ce qui s'est déjà produit et ce qui pourrait se produire. L'anticipation et la mémoire ne sont pas des fonctions accessoires, mais les deux pôles grâce auxquels le champ biologique maintient sa cohérence. Un organisme vit parce qu'il parvient à rester dans le temps sans se dissoudre, et pour cela, il doit sans cesse anticiper, se souvenir, moduler.

La cognition biologique ne se limite pas à réagir aux stimuli : elle est structurellement projetée vers l'avenir. Même la cellule la plus simple n'attend pas que l'environnement la submerge ; elle se prépare, s'oriente, modifie ses seuils de réponse. En ce sens, la vie a toujours un peu d'avance sur elle-même. Le neuroscientifique américain Dean Buonomano a écrit que « *le cerveau n'est pas une machine à penser, mais une machine à temps* » : une affirmation qui peut s'étendre à l'organisme tout entier. Avant même les neurones, c'est le métabolisme qui est temporel, fait de cycles, de rythmes, de fenêtres d'opportunité. L'anticipation n'est pas une prévision consciente, mais une structure dynamique du champ, une tension vers le possible qui permet à l'être vivant de ne jamais être complètement exposé au hasard.

D'autre part, la mémoire biologique ne se résume pas à une archive de souvenirs. Il s'agit d'une mémoire diffuse, inscrite dans les formes, les seuils et les préférences opérationnelles d'un organisme. Chaque expérience laisse une trace qui modifie le champ, le rendant légèrement différent de ce qu'il était auparavant. Ici, le temps n'est pas réversible : ce qui a été vécu change la manière dont l'être vivant pourra réagir à l'avenir. Le biologiste et prix Nobel Gerald Edelman parlait de « mémoire darwinienne » pour désigner ce processus de sélection continue des réponses efficaces. Il ne s'agit pas de conserver le passé, mais de l'incorporer. La cohérence du champ naît précisément de cette intégration continue entre ce qui a été et ce qui est attendu.

Cette vision trouve un écho surprenant dans la philosophie du temps d'Henri Bergson, qui, dès le début du XXe siècle, distinguait le temps de la physique du temps de la vie. La durée bergsonienne n'est pas une succession d'instants, mais un flux qualitatif dans lequel le passé et le présent s'interpénètrent. Un organisme ne traverse pas le temps comme un objet en mouvement : c'est le temps qui s'organise. La biologie contemporaine elle-même, lorsqu'elle étudie les rythmes circadiens ou la plasticité physiologique, semble se rapprocher de cette intuition : le temps n'est pas seulement un cadre extérieur, mais une dimension interne du vivant.

Dans cette perspective, le champ biologique peut être considéré comme une structure temporelle stabilisée, capable de se maintenir uniquement parce qu'elle parvient à concilier mémoire et anticipation. Lorsque cette intégration se rompt, la cohérence se perd. Ce n'est pas un hasard si de nombreuses formes de souffrance biologique et psychique se traduisent par une perturbation du temps vécu : incapacité à tirer les leçons de l'expérience ou, au contraire, rigidité excessive empêchant l'adaptation.

Le cerveau ne suffit pas : où réside véritablement la cognition ?

Dans le fil conducteur de cet ouvrage, ce chapitre marque un tournant délicat et, à certains égards, provocateur. Après avoir montré que la vie ne peut être réduite ni à une machine biochimique ni à une somme de parties, on aborde ici l'un des points sensibles de la science contemporaine : l'idée que la cognition coïncide avec ce qui se passe dans le cerveau. Les neurosciences des dernières décennies ont produit des résultats extraordinaires, en cartographiant les circuits, les zones fonctionnelles et les corrélats neuronaux de l'expérience. Mais c'est précisément ce succès qui risque de se transformer en une limite, lorsque le cerveau devient le seul lieu légitime de la connaissance.

Cette remise en question n'est pas un acte d'accusation, mais un changement de perspective. Localiser la cognition exclusivement dans les s des neurones revient à supposer qu'elle est une fonction émergente d'un organe spécialisé. Mais que se passe-t-il si l'on prend au sérieux l'hypothèse selon laquelle tout organisme est doué de connaissance, même dépourvu de système nerveux ? Dans les années 1990, dans les laboratoires de biologie végétale de l'université de Bonn, on a observé que les racines des plantes étaient capables de distinguer les sons et les vibrations du sol, orientant ainsi leur croissance vers des sources d'eau éloignées. Pas de cerveau, pas de synapses, et pourtant une forme de décision. Comme le faisait remarquer de manière provocante le neurobiologiste chilien Francisco Varela, « *la cognition n'est pas ce que fait le cerveau, mais ce que fait un organisme pour rester en relation* ».

Les neurosciences classiques, issues d'une longue tradition de localisation remontant à Paul Broca et à ses études parisiennes sur la perte du langage (1861), ont construit une géographie de l'esprit. Utile, puissante, mais partielle. Le domaine biologique, en revanche, suggère une autre image : la cognition comme propriété distribuée, qui émerge de la cohérence de l'organisme tout entier dans son environnement. Ce n'est pas le cerveau qui « contient » la cognition, mais le cerveau qui participe à un processus cognitif plus large, impliquant la posture, le métabolisme, les systèmes immunitaires, les rythmes internes. Le neuroscientifique

Antonio Damasio l'a admis avec une honnêteté intellectuelle lorsqu'il a écrit que « *le cerveau ne pense pas tout seul* » : il a besoin d'un corps qui ressent et d'un monde avec lequel interagir.

Lorsque la cognition cesse d'être confinée dans le crâne, la manière d'appréhender l'expérience change également. Il ne s'agit plus de représenter le monde, mais de le mesurer activement, d'entrer en résonance avec lui. En ce sens, le champ biologique fonctionne comme un système d'intégration qui précède la distinction entre sensation et réponse.

Ce glissement a des conséquences profondes. Si la cognition est un processus de champ, alors la conscience ne peut pas non plus être réduite à un épiphénomène neuronal.

Du cœur au cerveau : une histoire occidentale de la pensée localisée.

La question n'est pas seulement de savoir ce qu'est la cognition, mais aussi pourquoi nous avons appris à la chercher précisément là où nous croyons aujourd'hui la trouver : dans le cerveau. Son ascension au rang de « lieu souverain » de l'esprit n'est ni un fait naturel ni inévitable. C'est une histoire culturelle, faite de choix théoriques, de succès cliniques, de métaphores technologiques et, surtout, d'images symboliques puissantes qui ont guidé pendant des siècles notre façon de concevoir la vie.

Dans l'Antiquité, la carte était différente. Pour Aristote, qui enseignait au Lycée d'Athènes, le centre de la vie psychique était le cœur : chaud, palpitant, réactif. Le cerveau jouait un rôle secondaire, presque de refroidissement. Cette vision n'était pas naïve, mais cohérente avec une expérience directe du corps, dans laquelle émotion, décision et mouvement semblaient indissociables. Toujours dans le monde romain, Galien, médecin des gladiateurs à Pergame (IIe siècle après J.-C.), tout en reconnaissant l'importance du cerveau grâce à l'étude des lésions, conservait une vision répartie des fonctions vitales.

Le tournant survient avec la modernité, et il a une date symbolique : 1641, lorsque René Descartes publie les « *Méditations métaphysiques* ». Ici, l'esprit devient *res cogitans*, séparé du corps *res extensa*. Le problème n'est pas seulement le dualisme, mais la conséquence pratique : si l'esprit est quelque chose de distinct, alors il faut lui trouver un siège. Descartes la situe dans la glande pinéale, un point précis, presque un centre de contrôle. C'est un geste fondateur : la cognition devient localisable. Dès lors, l'esprit peut être recherché, disséqué, étudié comme un objet.

La médecine du XIXe siècle consolide cette trajectoire. En 1861, à Paris, Paul Broca présente à la Société d'anthropologie le célèbre cas de « Tan », un patient incapable de parler mais capable de comprendre. À sa mort, une lésion d' t dans l'hémisphère gauche semble expliquer ce trouble. L'idée que des fonctions complexes puissent être cartographiées dans des zones cérébrales spécifiques est irrésistible. Elle est efficace, produit des résultats cliniques, renforce l'autorité de la neurologie naissante. Comme l'écrira plus tard John Hughlings Jackson à Londres, « la localisation est une méthode, pas une métaphysique », mais cette distinction sera souvent oubliée.

Le XXe siècle apporte un autre élément décisif : la technologie. Avec l'avènement de l'électroencéphalogramme dans les années 1930, puis des techniques de neuroimagerie à partir de la fin des années 1970, le cerveau devient visible. Les images en couleur de l'IRM fonctionnelle, présentées lors de congrès et dans les journaux, exercent un immense attrait. Ce que l'on voit semble réel, plus réel que ce que l'on ressent ou que l'on vit. Lors d'un célèbre congrès à San Diego au début des années 2000, un jeune chercheur présentait des cartes cérébrales de l'attention comme s'il s'agissait de photographies de l'expérience elle-même. Quelqu'un, dans le public, murmura : « *Enfin, nous voyons la pensée* ». C'était une boutade, mais pas tant que ça.

Parallèlement, l'informatique fournit la métaphore décisive. Depuis le milieu du siècle dernier, le cerveau est décrit comme un ordinateur biologique : entrée, traitement, sortie. Dans ce schéma, la cognition ne peut se situer que dans le « processeur central ». C'est une métaphore puissante, mais réductrice. Comme le faisait remarquer avec ironie le philosophe Gilbert Ryle dès 1949, parler de l'esprit comme d'une chose distincte est une « *category mistake* », une erreur de catégorie. Et pourtant, la métaphore fonctionne, car elle est compatible avec une culture technologique qui privilégie le contrôle, la prévision, la décomposition.

C'est ainsi que le cerveau devient souverain : non pas parce qu'il explique tout, mais parce qu'il se prête à être mieux expliqué avec les outils disponibles. Le prix de ce succès est une marginalisation progressive de l'organisme en tant que totalité cognitive. Le chapitre X s'inscrit ici comme un geste critique : non pas pour nier le rôle du cerveau, mais pour lui redonner sa place au sein d'un champ plus large. Si la vie est un processus cognitif, alors la cognition précède sa spécialisation neuronale. Le cerveau n'est pas l'origine de la connaissance, mais l'une de ses formes apparues historiquement et biologiquement.

En ce sens, la biologie des champs ne propose pas une révolution iconoclaste, mais une correction de perspective. Elle nous invite à reconnaître que l'idée d'un esprit confiné dans le crâne est le résultat d'une histoire précise, située et culturellement orientée. Et que peut-être, aujourd'hui, nous sommes prêts à en raconter une autre.

Nous pensons aussi avec nos tripes : la cognition au-delà du cerveau.

Si nous en sommes venus à reconnaître la vie comme un processus cognitif, l'étude approfondie des systèmes périphériques est le point où cette affirmation cesse d'être abstraite et devient presque inévitable. Car il suffit de détourner le regard juste en dehors du cerveau pour se rendre compte que la cognition est déjà là, répartie, à l'œuvre, souvent plus rapide et plus fiable que celle qui relève de la conscience. L'organisme sait avant de penser, et il le fait avec tout son corps.

Prenons l'exemple de l'intestin. Relégué pendant des siècles au rang de simple tube digestif, il est aujourd'hui au cœur d'une véritable révolution scientifique. À la fin des années 1990, dans les laboratoires de l'université de Columbia, le neurogastro-entérologue Michael Gershon a commencé à parler sans détour d'un « deuxième cerveau ». Il ne s'agissait pas d'une métaphore journalistique : le système nerveux entérique compte des centaines de millions de neurones, produit des neurotransmetteurs tels que la sérotonine et prend des décisions de manière autonome. Mais la véritable nouveauté n'est pas quantitative. Elle est qualitative : l'intestin évalue, distingue, apprend, en dialogue constant avec le microbiote et l'environnement. Il ne pense pas, mais il sait. Et surtout, il oriente le comportement de l'organisme tout entier, en influençant les émotions, l'attention, voire les choix complexes.

D'après Antonio Damasio : « *Le corps n'est pas le support du cerveau, il est son interlocuteur permanent* ». Cette phrase résume un tournant conceptuel : la cognition n'est pas une tour de contrôle centrale , mais un réseau de systèmes qui appréhendent le monde sous différents angles. L'intestin évalue la qualité de l'environnement chimique, le système endocrinien traduit les états globaux en signaux lents mais puissants, le système immunitaire distingue ce qui est familier de ce qui est étranger. Tous ces processus possèdent une structure cognitive, car ils impliquent la reconnaissance, la mémoire et une réponse sélective.

Le système immunitaire, en particulier, en est peut-être l'exemple le plus surprenant. Au début des années 2000, des études menées conjointement par l'Institut Pasteur de Paris et l'université de Stanford ont montré que les cellules immunitaires ne réagissent pas simplement à un « ennemi », mais construisent au fil du temps une véritable histoire des interactions. Elles se souviennent, anticipent et modulent l'intensité de la réponse. L'immunologiste Polly Matzinger, avec sa *« théorie du danger »*, a avancé que le système immunitaire ne réagit pas tant au « *non-soi* » qu'aux signaux de danger contextuels. (En immunologie, le « non-soi » désigne tout ce qui n'appartient pas à l'organisme, comme les agents pathogènes ou les molécules étrangères.) Dans *la théorie du danger,* la réponse immunitaire est davantage guidée par les signaux de dommage que par la simple distinction entre le « soi » et le « non-soi ».

Le système hormonal participe lui aussi à cette intelligence diffuse. Les hormones ne transmettent pas des informations ponctuelles, mais des configurations de sens : états d'alerte, de disponibilité, de retrait, d'ouverture. Un endocrinologue milanais racontait comment certains patients, avant même de développer des symptômes cliniques évidents, présentaient *des « changements d'atmosphère corporelle »* : fatigue inexpliquée, troubles du sommeil, variations subtiles du tonus émotionnel. Des signaux impossibles à localiser, mais cohérents. Le champ s'exprimait déjà, bien avant que le diagnostic ne soit posé.

Cette perspective modifie radicalement notre rapport aux neurosciences. Elle ne les contredit pas, mais les décentre. Le cerveau reste un nœud crucial, certes, mais pas le souverain absolu. Il est plutôt un organisateur de cohérence, un interprète avancé de signaux qui naissent ailleurs. Lorsque la cognition est considérée comme une propriété du champ biologique, les systèmes périphériques ne sont plus d' s « accessoires », mais font partie intégrante de la connaissance. Comme l'écrivait déjà le physiologiste français Claude Bernard en 1865, « *la stabilité de l'organisme est une conquête active* ». Aujourd'hui, nous pouvons ajouter : c'est une conquête cognitive.

En ce sens, parler d'organismes comme de structures informationnelles stabilisées revient à reconnaître que l'information ne circule pas seulement dans les neurones, mais qu'elle s'incarne dans les tissus, les fluides, les interactions lentes et profondes avec l'environnement. La cognition devient ainsi un processus incarné, distribué, pluriel.

Savoir sans savoir : l'intelligence silencieuse de la vie.

Il existe un préjugé tenace dans la culture occidentale : l'idée que connaître signifie penser, réfléchir, se représenter mentalement le monde. Et que, par conséquent, la cognition ne commence là où il y a un cerveau. Nous essayons de remettre en cause cette conviction à la racine, en montrant que la vie connaît bien avant de penser, et souvent sans jamais le faire. Connaître sans penser n'est pas une provocation poétique, mais un constat biologique.

Dès la fin du XIXe siècle, sur les rives de la Baltique, le biologiste estonien Jakob von Uexküll observait comment une tique pouvait rester immobile pendant des années, jusqu'à ce que trois signaux précis – l'odeur de l'acide butyrique, une variation de température, la texture de la peau – l'incitent à se laisser tomber sur un mammifère de passage. Aucune représentation du monde, aucun « raisonnement ». Et pourtant, une connaissance impeccable de ce qui compte. Uexküll a appelé ce monde sélectif « Umwelt » : non pas l'environnement objectif, mais celui qui a du sens pour l'organisme. Connaître, en ce sens, c'est percevoir ce qui est pertinent.

La sensibilité est la première étape de cette cognition élémentaire. Mais il ne faut pas la confondre avec une réception passive de stimuli. Un organisme vivant n'enregistre pas le monde comme un capteur inerte : il l'intercepte. Dans les années 1950, dans les laboratoires de « *Cold Spring Harbor* », certains microbiologistes ont remarqué que des bactéries telles *qu'Escherichia coli* ne se déplacent pas au hasard, mais modifient leur comportement en fonction de gradients chimiques, anticipant ainsi les zones les plus favorables. Elles ne « pensent » pas à la nourriture, mais la reconnaissent avant même de l'atteindre. Il s'agit d'une forme de connaissance temporelle, orientée vers le possible.

C'est là qu'intervient la réponse. Tout organisme vivant ne se contente pas de percevoir, mais réagit de manière appropriée, c'est-à-dire en cohérence avec sa propre survie et son identité. Le physiologiste Claude Bernard, dans son laboratoire parisien au milieu du XIXe siècle, fut frappé par la constance de l'environnement interne des organismes supérieurs. Mais ce qui semble aujourd'hui encore plus surprenant, c'est que même des organismes dépourvus de système nerveux manifestent des réponses intégrées. Les plantes, par exemple. En 1880, Charles Darwin, dans son cabinet de travail de Down House, publia avec son fils Francis « *The Power of Movement in* Plants », décrivant comment les racines orientent leur croissance en fonction de stimuli lumineux et tactiles. Darwin évoqua, avec prudence, une sorte de « pointe sensible » qui coordonne le comportement de la plante. Une intuition qui est longtemps restée marginale, car elle remettait en cause l'idée d'une cognition réservée aux animaux « supérieurs ».

La troisième dimension, peut-être la plus déstabilisante, est l'anticipation. Vivre, c'est agir non seulement en réponse à ce qui se passe, mais aussi en fonction de ce qui pourrait se passer. Dans les années 1960, le physiologiste italien Luigi Fantappiè parlait de « finalité biologique » en termes non pas métaphysiques, mais dynamiques : les systèmes vivants s'organisent selon des trajectoires orientées. Plus récemment, des études sur le rythme circadien ont montré que les organismes unicellulaires anticipent des variations environnementales régulières, telles que l'alternance lumière-obscurité, même lorsque le stimulus est temporairement supprimé. Ils ne réagissent pas au présent : ils se préparent à l'avenir.

Sous cet angle, la cognition n'apparaît plus comme un luxe évolutif tardif, mais comme une propriété fondamentale de la vie en tant que système d'information. La sensibilité, la réponse et l'anticipation ne sont pas des fonctions supplémentaires : elles constituent la manière même dont un organisme existe. Comme l'écrivait le philosophe et médecin Georges Canguilhem en 1952, « *vivre, c'est préférer et exclure* ». Tout acte vital est déjà un acte de connaissance, car il discrimine, évalue, oriente.

La biologie des champs offre ici une clé d'interprétation décisive. Si l'organisme est une structure informationnelle stabilisée, alors connaître sans penser signifie maintenir une cohérence dynamique avec son propre champ de relations. Il n'est pas nécessaire d'avoir un centre de commande, ni une représentation interne du monde. Il suffit d'une sensibilité diffuse, capable de transformer l'information en forme, et la forme en action. Peut-être que le véritable scandale n'est pas que les organismes connaissent sans penser. C'est que nous avons longtemps cru connaître sans vivre.

Oies, spinarelli et décisions instantanées : la cognition sans pensée.

Il y a eu un moment précis, au XXe siècle européen, où l'idée selon laquelle il faut penser pour connaître a commencé à s'effriter sérieusement. Non pas dans les laboratoires de psychologie expérimentale, mais dans les prairies, le long des canaux, dans les réserves naturelles. Là où Konrad Lorenz et Nikolaas Tinbergen observaient les animaux faire ce qu'ils savent faire, sans hésiter, sans délibérer, souvent sans jamais l'avoir « appris ».

Lorenz racontait cela avec un sourire ironique, en évoquant ses oies grises d'Altenberg, près de Vienne, dans les années 1930. Il suffisait qu'il soit le premier objet en mouvement aperçu par les oisillons tout juste sortis de l'œuf pour qu'ils le suivent partout, comme ils l'auraient fait avec leur mère. L'empreinte n'est pas une erreur cognitive : c'est une forme de connaissance fulgurante, irréversible, parfaitement adaptative. Dans un monde où l'indécision coûte la vie, il n'y a pas le temps de réfléchir. L'organisme sait qui suivre car il est structuré pour reconnaître certains signaux dans un intervalle de temps précis. La cognition, ici, est une fenêtre qui s'ouvre et se referme.

Quelques années plus tard, Tinbergen porta son attention sur un poisson en apparence banal, le spinarello. Dans les canaux des Pays-Bas, il démontra que le mâle, pendant la saison de reproduction, attaque tout objet présentant une tache rouge, même une silhouette grossière en carton. Il n'attaque pas « un rival » : il répond à un stimulus clé. Le comportement est complexe, coordonné, efficace. Mais il n'est pas médiatisé par des représentations mentales. C'est la réponse d'un système sensible à une configuration significative du champ perceptif.

C'est là que l'éthologie classique franchit une étape décisive : elle montre que la forme du comportement précède l'intention. Les animaux ne décident pas quoi faire ; ils reconnaissent quand il est temps de le faire. Les « schémas d'action fixes » – des séquences motrices hautement organisées – s'activent comme des phrases déjà écrites, mais uniquement lorsque l'environnement « prononce » le mot juste. Connaître, en ce sens, ce n'est pas construire un modèle du monde, mais être à l'écoute de certaines de ses fréquences.

Une anecdote souvent citée dans les séminaires d'éthologie à Oxford dans les années 1950 raconte que Tinbergen, lors d'une démonstration, montra à un groupe d'étudiants comment une femelle goéland royal préférait picorer un bâtonnet comportant trois bandes rouges plutôt que le bec réaliste d'un adulte. Le signal hyperbolique fonctionnait mieux que l'original. Non pas parce que l'animal « se trompait », mais parce que sa cognition était calibrée sur des relations, et non sur des objets. La connaissance biologique est toujours économique : elle sélectionne ce qui compte, et non ce qui est vrai au sens abstrait.

Cette perspective s'intègre naturellement à la biologie des champs. Si l'organisme est une structure informationnelle stabilisée, alors le comportement n'est pas l'exécution d'un programme interne, mais la résonance entre une configuration environnementale et une disposition interne. La sensibilité et la réponse sont les deux faces d'un même processus. L'anticipation, en éthologie, n'apparaît pas comme une prévision consciente, mais comme une préparation structurelle : l'organisme est déjà prêt à ce qui est biologiquement probable.

Lorenz insistait sur un point étonnamment d'actualité aujourd'hui : ces comportements ne sont pas des automatismes rigides. Ils peuvent être modulés, déviés, parfois inhibés. Mais leur intelligence ne réside pas dans une flexibilité infinie ; elle réside dans une précision située. Un savoir incorporé, inscrit dans la forme de l'organisme et dans son histoire évolutive. En d'autres termes : une cognition qui ne pense pas, mais qui n'en est pas pour autant aveugle.

Vue sous cet angle, l'éthologie classique apparaît comme une discipline à la frontière des sciences qui a anticipé de nombreuses intuitions contemporaines. Elle a montré que la connaissance ne coïncide pas avec la conscience réflexive, que le sens émerge de l'interaction et que la vie, avant de s'expliquer, s'oriente. C'est une leçon sobre, mais radicale : comprendre la vie, c'est observer comment elle agit lorsqu'elle n'a pas le temps de s'expliquer pourquoi elle le fait.

Mesurer pour vivre : comment les organismes donnent du sens au monde.

S'il y a un malentendu que la biologie des champs invite à dépasser, c'est l'idée que l'organisme serait un simple récepteur de stimuli, une sorte de centrale qui recueille des données de l'extérieur pour ensuite réagir. En réalité, tout organisme vivant mesure son environnement. Et mesurer, ici, ne signifie pas quantifier selon des paramètres abstraits, mais établir des différences qui comptent, construire un monde significatif à travers la relation.

Dans les années 1930, le biophysicien hongrois László von Bertalanffy, en observant des systèmes biologiques ouverts, a remarqué que ce qui distingue le vivant, ce n'est pas la matière dont il est fait, mais la manière dont il entretient des relations stables malgré le flux continu d'énergie et d'informations. L'organisme ne subit pas l'environnement : il en prélève des échantillons, le filtre, le transforme en une géographie de valeurs. Toute mesure est déjà une interprétation.

Un exemple apparemment simple nous vient des études sur la thermorégulation menées dans les années 1960 dans les laboratoires de Stockholm. Les chercheurs ont remarqué que de nombreux mammifères ne réagissent pas à la température « objective », mais aux variations rapides et localisées. La peau, en ce sens, n'est pas un capteur neutre, mais une surface cognitive qui évalue les changements, en distinguant ce qui constitue une menace de ce qui relève du bruit de fond. L'organisme mesure des gradients, et non des grandeurs isolées.

Cette capacité ressort avec une clarté particulière dans les travaux de James J. Gibson, psychologue de la perception, qui, dans les années 1970, a parlé d'« *affordance* » : les possibilités d'action offertes par l'environnement à un organisme spécifique. Une falaise n'est pas un t « haute » en soi ; elle est escaladable ou mortelle selon le corps qui la rencontre. La mesure ne réside ni dans le monde, ni dans l'organisme, mais dans la relation entre les deux. C'est là que la cognition biologique se révèle comme un événement situé, incarné, irréductible à un calcul abstrait.

Une anecdote racontée par un éthologue italien lors d'une campagne d'observation dans le parc du Grand Paradis illustre bien cette idée. En étudiant les chamois, il remarqua que les animaux modifiaient leurs itinéraires habituels non pas en fonction de la présence directe de l'homme, mais en fonction de micro-variations du silence et de l'odeur portée par le vent. L'environnement était « lu » comme une carte dynamique de probabilités. Le chamois ne percevait pas l'homme, mais mesurait une altération du champ relationnel dans lequel il vivait.

Dans cette perspective, l'organisme apparaît comme un dispositif de mesure distribué, sans centre unique. Les cellules, les tissus et les organes participent à cette activité d'évaluation continue. Dans les années 1990, les études de Walter Freeman sur la dynamique olfactive ont montré que le cerveau ne reconnaît pas les odeurs comme des empreintes fixes, mais comme des configurations qui émergent de l'interaction entre le stimulus et l'état interne. Une fois encore, la mesure n'est pas une photographie, mais un processus.

La biologie des champs offre ici un cadre conceptuel puissant : l'organisme stabilise les informations non pas parce qu'il les stocke, mais parce qu'il maintient une cohérence opérationnelle avec ce qu'il mesure. Vivre, c'est rester à l'écoute de certaines différences et en ignorer une infinité d'autres. Chaque acte vital est un choix implicite, une prise de position dans le flux du réel.

Comme l'écrivait le philosophe Maurice Merleau-Ponty en 1945, « *le corps est notre moyen général d'avoir un monde* ». Non pas un objet parmi les objets, mais un seuil de mesure, une interface vivante. En ce sens, la relation active avec l'environnement n'est pas un chapitre accessoire de la biologie : c'est son noyau épistémologique. La vie ne connaît pas parce qu'elle représente le monde, mais parce qu'elle le mesure tout en le traversant.

Le danger est perçu avant d'être calculé.

Il existe une forme d'intelligence qui précède tout calcul, toute prévision consciente, tout graphique de probabilités. C'est l'intelligence avec laquelle les organismes évaluent le risque. Ils ne l'estiment pas, ne le mesurent pas en pourcentages : ils le ressentent. La biologie des champs invite à considérer ce processus non pas comme une version primitive du raisonnement humain, mais comme un mode autonome et raffiné de connaissance incarnée.

Dans ce cadre, le risque n'est pas une variable externe à évaluer, mais une perturbation du champ de sens dans lequel vit l'organisme. Un bruit soudain, une variation chimique imperceptible pour nous, une discontinuité dans le rythme habituel peuvent suffire à déclencher une réponse radicale.

Un exemple fascinant nous vient des études menées dans les années 1970 par le biochimiste Howard Berg sur la chimiotaxie des bactéries. Dans son laboratoire de Boulder, Berg a observé *qu'Escherichia coli* ne « sait » pas où se trouve une source de nourriture, ni ne calcule la meilleure trajectoire. Elle évalue, instant après instant, si la situation s'améliore ou empire. Si elle empire, elle change de direction. Il s'agit d'une évaluation des risques élémentaire mais efficace : elle ne repose pas sur une carte de l'avenir, mais sur une sensibilité différentielle au présent.

Un phénomène analogue, mais à une échelle infiniment plus complexe, se produit chez les grands herbivores. Après la réintroduction des loups dans le parc de Yellowstone en 1995, les éthologues ont remarqué que les wapitis modifiaient leurs comportements de pâturage même en l'absence visible de prédateurs. Ils évitaient certaines vallées, changeaient d'horaires, raccourcissaient leurs haltes. Le risque n'était pas la rencontre directe avec le loup, mais la transformation de l'ensemble du milieu écologique. L'organisme évalue le danger à travers la configuration du paysage, et non en comptant les attaques.

Dans ces cas-là, parler de « décision » est trompeur. Il n'y a pas de sujet qui évalue les alternatives. Il y a un système vivant qui régule son propre degré d'exposition tout en conservant sa cohérence interne. La mesure biologique du risque est toujours préventive, rarement réactive. Avant même de savoir pourquoi quelque chose est dangereux, l'organisme sait que ça l'est.

Une anecdote recueillie lors d'une recherche éthologique sur les côtes bretonnes, racontée par une biologiste marine française, concerne les poulpes. Certains individus évitaient des tanières apparemment idéales après des tempêtes récentes. Non pas parce qu'elles avaient été détruites, mais parce que le flux des courants avait changé. Le risque, pour le poulpe, n'était pas la tanière en soi, mais la perte de contrôle sur son champ d'action. Une fois encore, aucune estimation, aucune prévision explicite : seulement une mesure fine de la relation.

Cette manière d'évaluer le risque est également éloignée du modèle humain moderne, obsédé par le calcul. Dans les années 1980, le sociologue Ulrich Beck parlait de « société du risque » précisément pour désigner une culture qui tente de maîtriser l'incertitude à l'aide de chiffres et de simulations. La vie biologique, en revanche, semble suivre une logique opposée : réduire l'exposition tout en préservant la qualité de la relation avec l'environnement, et non la précision de la prévision.

Dans cette optique, la mesure biologique du risque apparaît comme une fonction cognitive fondamentale, inscrite dans le champ même de l'organisme. Il n'est pas nécessaire de savoir dans quelle mesure un événement est probable ; il suffit de savoir si cette situation est encore viable. La survie ne nécessite pas de statistiques, mais une sensibilité constante aux seuils au-delà desquels la cohérence se rompt.

Les plantes qui décident : comment la vie mesure le risque sans cerveau.

Il y a une image qui revient souvent lorsqu'on parle de cognition : un animal qui observe, évalue, décide. Et puis il y a l'immobilité des plantes, qui a été confondue pendant des siècles avec de la passivité. Et pourtant, si l'on y regarde de plus près, les plantes sont d s maîtres d'une forme de connaissance radicalement différente : elles ne pensent pas, elles ne calculent pas, mais elles mesurent. Et en mesurant, elles décident.

Déjà, en 1880, Charles Darwin observait que l'apex racinaire se comportait « comme le cerveau d'un animal inférieur ». C'était une provocation, certes, mais pas une boutade. Darwin avait pressenti que la vie, même dépourvue de système nerveux, possède une capacité fondamentale : discerner ce qui est pertinent.

Pour une plante, l'eau n'est pas seulement une ressource : c'est un enjeu. Ouvrir les stomates pour absorber du dioxyde de carbone signifie perdre de l'eau ; les fermer protège de la sécheresse mais ralentit la photosynthèse. C'est un dilemme permanent, qui se renouvelle chaque jour, souvent chaque heure. Dans les années 1990, dans les laboratoires de l'université de l'Utah puis à Davis, des physiologistes végétaux tels que Melvin Tyree et John Sperry ont montré que de nombreuses plantes fonctionnent avec ce que l'on appelle aujourd'hui une marge de sécurité hydraulique. En termes simples : elles savent jusqu'où elles peuvent « aller trop loin » avant que des bulles d'air ne se forment dans leurs vaisseaux conducteurs — la cavitation —, ce qui interrompt l'écoulement de l'eau et peut entraîner la mort des tissus.

Il ne s'agit pas d'une réponse réflexe. Les plantes anticipent. Elles modifient leur conductance stomatique en fonction non seulement de l'humidité présente, mais aussi de la tendance du système : si la sécheresse s'aggrave, elles réagissent avant que les dégâts ne soient irréversibles. Chez certaines espèces méditerranéennes, comme le chêne vert, cette prudence est presque proverbiale ; chez d'autres, comme certains peupliers de plaine, la stratégie est plus risquée, presque « spéculative ». Deux styles cognitifs, pourrait-on dire, inscrits dans la physiologie.

Comment une plante « sait-elle » qu'elle court un risque ? Il n'y a pas de centre de commande. La mesure est répartie. Les variations de pression hydraulique, les gradients ioniques, les hormones telles que l'acide abscissique circulent dans les tissus, créant ainsi une image cohérente de la situation. Chaque feuille, chaque racine contribue à l'évaluation globale.

Un chercheur racontait, lors d'une conférence à Montpellier en 2008, que travailler avec les plantes signifie renoncer à l'idée d'un décideur unique : « *C'est comme parler à une foule qui répond pourtant à l'unisson* ». C'est là que la notion d'organisme en tant que système d'information stabilisé prend tout son sens : l'unité n'est pas un point, mais une cohérence.

Même la lumière, que nous associons instinctivement à la vie végétale, peut devenir un danger. Un excès de rayonnement endommage les photosystèmes, provoquant un stress oxydatif. Les plantes le savent — et réagissent. Dans les années 1950, dans les laboratoires du ministère américain de l'Agriculture, Sterling Hendricks et Harry Borthwick ont découvert les phytochromes : des pigments sensibles à la qualité de la lumière. Grâce à ces capteurs, une plante distingue si elle se trouve en plein soleil ou à l'ombre d'autres plantes. Ce n'est pas une différence anodine : l'ombre « verte » des feuilles des autres signale une concurrence imminente.

C'est ainsi que naît ce qu'on appelle le « *syndrome d'évitement de l'ombre* » : la tige s'allonge, les feuilles changent d'angle, l'allocation des ressources est réorientée. Il s'agit d'une évaluation du risque futur : rester bas signifie être privé de lumière ; croître rapidement expose à l'instabilité mécanique et au stress hydrique. Une fois encore, il n'y a pas de calcul, mais une mesure dynamique des probabilités vitales.

Le plus surprenant, c'est que tout cela se produit sans déplacement. Ou, plutôt, sans ce que nous appelons le mouvement. Les plantes connaissent en « restant ». Enracinées dans le sol, elles transforment le temps en information. Là où un animal peut s'enfuir, une plante doit anticiper.

Au Jardin botanique de Kew, à Londres, un vieux conservateur aimait dire que les plantes sont des « philosophes par la force des choses » : elles ne peuvent pas agir de manière impulsive, elles doivent donc être sages. C'est une remarque ironique, mais elle touche un point essentiel. La cognition végétale n'est pas une réaction rapide, c'est une intégration lente et profonde de signaux.

Lorsque nous disons que chaque organisme connaît, nous n'attribuons pas aux plantes un esprit miniature. Nous élargissons l'idée même de connaissance. Connaître, en ce sens, signifie maintenir sa cohérence vitale dans un monde incertain et . Cela signifie évaluer les risques et les opportunités avec les outils que sa propre forme de vie met à disposition.

Les plantes nous montrent que la cognition ne naît pas avec le cerveau, mais avec la nécessité de rester intact. Ce sont des systèmes qui évaluent, anticipent, choisissent — non pas entre des idées, mais entre des possibilités biologiques. Dans ce travail silencieux de mesure continue, la vie révèle son visage le plus essentiel : non pas un mécanisme aveugle, mais un processus sensible au sens.

Se tromper pour rester en vie : l'intelligence prudente de la vie.

Il existe une idée profondément ancrée dans notre façon de penser — non seulement en économie, mais aussi dans une certaine biologie naïve — selon laquelle vivre signifie maximiser le gain. Plus de croissance, plus d'énergie, plus de reproduction. Et pourtant, observée de près, la vie réelle semble suivre une logique différente, presque contre-intuitive : non pas maximiser, mais ne pas trop se tromper. Ou plutôt, éviter ces erreurs qui ne laissent aucune place à l'appel.

Dans le chapitre consacré à la vie en tant que processus cognitif, cette perspective devient déterminante. Si chaque organisme connaît, alors il connaît aussi ses propres limites. Et l'erreur — loin d'être un simple écart — devient un élément structurel du savoir biologique.

En biologie, l'erreur n'est jamais abstraite. Ce n'est pas une mauvaise réponse sur une feuille d'examen, mais un choix qui peut compromettre toute une forme de vie. C'est pourquoi les organismes n'optimisent pas : ils se prémunissent. Comme le remarquait déjà le physiologiste Walter Cannon dans les années 1930, alors qu'il étudiait l'homéostasie à Harvard, les systèmes vivants ne recherchent pas le rendement maximal, mais le maintien dans des limites compatibles avec la survie.

C'est une différence subtile mais cruciale. Maximiser le gain expose au risque d'erreurs catastrophiques ; minimiser le risque d' , en revanche, implique d'accepter une certaine dose d'inefficacité. La vie, pourrait-on dire, préfère être un peu ennuyeuse plutôt que trop audacieuse. Un exemple fascinant nous vient du monde microbien, où la cognition apparaît sous sa forme la plus essentielle. En laboratoire, dès les années 1970, on a observé que des populations génétiquement identiques de bactéries *E. coli* ne se comportaient pas toutes de la même manière face à un environnement instable. Certains individus ralentissent considérablement leur métabolisme, d'autres continuent de se développer. C'est une stratégie connue sous le nom de « *bet-hedging* » : ne pas tout miser sur une seule prévision de l'avenir.

Aaron Mitchell, travaillant à Stanford au début des années 2000, a montré que cette « inefficacité » apparente augmente la probabilité qu'au moins une partie de la population survive à des chocs soudains. Ici, l'erreur n'est pas d'éviter de croître lorsque l'environnement serait favorable, mais de croître alors qu'il ne le sera bientôt plus. La connaissance biologique, dans ce cas, consiste à ne pas se fier trop aux conditions actuelles.

Même dans les systèmes les plus complexes, comme le système immunitaire humain, la même logique se répète. Le système immunitaire commet sans cesse des erreurs : il reconnaît comme dangereux ce qui ne l'est pas, déclenche des inflammations inutiles, parfois même une auto-immunité. D'un point de vue technique, c'est un désastre. D'un point de vue biologique, c'est un choix judicieux. Dans les années 1950, Frank Macfarlane Burnet a formulé la théorie de la sélection clonale en observant que le système immunitaire est conçu pour être hypersensible. Mieux vaut réagir une fois de trop que de ne pas réagir lorsque l'agent pathogène est bien réel. Là encore, l'épistémologie de la vie est asymétrique : certaines erreurs sont tolérables, d'autres non. La cognition biologique ne recherche pas la vérité, mais la continuité.

Cette « sagesse de l'erreur » apparaît également clairement au niveau écologique. Dans les milieux instables — déserts, toundras, zones intertidales —, les espèces qui survivent ne sont pas celles qui exploitent au maximum chaque fenêtre favorable, mais celles qui conservent une réserve de possibilités. Dans les années 1980, des études de terrain menées par l e dans le désert du Néguev ont montré que certaines plantes ne font germer qu'une fraction de leurs graines, même après des pluies abondantes. Le reste reste dans le sol, en attente. C'est un acte de méfiance envers le présent. Un botaniste israélien racontait, avec une pointe d'ironie, que ces plantes « ne croient pas aux promesses du ciel ». Une fois encore, la connaissance ne coïncide pas avec l'optimisme, mais avec une évaluation sobre des conséquences.

Si l'on revient à l'idée de l'organisme en tant que structure informationnelle stabilisée, l'erreur revêt un nouveau statut. Ce n'est pas un accident du processus cognitif, mais son banc d'essai. Un système vivant connaît parce qu'il doit agir sans certitudes, et il agit en sachant que certains paris ne sont pas autorisés. En ce sens, éviter le risque n'est pas de la lâcheté évolutive, mais de l'intelligence incarnée. La vie ne recherche pas le maximum possible, mais le suffisant fiable. C'est une leçon qui remet en cause de nombreuses métaphores dominantes — du progrès linéaire à l'optimisation algorithmique — et prépare le terrain pour une biologie de la conscience qui ne coïncide pas avec la performance, mais avec la responsabilité de la forme.

La vie comme instrument de mesure : quand la science apprend des organismes.

Si l'on examine attentivement l'histoire des instruments scientifiques, on découvre un détail curieux : beaucoup d'entre eux ne sont pas issus d'une abstraction mathématique pure, mais de l'imitation — souvent inconsciente — de fonctions biologiques élémentaires. Comme si, avant même d'inventer des appareils pour mesurer le monde, l'humanité avait appris en observant des organismes qui le faisaient déjà depuis des millions d'années.

Dans le cadre de ce chapitre, où la vie est décrite comme un processus cognitif, cette comparaison s'avère éclairante. En effet, l'organisme ne se contente pas de réagir : il mesure. Et il mesure toujours en fonction de sa propre survie, en intégrant information, mémoire et anticipation. Exactement ce que nous demandons à nos instruments scientifiques. Prenons l'un des instruments les plus emblématiques de la science moderne : le thermomètre. Lorsque Galilée, au début du XVIIe siècle, expérimentait son thermoscope à Padoue, il ne mesurait pas encore la température au sens quantitatif, mais enregistrait des variations. Le chaud et le froid étaient des différences perçues, et non des chiffres absolus.

C'est le même principe qui régit la peau d'un mammifère ou les membranes d'un reptile : il ne s'agit pas de connaître « la température », mais de ressentir un écart par rapport à un état vital. La peau n'est pas un capteur neutre : c'est une interface cognitive, calibrée sur des seuils biologiques. Le thermomètre moderne ne fait que rendre cette fonction ancestrale stable, reproductible et communicable.

Même la mesure du temps, apparemment la plus abstraite, a des racines biologiques profondes. Les chronomètres marins du XVIIIe siècle, comme celui perfectionné par John Harrison pour résoudre le problème de la longitude, sont nés d'un besoin de synchronisation. Mais la synchronisation est, depuis toujours, une compétence propre aux êtres vivants.

Chaque organisme possède des rythmes internes : des cycles d'activité, de repos, de renouvellement. Au XXe siècle, les expériences de Jürgen Aschoff dans le bunker d'Andechs, en Allemagne, ont montré que même en l'absence de lumière et de repères extérieurs, le corps humain continue de « compter le temps ». Non pas avec des chiffres, mais grâce à des oscillations physiologiques. Le chronomètre scientifique reproduit cette capacité : maintenir une cohérence temporelle interne indépendante de l'environnement.

Avant qu'Evangelista Torricelli n'invente le baromètre en 1643, de nombreux animaux « savaient » quand le temps allait changer. Bergers et marins le racontaient depuis des siècles : des chiens agités, des oiseaux qui changent de cap, des grenouilles qui sortent de l'eau. Ce n'est pas du folklore, mais la perception de variations de pression. Le baromètre n'apporte pas une nouvelle forme de connaissance : la connaissance objective. Il transforme une sensibilité répandue en une donnée lisible. Une fois encore, l'instrument scientifique stabilise une fonction biologique d' : détecter les changements environnementaux significatifs avant qu'ils ne deviennent dangereux.

Ce que ces exemples ont en commun, c'est un point souvent négligé : aucun instrument ne mesure « en absolu ». Toute mesure est une relation. Le mercure qui monte, l'aiguille qui oscille, le pendule qui bat ne font que traduire une interaction en un signal stable. Exactement comme le fait un organisme lorsqu'il perçoit, évalue et réagit. Vus sous cet angle, les instruments scientifiques apparaissent comme des prothèses cognitives de la vie elle-même. Non pas des entités neutres, mais des extensions d'une capacité biologique primaire : distinguer ce qui compte de ce qui peut être ignoré.

La science moderne, dans sa quête d'objectivité, a souvent oublié cette origine. Et pourtant, chaque instrument porte en lui une question implicite : qu'est-ce qui est pertinent pour un système qui veut perdurer ? C'est la même question que, silencieusement, chaque organisme pose au monde. En ce sens, parler de biologie des champs et d'organismes en tant que structures informationnelles stabilisées, c'est reconnaître que la cognition ne commence ni par le cerveau, ni par le laboratoire. Elle commence au moment où quelque chose mesure autre chose pour rester ce qu'elle est.

Mesurer, c'est déjà choisir : la responsabilité silencieuse du vivant.

À ce stade, la question change de ton. Il ne s'agit plus seulement de savoir comment les organismes mesurent le monde, mais ce qu'implique le fait qu'ils le fassent. Car si la vie est, sous toutes ses formes, un système qui mesure — sélectionne des signaux, élimine le bruit, anticipe les conséquences —, alors la mesure n'est jamais un acte innocent. C'est déjà une prise de position.

Dans l'histoire des sciences, nous avons l'habitude de considérer la mesure comme un geste neutre, presque moralement transparent. Un thermomètre ne juge pas, un capteur ne décide pas. Et pourtant, cette idée d' t vacille dès que nous revenons à l'origine biologique de toute mesure. L'organisme mesure pour continuer à exister. Tout acte de connaissance est orienté, situé, finalisé. En d'autres termes : il est déjà imprégné de valeur. Dans les années 1930, le physiologiste Walter Bradford Cannon, alors qu'il travaillait à Harvard, observait que le corps ne réagissait jamais de manière aléatoire aux variations internes et externes. C'est précisément de là que naît le concept d'homéostasie : mesurer signifie maintenir des conditions compatibles avec la vie. Mais maintenir implique une préférence, une norme, un « ainsi et pas autrement ».

Cette norme n'est pas morale au sens humain du terme, mais elle n'est pas non plus éthiquement neutre. Il s'agit d'une proto-éthique biologique : ce qui préserve la cohérence est favorisé, ce qui la détruit est évité. Chaque organisme, dans sa mesure, établit implicitement ce qui est acceptable et ce qui ne l'est pas.

Cela devient particulièrement évident lorsque la mesure biologique est externalisée dans la technologie. En 1945, au *Trinity Site*, dans le désert du Nouveau-Mexique, les instruments de mesure ont enregistré avec une précision irréprochable la première explosion nucléaire. Les compteurs Geiger fonctionnaient parfaitement. Mais la question éthique ne résidait pas dans les données recueillies, mais bien dans le choix de ce qu'il fallait mesurer et pourquoi.

La biologie nous enseigne qu'aucun système ne mesure tout. Toute mesure est sélective. Transposer cette leçon à la science, c'est reconnaître que la responsabilité ne naît pas après la connaissance, mais en même temps qu'elle. Comme l'écrivait Hans Jonas dans « *Le principe de* responsabilité » (1979), la puissance de la connaissance moderne nous oblige à une éthique anticipatoire. Mais, au fond, cette anticipation est déjà inscrite dans le vivant.

Il y a un aspect souvent négligé : mesurer expose celui qui mesure. Un organisme qui perçoit devient vulnérable à l'information qu'il reçoit. Claude Bernard, dans son laboratoire parisien de la rue d'Ulm, remarquait que l'excès de stimulation peut déstabiliser un système physiologique tout autant que son absence. La mesure, si elle n'est pas intégrée, peut devenir source de déséquilibre. Cette observation vaut également pour l'homme contemporain, submergé par une surabondance de données. La biologie des champs suggère que la responsabilité ne concerne pas seulement l'utilisation des informations, mais aussi la capacité à les supporter sans perdre en cohérence. Un système qui mesure sans intégrer se fragmente.

Dans cette optique, l'éthique n'apparaît plus comme un ajout tardif à la connaissance, mais comme une conséquence naturelle de celle-ci. Si chaque organisme est une structure informationnelle stabilisée, alors la responsabilité revient à veiller à sa propre cohérence et à celle des systèmes avec lesquels il est en relation.

Il ne s'agit pas encore de justice, de droits ou de devoirs au sens classique du terme. Il s'agit de quelque chose de plus élémentaire : la prise de conscience que connaître signifie intervenir, et qu'intervenir modifie le champ dont nous faisons partie. La science, lorsqu'elle reconnaît ses racines biologiques, ne peut plus se soustraire à la question du sens et des conséquences de son action.

La vie, par ses mesures, nous enseigne que toute connaissance authentique s'accompagne d'une responsabilité silencieuse : rester en relation sans détruire la cohérence qui rend cette relation possible.

Vers une biologie de la conscience.

À ce stade du parcours, après avoir suivi la vie tandis qu'elle mesure, sélectionne, anticipe et maintient sa propre cohérence, une question se pose avec une certaine inévitabilité : quand, et de quelle manière, tout cela devient-il expérience ? Pas encore la conscience au sens humain, réflexif, linguistique, mais quelque chose qui lui ressemble suffisamment pour nous obliger à revoir nos catégories.

Parler de biologie de la conscience ne signifie pas chercher une âme cachée dans les cellules ni réduire l'expérience à un algorithme moléculaire. Cela signifie, plus sobrement mais aussi plus radicalement, se demander si la conscience n'est pas une propriété émergente de champs biologiques hautement cohérents, tout comme la vie émerge lorsque l'information cesse d'être abstraite et prend forme. Dans les années 1990, le neurobiologiste Antonio Damasio racontait souvent un épisode survenu au « *Beth Israel Deaconess Medical* Center » de Boston : des patients présentant des lésions spécifiques dans les zones émotionnelles du cerveau étaient parfaitement capables de raisonner, mais incapables de prendre des décisions. Il leur manquait quelque chose qui n'était pas de l'information, mais plutôt une perception de la valeur des alternatives.

Cette anecdote, désormais classique, devient particulièrement intéressante lorsqu'on la lit à la lumière de la biologie des champs. Avant même la décision consciente, il existe un niveau d'intégration globale qui évalue, oriente, pèse le pour et le contre. Ce n'est pas de la pensée, mais ce n'est pas non plus une simple réaction. C'est un champ de signification incarnée.

En physique, le concept de seuil est crucial : en dessous d'une certaine intensité, rien de qualitativement nouveau ne se produit ; au-delà de ce seuil, une propriété inattendue émerge. Certains biologistes théoriciens ont commencé à se demander si la conscience ne fonctionnait pas de la même manière. En 2014, lors d'une conférence à Tucson consacrée aux fondements de la conscience, un débat animé a eu lieu pour savoir si l'expérience subjective était un « interrupteur » ou un « gradient ». L'impression générale — rapportée ensuite de manière informelle par plusieurs participants — était que la conscience n'apparaît pas soudainement, mais qu'elle s'épaissit. Lorsque l'information est suffisamment intégrée, stable et globale, quelque chose se produit.

En ce sens, les champs biologiques décrits dans les chapitres précédents peuvent être considérés comme le terreau de l'expérience : des structures dynamiques qui maintiennent la multiplicité et la rendent présente à elle-même. Une biologie de la conscience ne nie pas le rôle du système nerveux, tout comme la biologie de la vie ne nie pas la chimie. Mais elle rejette l'idée que le cerveau produise la conscience comme une glande produit une hormone.

Dès les années 1940, le neurologue Kurt Goldstein, travaillant avec des patients atteints de lésions cérébrales à Francfort puis aux États-Unis, observait que l'organisme réagit aux lésions comme un tout, en réorganisant son comportement global. Ce n'est pas une fonction isolée qui se perd : c'est la manière d'être au monde qui change. Un indice puissant du fait que l'expérience n'est pas localisable comme un objet, mais répartie comme un champ.

En arriver là, c'est avoir déplacé la question sur la conscience. Ce n'est plus « où se trouve-t-elle ? », mais « quand émerge-t-elle ? ». Ce n'est plus « de quoi est-elle faite ? », mais « quel degré de cohérence exige-t-elle ? ». C'est un changement de perspective qui ouvre inévitablement la voie à des questions métaphysiques, sans pour autant renoncer à la rigueur scientifique.

La prochaine étape consistera à s'interroger sur la signification de cette émergence : si la conscience est un événement qui se produit dans les champs de la vie, alors elle concerne non seulement l'homme, mais la manière même, dans l' , dont l'univers devient, localement, conscient de lui-même. C'est là que la biologie rencontre la responsabilité, et que la description cède la place au sens.

La conscience mise entre parenthèses : comment la biologie l'a perdue et est en train de la retrouver.

Pendant une grande partie du XXe siècle, la conscience a été une présence gênante en biologie. Non pas ouvertement niée, mais soigneusement évitée. Trop subjective, trop difficile à mesurer, trop proche de ce vocabulaire philosophique que la science moderne avait appris à considérer avec méfiance. Si la biologie voulait devenir une science « dure », la science moderne devait s'en débarrasser. Cet acte d'expulsion a une date symbolique : 1913, lorsque John B. Watson publie le manifeste du behaviorisme. La psychologie — et avec elle la biologie du comportement — n'étudierait que ce qui est observable : les stimuli et les réponses. La conscience ? Un résidu métaphysique. Dans les laboratoires américains, des couloirs de Johns Hopkins aux universités du Midwest, parler d'expérience intérieure devint presque un manque de rigueur scientifique.

La même logique imprègne la biologie moléculaire naissante. En 1965, Jacques Monod, à l'Institut Pasteur de Paris, écrit **Le Hasard et la Nécessité**. C'est un ouvrage fascinant, rigoureux, mais au message sans équivoque : la vie est le produit de mécanismes aveugles, et toute référence à une finalité ou à une intériorité est une illusion anthropocentrique. La conscience, dans ce cadre, n'est pas un problème biologique, mais plutôt un épiphénomène culturel. Francis Crick lui-même, dans son bureau du Salk Institute de La Jolla, aimait répéter dans les années 1980 que « *toi, tes joies et tes peines, tu n'es rien d'autre qu'un vaste ensemble de neurones* ». Une phrase devenue célèbre précisément parce qu'elle résume l'esprit d'une époque : tout expliquer à partir de la base, même au prix de perdre quelque chose en cours de route.

Et pourtant, quelque chose ne fonctionnait pas tout à fait. Les systèmes biologiques réels — des écosystèmes aux cellules — continuaient de présenter des propriétés qui échappaient à la somme de leurs parties. Dans les années 1970, à Bruxelles, Ilya Prigogine étudiait les structures dissipatives et montrait que l'ordre peut émerger spontanément du chaos lorsqu'un système est loin de l'équilibre. Il ne parlait pas de conscience, mais il rouvrait une porte : l'organisation globale compte plus que les mécanismes individuels.

Peu après, au Chili, Humberto Maturana et Francisco Varela ont introduit le concept d'autopoïèse. Un organisme n'est pas défini par ce qui le compose, mais par le processus grâce auquel il se maintient. C'est une unité qui se produit et se reconnaît comme telle. Ici, la conscience n'est pas encore nommée, mais l'idée d'un système doté d'une perspective propre commence à faire son chemin.

Le retour de la conscience en biologie ne se fait pas comme un coup de théâtre, mais comme un lent changement de climat culturel. À la fin du XXe siècle, dans les centres de recherche sur les systèmes complexes — du Santa Fe Institute au Nouveau-Mexique aux laboratoires européens de dynamique non linéaire —, il devient de plus en plus difficile d'ignorer la question de l'expérience.

Si un système intègre l'information à un niveau global, s'il maintient une cohérence dynamique, s'il distingue ce qui est pertinent pour sa propre existence, alors la question n'est plus de savoir si quelque chose de semblable à la conscience émerge, mais quand et sous quelle forme. La conscience cesse d'être un objet mystérieux et devient une propriété émergente des champs biologiques hautement organisés. Cette digression historique ne sert pas à réévaluer avec nostalgie des concepts écartés, mais à montrer que la biologie change de questionnement. Il ne s'agit plus de savoir « comment éliminer la conscience du discours scientifique », mais « comment la décrire sans trahir sa nature ». C'est une transition délicate, qui exige de nouveaux langages et de nouvelles responsabilités théoriques. La biologie de la conscience n'est pas encore une discipline aboutie, mais un horizon qui s'ouvre.

XI° – Vers une nouvelle biologie.

Ce chapitre se présente comme un seuil. Il n'ajoute pas une nouvelle pièce technique à la mosaïque, mais invite à considérer l'image dans son ensemble. Après avoir suivi le fil de la vie à travers la cohérence, les champs biologiques, l'information incarnée et la cognition diffuse, il devient inévitable de se demander ce que tout cela implique pour la science — et pour nous. Le chapitre XI ne se contente pas de clore le livre : il en explicite les conséquences.

La biologie des champs, en effet, n'est pas seulement un modèle interprétatif alternatif. C'est une proposition ontologique : elle suggère que les organismes ne sont pas des objets parmi d'autres, mais des processus informationnels stabilisés, des centres de sens situés dans le monde. Accepter cette perspective, c'est reconnaître que la vie n'est réductible ni à la machine ni au hasard, sans pour autant se réfugier dans des explications mystiques. C'est une position inconfortable, mais féconde.

Au cours du XXe siècle, la science a affiné des outils extrêmement puissants, souvent au prix d'une simplification de l'objet étudié. Cet ouvrage a montré comment, dans le cas du vivant, cette simplification commence à devenir une limite. Ce chapitre sert donc à clarifier ce qui change lorsque la vie est envisagée comme un champ cohérent et cognitif : ce sont les questions légitimes, les modèles admis, mais aussi la posture épistémique du scientifique qui changent. Il ne s'agit pas d'ajouter des « valeurs » de l'extérieur à la biologie, mais bien de reconnaître que toute description du vivant comporte des implications culturelles et éthiques. Comme l'écrit Hans Jonas dans « Le principe de responsabilité » : « *Agis de telle sorte que les conséquences de ton action soient compatibles avec la pérennité d'une vie authentiquement humaine sur Terre.* » Cette affirmation, issue d'un contexte philosophique, prend une dimension étonnamment biologique si l'on conçoit la vie comme un réseau de champs interdépendants : intervenir sur l'un d'entre eux revient toujours à intervenir sur l'ensemble.

L'un des objectifs de ce chapitre est de montrer que la biologie des champs n'appauvrit pas la science, mais l'enrichit. Elle introduit de nouveaux modèles — systémiques, non locaux, dynamiques — et nous oblige à nous interroger sur des concepts que la biologie avait mis de côté par prudence : la forme, la finalité, le sens. Non pas comme des dogmes, mais comme des problématiques légitimes.

En ce sens, le dialogue avec la métaphysique n'est pas un pas en arrière, mais un pas de côté. Ainsi, ce chapitre n'offre pas de solutions définitives. Il indique une direction. Il montre que concevoir la vie comme un événement porteur de sens implique une science plus réflexive et un savoir plus responsable. C'est le point où le discours scientifique rencontre la question de ce qui vaut la peine d'être connu — et de la manière d'utiliser ce que nous savons.

Quand la science cesse de démanteler et commence à écouter.

Si la biologie des champs est une proposition radicale, elle l'est avant tout pour la science elle-même. Après avoir traversé la crise du paradigme classique, la découverte de la cohérence et l'idée d'organisme en tant que champ informationnel stabilisé, il devient inévitable de se demander : qu'est-ce qui change réellement dans le travail du scientifique ? La réponse n'est pas technique, mais méthodologique et culturelle. Les modèles changent — ils ne sont plus linéaires, ni purement causaux — et les questions jugées légitimes changent également. La biologie des champs suggère que le vivant ne peut être compris uniquement en le décomposant, mais qu'il doit être suivi dans ses schémas d'organisation, dans ses résonances, dans ses stabilités dynamiques. En d'autres termes, la science est appelée à observer des processus, et pas seulement des mécanismes.

L'un des changements les plus évidents concerne le type de modèles admis. La métaphore dominante de la machine, bien qu'extraordinairement efficace dans le domaine moléculaire, montre ici ses limites. Les organismes apparaissent de plus en plus comme des systèmes cohérents qui conservent leur identité grâce à des flux continus de matière, d'énergie et d'information. Ce n'est pas une idée nouvelle, mais la manière dont elle est formalisée change.

Rappelons que dans les années 1950, Ludwig von Bertalanffy, fondateur de la théorie des systèmes, observait qu' : « *Le tout est plus que la somme de ses parties.* » Une phrase souvent citée, mais rarement prise au sérieux jusqu'au bout. La biologie des champs tente de le faire, en proposant des modèles capables de décrire comment l'ordre biologique émerge et se maintient sans être localisé à un seul niveau. Ce n'est pas un hasard si des outils et des concept s tels que les dynamiques non linéaires, l'auto-organisation et la cohérence font aujourd'hui partie intégrante du lexique biologique, bien au-delà de la physique qui les a vus naître.

Parallèlement aux modèles, les questions évoluent. Pendant des décennies, la biologie a privilégié le « comment » au détriment du « pourquoi », craignant les dérives finalistes. Mais une biologie des champs ne peut éviter de s'interroger sur la forme, la stabilité et la directionnalité des processus vitaux. Non pas en tant que causes externes, mais en tant que propriétés immanentes des systèmes vivants.

Conrad Waddington écrivait que le développement biologique ressemble à un paysage de possibilités. Aujourd'hui, cette intuition retrouve toute son actualité : la question n'est plus seulement de savoir quels gènes sont impliqués, mais comment l'organisme maintient sa trajectoire parmi de nombreuses possibilités compatibles. C'est une question qui met en jeu des champs de régulation, et non des molécules isolées.

Un autre changement concerne la notion de neutralité scientifique. Si le vivant est un système informationnel qui interprète et réagit, l'acte même de le connaître n'est jamais totalement extérieur. La biologie des champs met en évidence ce que des philosophes des sciences comme Evelyn Fox Keller ont longtemps souligné : les modèles ne sont pas des miroirs de la nature, mais des outils situés, imprégnés de métaphores et de choix implicites.

Karl Popper rappelait que « *la science n'est pas un système d'énoncés certains, mais une entreprise humaine en révision constante* ». Dans ce contexte, la valeur d'une théorie ne réside pas seulement dans sa capacité prédictive, mais aussi dans son ouverture : dans la possibilité d'intégrer différents niveaux sans les réduire de force. La biologie des champs demande à la science de devenir plus réflexive, et non moins rigoureuse.

Enfin, la relation entre ce qui est mesurable et ce qui est significatif évolue. Tout ce qui compte dans un système vivant n'est pas immédiatement quantifiable, et tout ce qui est quantifiable n'épuise pas le phénomène. Cela ne signifie pas renoncer à la mesure, mais en reconnaître les limites. Comme le rappelait Niels Bohr, en réfléchissant aux systèmes complexes : « Nous *ne sommes pas des spectateurs, mais des acteurs dans le grand drame de l'existence.* »

Transposée en biologie, cette affirmation invite à développer des outils capables de saisir des schémas, des relations et la stabilité, sans prétendre les réduire à une seule échelle. C'est un changement subtil, mais profond : la science ne renonce pas à expliquer, mais accepte que expliquer la vie signifie aussi l'interpréter.

Qu'est-ce qui change pour l'homme lorsque la vie est un champ ?

Si la biologie des champs redéfinit ce qu'est la vie, elle redéfinit inévitablement aussi qui nous sommes. Non pas comme un effet secondaire, mais comme une conséquence directe. Car l'être humain n'observe pas la vie de l'extérieur : il en est une modulation complexe, une stabilisation particulière de l'information incarnée. Lorsque l'organisme n'est plus considéré comme une machine composée de pièces, mais comme un champ cohérent qui se maintient dans le temps, l'identité, la santé et la relation à la nature cessent d'être des concepts distincts.

Dans cette perspective, l'identité ne correspond plus à un noyau fixe — le génome, le cerveau, la personnalité — mais à un processus de continuité dynamique. Nous sommes reconnaissables non pas parce que nous sommes immuables, mais parce que nous sommes cohérents. Le philosophe Maurice Merleau-Ponty insistait sur une idée alors marginale : le corps n'est pas un objet que nous possédons, mais la manière même dont nous sommes au monde. Aujourd'hui, cette intuition trouve un écho biologique précis. Concevoir l'homme comme un champ, c'est reconnaître que l'identité émerge de la relation constante entre différents niveaux : moléculaire, physiologique, perceptif, symbolique.

La santé aussi change de statut. Elle n'est plus simplement le silence des organes ou le retour à la normale, mais la qualité de la cohérence globale de l'organisme. Un corps sain n'est pas celui qui ne s'écarte jamais, mais celui qui sait se réorganiser sans perdre son unité.

Dans les années 1970, l'épidémiologiste Aaron Antonovsky — travaillant entre Israël et les États-Unis — a proposé le concept de « *sense of* coherence » pour expliquer pourquoi certaines personnes restent en bonne santé d , même dans des conditions défavorables. Son intuition était que la santé dépendait de la capacité à donner un sens et une continuité à l'expérience, et pas seulement de facteurs biologiques isolés. Aujourd'hui, cette idée peut être réinterprétée sous un angle biologique : la santé comme stabilité informationnelle, comme capacité à tenir le coup.

Cela déplace également le centre de gravité de la responsabilité : non pas dans le sens culpabilisant de « tout est de ta responsabilité », mais en tant que participation active. Les soins ne concernent plus seulement la réparation, mais le soutien à la cohérence : environnementale, relationnelle, temporelle.

Enfin, la manière dont l'homme se situe dans la nature change. Si les organismes sont des champs qui interagissent, alors l'écosystème n'est pas non plus un simple réceptacle, mais un champ de champs. L'être humain n'est ni au-dessus ni en dehors, mais à l'intérieur, en résonance permanente. Lorsque Rachel Carson a publié « *Silent* Spring » en 1962, elle a décrit non seulement une catastrophe écologique, mais aussi une perte de relations invisibles : insectes, oiseaux, sols, cycles saisonniers. Dans son ouvrage, l'auteure dénonce l'utilisation aveugle des pesticides chimiques, montrant comment ceux-ci endommagent les écosystèmes, tuent la faune et mettent en danger la santé humaine. À l'époque, elle fut accusée de céder à l'émotion. Aujourd'hui, elle apparaît comme l'une des premières voix à avoir pressenti que la santé humaine et celle des écosystèmes sont indissociables, car elles partagent des champs d'information et de régulation.

James Lovelock lui-même, alors qu'il travaillait comme conseiller scientifique pour la NASA dans les années 1960, est parvenu à l'hypothèse Gaïa en observant des anomalies chimiques dans l'atmosphère terrestre. La Terre, suggérait-il, se comporte comme un système autorégulé. Non pas une divinité, mais une organisation cohérente. Dans ce cadre, l'homme n'est pas un dominateur, mais un modulateur puissant, et donc responsable.

Ce qui change pour l'homme, en définitive, ce n'est pas une croyance isolée, mais la tonalité de fond. L'idée d'être des entités séparées cède la place à celle d'être des nœuds sensibles dans un tissu vivant. Cela ne réduit pas l'individualité, cela la rend plus profonde. Elle ne dissout pas la liberté, elle l'ancre dans des conditions réelles. Elle n'idéalise pas la nature, mais en reconnaît la complexité partagée. Comme l'écrivait Gregory Bateson, en réfléchissant aux systèmes vivants : « *La rupture des connexions est toujours une forme de folie.* » La biologie des champs suggère que la santé de l'homme — biologique, psychique, culturelle — dépend de la qualité des connexions qu'il sait entretenir.

Science et métaphysique réconciliées.

Pendant longtemps, dans la culture occidentale, la science et la métaphysique se sont regardées avec méfiance. La première accusait la seconde de flou, la seconde reprochait à la première son aveuglement face au sens. La biologie des champs, presque sans le vouloir, oblige aujourd'hui les deux à revoir leurs positions. Non pas pour fusionner dans un syncrétisme confus, mais pour reconnaître que le vivant pose des questions qu'aucune des deux, à elle seule, ne parvient plus à soutenir.

Le point de départ est étonnamment concret. Lorsque la vie est décrite comme une structure informationnelle stabilisée, comme un champ cohérent qui organise la matière et l'énergie dans le temps, le langage purement mécaniste commence à montrer des failles. Non pas parce qu'il est faux, mais parce qu'il est incomplet.

Depuis lors, la science de la complexité a fait d'énormes progrès, mais le nœud philosophique demeure. Ilya Prigogine aimait répéter que « *l'avenir n'est pas donné* ». Il le disait en étudiant des systèmes éloignés de l'équilibre, et non en rédigeant des essais existentiels. Pourtant, cette phrase revêt une portée métaphysique évidente : si la nature produit de véritables nouveautés, si le temps est créateur, alors le monde n'est pas un simple déroulement de causes déjà écrites. La biologie des champs reprend cet héritage et l'intègre au cœur du vivant.

C'est là que se situe le point de réconciliation. La métaphysique ne revient pas par la porte du mystère ineffable, mais par celle de la structure. Elle ne parle plus de « forces vitales » au sens nébuleux, mais de principes d'organisation, d'unité qui précède les parties, de sens en tant que dimension intrinsèque des systèmes vivants. C'est une métaphysique sobre, pourrait-on dire, qui renonce aux explications ultimes de type « », mais rejette l'idée que le sens soit une illusion subjective.

Un épisode souvent évoqué dans les milieux universitaires français raconte une discussion qui eut lieu à Paris, à la fin des années 80, entre un biologiste moléculaire et un philosophe des sciences après une conférence au Musée de l'Homme. Le premier affirmait que « *finalement, tout se résume aux molécules* ». Le second répondit : « *Oui, mais tout ne se décide pas là* ». C'est dans cet écart, minime mais décisif, que la biologie des champs trouve sa place.

La réconciliation s'opère également sur le plan de la responsabilité du savoir. Hans Jonas, dans « *Le Principe de responsabilité* » (1979), ne parlait pas de champs biologiques, mais avait saisi avec lucidité le problème : une science extrêmement puissante, dépourvue de réflexion sur le sens et les conséquences, devient dangereusement myope. Si la vie est un réseau de champs informationnels, toute intervention technique n'est jamais locale, mais a des répercussions à des niveaux que nous ne savons souvent pas mesurer immédiatement. La métaphysique, ici, ne dicte pas de lois à la science : elle lui rappelle l'ampleur de son impact.

Il est important de préciser ce que cette réconciliation n'est pas. Ce n'est pas un retour au mysticisme, ni une spiritualisation inappropriée de la biologie. Mais ce n'est pas non plus un réductionnisme raffiné qui change de vocabulaire tout en laissant intacte la structure. Parler de champs, c'est accepter qu'il existe des niveaux de réalité qui ne peuvent être décrits qu'en termes relationnels et formels, et qui ne sont pas entièrement traduisibles en chaînes causales linéaires.

En ce sens, la biologie des champs joue un rôle culturel similaire à celui qu'a joué la relativité générale au début du XXe siècle. Lorsque Einstein a présenté ses équations en 1915 à Berlin, il n'a pas seulement proposé une nouvelle physique, mais une nouvelle façon de concevoir l'espace et le temps. De la même manière, une biologie qui reconnaît l'existence de champs d'information stabilisés oblige à repenser des catégories telles que la cause, la forme, l'émergence, la finalité — des mots que la science avait écartés, mais qui font désormais leur retour, transformés et surveillés.

Le résultat n'est pas une synthèse définitive, mais une coexistence féconde. La science continue à faire ce qu'elle sait faire de mieux : observer, mesurer, modéliser. La métaphysique renonce aux explications totales, mais revient à s'interroger sur les présupposés, les limites, le sens global. La vie, quant à elle, reste là : concrète, mesurable, et pourtant irréductible à une simple somme de données.

Au-delà de l'explication, avant le mystère : la vie comme événement qui parle.

À ce stade, après avoir abordé les crises du paradigme, de la cohérence, des champs, de la santé et des connaissances biologiques, il reste une question à laquelle on ne peut plus faire l'impasse. Ce n'est ni une question technique, ni un problème de méthode. C'est une question de statut : quel type de réalité est la vie, si, pour la comprendre, nous devons faire appel non seulement à des réactions, des sélections et des informations, mais aussi à l'unité, à la forme, à l'orientation et au sens ?

La biologie des champs n'apporte pas de réponse définitive, mais elle met en évidence que le vivant n'est pas neutre vis-à-vis du sens. Non pas au sens où il « signifie quelque chose » comme un texte symbolique, mais dans le sens le plus sobre et le plus profond : la vie se déroule comme un événement structuré, cohérent, orienté. Et là où il y a orientation, même minime, même impersonnelle, se pose inévitablement une question de sens.

Un physicien comme John Archibald Wheeler, dans les dernières années de sa vie, aimait résumer sa vision par une formule curieuse : « *it from bit* ». La réalité physique, suggérait-il, émerge de l'information. C'était une hypothèse audacieuse, mais révélatrice d'un climat culturel : lorsque la science touche au cœur des processus, elle rencontre quelque chose qui n'est pas seulement de la matière en mouvement, mais une configuration, un choix parmi des possibilités, une stabilisation de formes. La biologie des champs transpose cette intuition dans le domaine du vivant, en montrant que les organismes ne sont pas seulement des produits du monde, mais des événements qui organisent le monde localement.

Ici, la science et la métaphysique cessent de se disputer le terrain et commencent, enfin, à se reconnaître mutuellement. La science accepte que la description du vivant implique des niveaux de réalité qui ne se laissent pas épuiser par la causalité linéaire. La métaphysique, quant à elle, renonce à parler à la place de la science et se limite à interroger ce que la science présuppose sans pouvoir le mesurer directement : l'unité, l'identité, la direction, la valeur.

Considérer la vie comme un événement porteur de sens ne signifie pas lui attribuer une fin extérieure ou un projet cosmique prédéterminé. Cela signifie reconnaître que, dans l'univers connu, la vie est le lieu où l'information devient expérience organisée, où la matière cesse d'être indifférente à elle-même. Comme l'écrivait la philosophe Hannah Arendt, en réfléchissant à la natalité, chaque nouveau commencement « *introduit dans le monde quelque chose qui n'existait pas auparavant* ». La biologie des champs montre que cela ne vaut pas seulement pour l'action humaine, mais pour le vivant en tant que tel.

Ce chapitre s'achève donc sur un seuil. Il ne propose pas une métaphysique de la vie, mais montre pourquoi une réflexion sur le sens n'est pas un ajout arbitraire, mais une conséquence naturelle de ce que la biologie contemporaine est en train de découvrir. Si la vie est un champ cohérent qui se maintient dans le temps, si elle connaît, mesure, sélectionne et répond, alors elle n'est pas seulement un fait de l'univers, mais un événement qui le modifie de l'intérieur.

La conclusion de l'ouvrage pourra désormais aborder ouvertement cette implication : non pas ce que signifie la vie, mais pourquoi, au cœur même de la nature, le sens devient une possibilité réelle.

Conclusion. La vie comme événement de sens dans l'univers.

Arrivés à cette conclusion, le parcours accompli par la biologie des champs permet de formuler une affirmation qui, il y a seulement quelques décennies, aurait semblé déplacée dans un contexte scientifique : la vie est un événement porteur de sens dans l'univers. Ce n'est ni un ajout poétique, ni une consolation philosophique, mais une conséquence rigoureuse de ce qui émerge lorsque le vivant est observé comme une structure informationnelle stabilisée, comme un champ cohérent qui organise la matière, l'énergie et l'information dans le temps.

Pendant longtemps, l'idée dominante a été que la vie constituait une déviation improbable dans un cosmos fondamentalement indifférent. Jacques Monod, dans son célèbre ouvrage « Le hasard et la nécessité », parlait d'une « solitude » fondamentale de l'homme dans un univers aveugle. Cette vision a eu une force culturelle énorme, mais elle apparaît aujourd'hui comme historiquement située. Non pas parce qu'elle a été « réfutée », mais parce que le cadre cognitif a changé. En étudiant les systèmes complexes, l'auto-organisation et les dynamiques non linéaires, il devient de plus en plus difficile de soutenir que la vie n'est qu'un accident statistique.

Cet ouvrage propose une autre perspective : la vie comme mode naturel par lequel l'univers, dans certaines conditions, produit une cohérence durable et une information incarnée. Ce n'est pas un événement surnaturel, mais pas non plus une simple conséquence mécanique. C'est un passage à un autre niveau. À l'instar de l'eau qui, à une certaine température, cesse d'être liquide et se transforme en glace dotée de nouvelles propriétés, la matière, en s'organisant en champs biologiques, génère quelque chose qui n'existait pas auparavant : un centre de relation, de mémoire, de réponse.

Une anecdote peu connue concerne une conférence donnée par Freeman Dyson à Princeton au début des années 2000. À la fin de la rencontre, un étudiant lui a demandé s'il considérait la vie comme « inévitable » dans l'univers. Dyson a souri et a répondu : « Je *ne sais pas si elle est inévitable, mais elle n'est certainement pas surprenante.* » Dans cette phrase, il y a un glissement subtil mais décisif : la vie n'est pas une exception scandaleuse, mais le résultat cohérent d'un cosmos riche en possibilités d'organisation.

Considérer la vie comme un événement porteur de sens n'implique pas de lui attribuer un but prédéterminé. Le sens, ici, n'est pas une fin imposée de l'extérieur, mais une propriété émergente. Chaque organisme vivant sélectionne, interprète, distingue ce qui compte de ce qui ne compte pas. Même la bactérie, dans son environnement microscopique, vit dans un monde significatif, fait de gradients, de seuils, de signaux. Jakob von Uexküll l'avait déjà pressenti dans les années 1920 en parlant d'Umwelt : chaque être vivant habite un monde de sens, et non un univers neutre.

Si cela vaut pour tout organisme, alors l'apparition de la vie introduit dans l'univers une nouvelle qualité : la possibilité que quelque chose ait de l'importance. Non pas pour quelqu'un en particulier, ni pour un observateur extérieur, mais pour le système vivant lui-même. « *La biologie des champs* » rend ce passage visible, en montrant comment la cohérence biologique est toujours aussi une cohérenc t fonctionnelle, orientée vers la persistance, la relation, la continuité.

Un épisode raconté par un médecin généraliste pendant les années difficiles de la pandémie éclaire ce point sous un angle concret. Face à des patients présentant des paramètres cliniques similaires, certains réagissaient, d'autres non. « *À un certain* moment », a-t-il dit, « *j'ai compris que je ne soignais pas seulement des corps, mais des histoires qui cherchaient à rester entières* ». Ce n'est pas une déclaration scientifique au sens strict, mais c'est une intuition qui résonne profondément avec l'idée de champ : la vie comme unité de sens qui tente de se maintenir.

Sous cet angle, l'univers n'apparaît plus comme une toile de fond indifférente sur laquelle la vie survient par hasard. Il apparaît plutôt comme un contexte capable, au moins localement, de produire du sens à travers la vie. La biologie des champs n'affirme pas que l'univers « veuille » la vie, mais montre que l'univers peut devenir significatif grâce à la vie. C'est une différence subtile, mais cruciale.

Conclure en parlant de sens ne signifie pas sortir du domaine de la science, mais en reconnaître la limite féconde. La science décrit comment la vie se produit ; le sens émerge du fait même qu'elle se produise ainsi, et non autrement. C'est dans cet espace, non pas vide mais ouvert, que s'inscrit la responsabilité humaine : comprendre qu'en étudiant la vie, nous observons l'une des façons dont l'univers devient interprétable, voire narrable.

La vie n'est donc ni un miracle qui enfreint les lois de la nature, ni un accident sans importance. C'est l'un des événements où la nature, en suivant ses propres lois, dépasse sa propre indifférence et inaugure un monde où quelque chose compte.

Bibliographie spécialisée.

Vous trouverez ci-dessous une bibliographie spécialisée, vaste et cohérente avec le cadre conceptuel de l'ouvrage, axée sur les domaines de la biologie, de l'information, de la forme, de la cohérence, de la complexité et au-delà du réductionnisme, comprenant des classiques, des textes scientifiques, des ouvrages théoriques et des travaux interdisciplinaires. Les titres sont indiqués dans leur langue d'origine, lorsqu'ils sont disponibles.

Abrams David	The Spell of the Sensuous – Pantheon Books
Bateson Gregory	Mind and Nature: A Necessary Unity – Dutton
Bateson Gregory	Steps to an Ecology of Mind – University of Chicago Press
Behe Michael J.	Darwin's Black Box – Free Press
Bohm David	Wholeness and the Implicate Order – Routledge
Bohm David	Causality and Chance in Modern Physics – Routledge
Capra Fritjof	The Web of Life – Anchor Books
Capra Fritjof, Luisi Pier Luigi	The Systems View of Life – Cambridge University Press
Davies Paul	The Cosmic Blueprint – Simon & Schuster
Davies Paul	The Fifth Miracle – Simon & Schuster
Deacon Terrence W.	Incomplete Nature: How Mind Emerged from Matter – W.W. Norton
Del Giudice Emilio	Role of Coherence in Biological Systems – World Scientific
Elsasser Walter	The Physical Foundation of Biology – Pergamon Press
Elsasser Walter	Atom and Organism – Princeton University Press
Goodwin Brian	How the Leopard Changed Its Spots – Princeton University Press
Goodwin Brian	Nature's Due – Floris Books

Gould Stephen Jay	The Structure of Evolutionary Theory – Harvard University Press
Hameroff Stuart, Penrose Roger	Consciousness and the Universe – Cosmology Science Publishers
Ho Mae-Wan	The Rainbow and the Worm – World Scientific
Hoffmeyer Jesper	Signs of Meaning in the Universe – Indiana University Press
Hoffmeyer Jesper	Biosemiotics – University of Scranton Press
Jantsch Erich	The Self-Organizing Universe – Pergamon Press
Kauffman Stuart	The Origins of Order – Oxford University Press
Kauffman Stuart	At Home in the Universe – Oxford University Press
Keppler Joachim	The Energetic Basis of Life – Springer
Lovelock James	Gaia: A New Look at Life on Earth – Oxford University Press
Margulis Lynn	Symbiotic Planet – Basic Books
Margulis Lynn, Sagan Dorion	What Is Life? – University of California Press
Maturana Humberto, Varela Francisco	Autopoiesis and Cognition – D. Reidel
Maturana Humberto, Varela Francisco	The Tree of Knowledge – Shambhala
Montagnier Luc	DNA Waves and Water – AIP Conference Proceedings
Morin Edgar	La Méthode – Seuil
Pattee Howard	Hierarchy Theory – George Braziller
Penrose Roger	The Emperor's New Mind – Oxford University Press
Prigogine Ilya	From Being to Becoming – W.H. Freeman
Prigogine Ilya, Stengers Isabelle	Order Out of Chaos – Bantam Books
Rosen Robert	Life Itself – Columbia University Press
Rosen Robert	Essays on Life Itself – Columbia University Press
Sheldrake Rupert	A New Science of Life – Blond & Briggs
Sheldrake Rupert	The Presence of the Past – Times Books
Stengers Isabelle	Thinking with Whitehead – Harvard University Press
Uexküll Jakob von	A Foray into the Worlds of Animals and Humans – University of Minnesota Press
Varela Francisco	Ethical Know-How – Stanford University Press
Waddington C.H.	The Strategy of the Genes – Allen & Unwin
Whitehead Alfred North	Process and Reality – Free Press
Wiener Norbert	Cybernetics – MIT Press
Wolfram Stephen	A New Kind of Science – Wolfram Media

Études et recherches

Vous trouverez ci-dessous une liste spécialisée d'études et de projets scientifiques récents et reconnus, en cohérence avec le thème de l'ouvrage.

J'ai privilégié les travaux sur la cohérence biologique, les champs, l'information, la non-localité, les systèmes complexes, la biophysique et la cognition incarnée, en évitant les titres purement métaphoriques.

Les titres sont en langue originale ; la liste est classée par ordre alphabétique selon le nom de famille de l'auteur principal.

Albert Rémi	Institut de Biologie de l'École Normale Supérieure	*Network Inference, Analysis, and Modeling in Systems Biology* – Nature Reviews Genetics
Bialek William	Princeton University	*Biophysics: Searching for Principles* – Princeton University Press
Cifra Michal	Czech Academy of Sciences	*Electromagnetic Fields Generated by Living Cells* – BioSystems
Del Giudice Emilio	INFN – Istituto Nazionale di Fisica Nucleare	*Coherent Quantum Electrodynamics in Living Matter* – Journal of Physics: Conference Series
De Loof Arnold	University of Leuven	*The Cell's Self-Generated Electromagnetic Field* – Communicative & Integrative Biology
Ellis George F.R.	University of Cape Town	*Top-Down Causation and the Emergence of Information in Complex Systems* – Interface Focus
Fields Chris	Independent Researcher	*How Do Living Systems Create Meaning from Information?* – Biosemiotics

Fröhlich Herbert	University of Liverpool	*Long-Range Coherence and Energy Storage in Biological Systems* – International Journal of Quantum Chemistry
Giudice Del Emilio, Preparata Giuliano	INFN	*Biological Ordering and Coherent Domains in Water* – Journal of Biological Physics
Haken Hermann	University of Stuttgart	*Synergetics: Introduction and Advanced Topics* – Springer
Ho Mae-Wan	Institute of Science in Society	*Quantum Coherence and the Living Organism* – BioSystems
Keppler Joachim	University of Tübingen	*The Energetic Basis of Information and Consciousness* – Entropy
Kauffman Stuart	Institute for Systems Biology	*Autocatalytic Sets and the Origin of Life* – Journal of Theoretical Biology
Levin Michael	Tufts University – Allen Discovery Center	*The Computational Boundary of a "Self"* – Frontiers in Psychology
Levin Michael	Tufts University – Allen Discovery Center	*Bioelectric Signaling: Reprogrammable Circuits Underlying Embryogenesis* – Cell
Longo Giuseppe	CNRS – École Normale Supérieure	*Extended Criticality and the Physics of Life* – Journal of Biological Systems
Montagnier Luc	Fondation Luc Montagnier	*DNA Waves and Water* – Interdisciplinary Sciences: Computational Life Sciences
Mossio Matteo	CNRS – Sorbonne Université	*Organizational Closure in Biological Organisms* – Journal of Theoretical Biology
Noble Denis	University of Oxford	*Biophysics and Systems Biology: Why Reductionism Fails* – Journal of Physiology
Popp Fritz-Albert	International Institute of Biophysics	*Biophoton Emission: New Evidence for Coherence in Living Systems* – Physics Letters A
Prigogine Ilya	Université Libre de Bruxelles	*Non-Equilibrium Systems and the Emergence of Order* – Physics Today
Rosen Robert	Dalhousie University	*Life Itself: A Comprehensive Inquiry into the Nature, Origin, and Fabrication of Life* – Columbia University Press

Simeonov Plamen	BAS – Bulgarian Academy of Sciences	*Integral Biomathics: A Post-Newtonian View into the Logos of Bios* – Springer
Torday John	UCLA	*Evolutionary Biology, Cell Communication and the Origin of Physiological Coherence* – Progress in Biophysics and Molecular Biology
Ulanowicz Robert	University of Maryland	*Information Theory in Ecology and Biology* – BioSystems
Varela Francisco	CNRS – CREA, École Polytechnique	*The Brainweb: Phase Synchronization and Large-Scale Integration* – Nature Reviews Neuroscience
Walker Sara Imari	Arizona State University	*The Information Theory of Life* – Reports on Progress in Physics
Werner Eric	University of Oxford	*The Origin, Evolution and Development of Biological Complexity* – BioSystems

Quatrième de couverture

Sommes-nous vraiment seulement le résultat de milliards de réactions chimiques orchestrées par l'ADN ? Ou la vie recèle-t-elle un principe organisateur plus profond, capable de donner forme, cohérence et sens à la matière vivante ? La biologie des champs invite le lecteur à remettre en question l'une des certitudes les plus ancrées de la science moderne : l'idée que comprendre les parties revient à comprendre le tout.

Dans un style à la fois accessible et rigoureux, cet ouvrage plonge le lecteur au cœur de la crise du paradigme biologique classique, là où l'explication biochimique montre ses limites et où le darwinisme peine à rendre compte du problème de la forme. Comment un organisme peut-il conserver son identité, se développer de manière cohérente et s'adapter de façon créative à son environnement, s'il n'existe pas de principe coordonnant les parties avant même qu'elles n'entrent en jeu ?

La réponse proposée est aussi audacieuse que fascinante : la vie comme phénomène de cohérence. De la physique des systèmes complexes et quantiques à la biologie, se dessine l'image de l'organisme en tant que système non local, dans lequel le tout précède et informe les parties. C'est dans cette perspective que prennent forme les champs biologiques : non pas des métaphores vagues, mais des structures informationnelles réelles, capables de stabiliser la forme, de guider les processus vitaux et de faire de la matière vivante bien plus qu'un assemblage aléatoire.

Une information qui s'incarne, une énergie vitale à repenser en termes scientifiques, la santé comme état de cohérence globale et la maladie comme fragmentation du champ : chaque chapitre ouvre une nouvelle perspective sur la vie et la connaissance. La vie apparaît ainsi comme un processus cognitif diffus, dans lequel chaque organisme, du plus simple au plus complexe, interprète le monde et y répond de manière significative.

La biologie des champs ne promet pas de formules définitives, mais propose une vision intégrée et responsable, capable de mettre en dialogue la science, la philosophie et la tradition sans les confondre. Un livre pour ceux qui sentent que réduire la vie à un mécanisme ne suffit plus, et qui ressentent le besoin de concevoir l'organisme comme un événement porteur de sens dans l'univers.

Brève synopsis ISBN

Cet ouvrage propose une relecture innovante du phénomène vital, destinée à ceux qui perçoivent les limites d'une biologie réduite à la chimie et à la génétique pures. Dans un style à la fois accessible et rigoureux, il aborde la crise du paradigme classique, en montrant pourquoi la vie ne peut s'expliquer ni comme une simple somme de réactions, ni comme le résultat aveugle de la sélection naturelle. Au cœur de l'ouvrage émerge le concept de cohérence : la vie comme processus unitaire dans lequel le tout précède et organise les parties. L'organisme est ainsi décrit comme un système non local, soutenu par des champs biologiques compris non pas comme des métaphores, mais comme des structures informationnelles réelles, capables de guider la forme, de stabiliser l'identité et d'intégrer matière, énergie et information. Cette perspective ouvre de nouvelles clés de lecture sur la santé et la maladie, comprises respectivement comme des états de cohérence ou de fragmentation du champ vital, et conduit à une vision de la vie comme processus cognitif diffus. Un ouvrage destiné aux lecteurs intéressés par une biologie capable de dialoguer avec la philosophie et de redonner à la vie sa valeur de sens dans l'univers.

L'auteur

Bruno Del Medico, né en 1946 à Sabaudia (Italie), s'est consacré, au cours de sa vie professionnelle, à l'informatique et au développement de logiciels. Il s'est ensuite consacré à l'étude et à la vulgarisation des théories scientifiques les plus actuelles, telles que la théorie quantique dans son acception métaphysique. Bruno Del Medico est aujourd'hui l'auteur de nombreux ouvrages publiés aux Éditions PensareDiverso. Le travail de Bruno Del Medico se distingue des discours traditionnels dans le domaine des sciences techniques par son approche critique, indépendante et non conventionnelle. Au lieu de se limiter aux interprétations standard ou au consensus général sur des thèmes purement scientifiques, Bruno Del Medico explore des perspectives alternatives qui vont souvent à contre-courant, remettant en question les hypothèses communément admises. Une caractéristique particulière de ses ouvrages est sa capacité à entremêler science, éthique et philosophie dans un dialogue ouvert, qui encourage le lecteur à réfléchir de manière autonome et à considérer les implications les plus profondes des innovations technologiques et scientifiques.

la vie comme processus informationnel – les champs vitaux,
les organismes en tant que systèmes cohérents – la non-localité,
biologie et physique quantique – cohérence,
l'information incarnée – la forme biologique,
santé et maladie – perte de cohérence,
épistémologie de la biologie – nouvelle science,
vie et sens – métaphysique de la nature,

AM – biologie des champs – la vie en tant qu'information,
nouvelle biologie – au-delà du réductionnisme,
cohérence biologique – physique et vie,
champs biologiques – organisme non local,
la santé comme cohérence – la maladie systémique,
darwinisme et forme – critique de l'évolutionnisme,
biologie quantique – systèmes complexes,

www.ingramcontent.com/pod-product-compliance
Lightning Source LLC
LaVergne TN
LVHW052023200926
848481LV00005B/1566